「満洲国」農事改良史研究

海　阿虎
HAI Ahu

清文堂

まえがき

これまで、日清戦争からアジア太平洋戦争に至る日中関係に見られる日本の植民地化政策、侵略的行動については、すでに日中両国の歴史研究が多くの成果を蓄積してきた。またいわゆる「歴史認識問題」が、現代の日中間の政治・外交問題や市民レベルの交流にも影響を与えてきたと言える。

戦前、日本の生命線とも言われていた満蒙において、関東軍により作られた「満洲国」についての研究も膨大にある。それらは、中国において、その植民地性、傀儡性を中心に、日本においては、社会経済を中心に研究されてきたと言ってもよい。近年では、日本人の「満洲国」における設備投資や建築物等が正の遺産として共産党中国に継承されたという研究がなされている。鉄道、化学、鋼鉄などの重工業はおろか、山本晴彦のように「農事試験場」を事例に、正の遺産を主張している学者もいる。

一方、傀儡かつ偽国家であっても、近代的な機能を有した「満洲国」は、酷残な戦争中、あまり戦場にならず、比較的に「平和」であった。そのような「平和」があったからこそ、実権を握っていた日本人による様々な「建設」ができたことに間違いはない。その「建設」の中の最も特徴的なものの一つが、「農事改良」である。日本政府は、満蒙開拓団という名目で満洲へ農業移民を送ってはいたものの、その数は現地農民に比べ圧倒的に少なく、「農事改良」の当面の目的は満洲現地農民の収穫量を増やさすことであったのは明らかである。

このような観点からみると、満洲における日本人による「農事改良」と普及は、設備投資や建築物等の建設に比べ、比較的民衆的、非強制的、自然的な取り組みであったと言えよう。農耕社会にとって生産量を増加させることは当たり前の目標であり、仮に植民地化、資源略奪を目的にしていなくても、現在でも世界中の国々で行われていることである。しかし、中国大陸における「農事改良」は、外来侵略者により計画、実施されており、これは非常に注目するべき点である。

筆者は本書第一章の対象地である農耕モンゴル人の家に生まれ育った。本地域の人々は、現代の農村村落社会の様子についてはよく知っているが、時期を遡るとほとんど知らないことが、本研究のきっかけとなった。満洲研究に始めて触れたのは修士論文の作成のときであった。当時、実家を含む旧満洲地域における土地関係は国家所有であったが、時代を遡った一九三〇、四〇年代の中国東北、東内モンゴル地域（旧満蒙地域）の土地関係と労働関係についてほとんど知られていない状態であった。そのため、「満洲国」全体の土地関係と労働関係を明らかにしようと試みたが、実際にその作業に入ると、それは私の能力では非常に難しいことであると感じた。そこで、対象地域を絞って、満蒙の「蒙」を選択し、「満洲国」の農主牧従蒙古地域の土地関係と労働関係を明らかにすることに着手した（本書第一章を参照）。

日本人当局者の実態調査報告書を用いて、その土地関係と労働関係を明らかにする作業中に、かかる土地にどのような作物がどのように作付されたのか、また、植民地・資源略奪政策の一環として日本人当局者が、数千年も土地生産力が変わっていないと言ってもよいかかる地域の農業技術、作物品種についていかなる評価と改良と行ったのかに関心を持った。従って、博士論文の研究テーマは「満洲国」における土地関係と労働関係の解明から「農事改良」へという流れになり、満洲国の作物の筆頭と言われる大豆と棉花、緬羊などの改良、さらに農法改良などを事例に、満洲国における農事改良を検討してきたのである。本書では、植民地・資源略奪という従来の政治史における視点を認めながら、政治や戦争に無関心な多くの一般農民の立場から、これらの農事改良項目のあり方と実績、さらに戦後の国民党、共産党当局の評価や継続性などを明らかにすることにも努めた。

土地生産量が古代から近代まで変わらなかったと言われるほどのこの地域における農事改良は、帝国日本により導入されたと言っても過言ではないだろう。国内、台湾・朝鮮半島において、同様に「農事改良」を実施してきた日本当局の植民地政策の一環であることは言うまでもない。このような「農事改良」は現地農民の生産量を高め、生活をよくした可能性がある一方、近現代における国と国の間の友好的、政策的農業技術の支援ではなく、支配、資源略奪、戦争という背景において行われたことである故に論じるのが難しい。

しかし、一九三〇年代の「満洲国」という特別な時代から現在まで、約七〇〜八〇年が経過している。当時の実態は厳然とした事実であり、それをできるだけ明らかにすることは非常に歴史的な意義があると思われる。

「満洲国」農事改良史研究　目次

「満洲国」農事改良史研究

序章　本書の課題と構成

第一節　本書の課題

日本人の満洲経営[1]のスタートは、日露戦争後のポーツマス条約による旅順、大連租借地（関東州）および東清鉄道の南満支線と安奉支線、その附属地の経営権を得てからのことである。関東庁と国策会社である南満洲鉄道株式会社（以下、満鉄とする）を母体に租借地および鉄道、線路沿線附属地の経営を行った。

このように、二〇世紀初めから当地域を支配しつつあった日本は、日本国内、旧植民地の台湾と朝鮮半島で一連の土地改良と農事改良を行い、数多くの農事試験改良機関を設立し、研究実績を上げた。満洲支配における日本人の農事改良は先行していた日本国内、台湾および朝鮮での農事改良の延長として、それまでの経験を生かしたものであった。

一九〇六年に関東庁によって初めての農事試験場が大連に設立され、満洲における日本人の農事改良の幕が開いた。一九一三年には、公主嶺産業試験場が設立され、関東州を除く満洲地域においても、日本人による農事改良が始まった。一九一五年の「南満洲及東部内蒙古に関する条約」により、日本人の満洲における農事改良は法的根拠を得て、一九三一年の満洲事変、一九三二年の傀儡「満洲国」[2]（以下、煩を避けるため「　」を省略する）の発足などを経て、日本人の満洲経営はさらに全満洲地域で確立していく。

満洲経営の最終目的は、台湾、朝鮮半島のように満洲を植民地化[3]して資源を略奪することであったのはいうまでもないが、その植民地化のための政策や事業は、満洲地域に影響を及ぼしたのである。農業、鉄道、工業などに関して、日本人の開発によって残された産業が、その後の中華人民共和国に正の遺産として継承されたという観点が近年主張されている[4]。日本人による数多くの経営項目の内、土地関係に関する調査、農産物や畜産物の品種改良、農法、農地の改良などを含んだ農事改良は最も重要で特別な項目であるが、それに関する研究は数少ない。

農事改良が重要な経営項目とされるのは、旧満洲地域において農業は歴史的に中心産業であり、一九三三年三月、満洲国政府が公表した「満洲国経済建設綱要」の冒頭で「我国民経済は農を以て其の根幹とす（後略）[5]」としており、農業を立国基礎とする農本国家を主張していることからもうかがえる。人口の八割以上が農民である農業立国「国家」における農事改良は「農産開発の根本は農民に在る[6]」といわれるように、最も重要な政策であるのは間違いない。

特別な項目というのは、以下のように考えられる。満洲における日本人当局者による資源開発は、植民地化、資源略奪であるとする観点が従来継続されてきた。一方、農業は工業、鉱業などのその他の産業とは異なり、農民たちによる農作、営農に直接かかわるものである。さらに技術的な農事改良は、植民地化や資源略奪、あるいは戦時の軍事的目的や日本国内への資源供給のためであっても、直接の目的は品種・農法・農地の改良による単位面積当たりの生産量増加によって全体の生産量を増加させることである。当時の条件において農産物生産量における反映と技術の変化・普及の実績に対する終戦後の国民党、共産党当局者による評価、継承があるのは想像に難くない。このように、満洲における農事改良は中国人現地農民と日本人農業移民とに直接、技術的な関わり、また普及奨励のための政策的な関わりがあり、他産業の開発に比べれば、民衆的、継承的なものである。

かかる農事改良について、同事業がいかなる社会的背景において、どのような過程を経て、どのような改良農法の導入、改良品種の育成を行ったのか、さらにどのように奨励され、いかなる成果を上げ、影響を及ぼしたのかを明らかにすることが本書の課題である。これまで、このような内容の全体に関する専門的研究は管見の限りみあたらないが、部分的に考察している研究がいくつかある。以下にあげる。

山本晴彦の『満洲の農業試験研究史』(7)は、その先駆的な研究といえよう。氏は、満洲において初めて日本人主導で行われた農業資源（地形、土質、気候）調査、農事改良（農産、畜産）、農事試験研究機関の歴史（戦前、戦後）などを概観的に記している。氏の研究は概略的であるため、農事改良の背景、要因、目的、過程、成果、実績、影響、現地農民の対応などについて触れていないが、農事試験場の歴史を解明した点では画期的な研究である。

張建の博士論文「中国東北地域における農業技術の進歩と農業の発展―一九一〇年―一九五〇年代を中心に―」(8)は、初めて満洲地域における農業技術の変遷について系統的に論じることを試みたものである。このなかで、一九一〇年代以降の東北地域における稲作技術の進展とその歴史的背景を明らかにした点が大きな成果といえる。ただ、本書が中心として扱おうとする満洲国の農産物品種改良については、第二章「『満洲国』期の東北地域における農業生産と農業技術」でわずかに触れられる程度で、各品種、普及状態、実績、影響については詳しく分析されておらず、また、畜産改良に関しても触れられていない。総じていえば、おおむね従来研究されてきた満洲国の農業政策について言及しつつも、農事改良の具体的な内容、技術、品種改良、普及そのものはあまり視野に収められていない。北海道農法の満洲導入・普及に関しても、後述する今井良一の研究成果を引用して失敗したと強調しているが、具体的な分析はなされておらず、その要因についても述べられてはいない。

衣保中の『中国東北農業史』[9]は、満洲国時代の農産、畜産、水産、林業などを含む農業政策と農事改良について検討している。氏の研究は中国語で書かれているが、使用している史料は満鉄、満洲国当局、および当時の研究者が著したものを用いている。中国国内の研究者としてより史実に近づいたのではないかと考えられる。また、日本人当局者の満洲国における農事改良は資源略奪のためと指摘しつつも、ある程度中国東北地域の農業技術の近代化につながったと肯定的に見ている点は注目に値する。惜しむらくは氏の研究は史料を羅列するに留まっている感が強く、事例分析による意味付け、評価にとぼしい。また、史料の引用方法についても、その性格、頁数などの明記を欠き、方法論的な不備もみられる。

本書の重要な内容の一つである満洲における北海道農法の普及・展開については、玉真之介[10]、今井良一[11]、高嶋弘志[12]の代表的な研究があり、これらの研究は成功と失敗という二つの結論に分かれている。

また白木沢旭児は、主に北海道出身畑作農家の満洲における実績と戦局による増産至上主義と北海道農法の普及との矛盾を強調しつつ、日本人農業技師たちの満洲在来農法に対する肯定的再評価について指摘している[13]。

これらの先行研究は、北海道農法の満洲導入の主な要因である開拓民の営農問題とその実績について明らかにしている。ただ、いずれも満洲在来農法と北海道農法のそれ自体の内容、満洲地域の気候、風土、自然が分析の際に考慮されていないのである。農法の内容、満洲と北海道との自然条件の差などの問題に着目すれば、自ずと北海道農法の満洲導入ついてその成否と意義が明らかになると考える。

畜産改良に関しては、吉田建一郎が、満洲国期から中華人民共和国初期を中心に、豚品種改良の政策的な背景とその普及を検討している(14)。氏の研究は、改良種豚の普及不徹底と在来種豚の残存を確認しながらも、戦後中国東北地域の経済発展のなかで、改良種が重要な意義を持つと強調している。改良種が中華人民共和国建国期にも継承され、さらに新たな品種の育成につながった点に注目しているからである。氏の研究は、豚を事例に満洲国の家畜改良政策を検討し、その実態・結果、さらに中華人民共和国初期における影響まで射程に収めている点は画期的である。しかしながら、豚のみを考察対象にするだけでは、農産、畜産を含む農事改良の全体像を解明することはできないと考える。

つまり、前述の山本晴彦、張健、衣保中の研究は、農事改良の主な内容である品種改良とその普及（農産、畜産）に関する具体的な研究ではなく、あくまで概観的な研究である。

そこで、本書はまず、日本人当局者による実態調査報告を史料として、興安南省における土地関係、労働関係を中心とする農村社会のあり方を考察する。そして、満洲の中心的作物である大豆と重要な特産品である棉花、および重要な畜産である緬羊について改良・普及の歴史的背景と要因、改良試験過程、品種特性、在来種との比較、普及実態・実績・影響などを現地農民・日本人農業移民との関連、目的達成度などの多角的な視点から分析する。加えて、北海道農法が満洲へ導入された背景、要因、およびその内容、実績などを、満洲地域の気候、風土を考慮に入れながら分析していきたい。

第二節　分析の対象地域

本書の対象地域は関東州を除く旧満洲地域、つまり当時の満洲国全域に設定する。具体的には現在の大連、旅順を除く中国東北三省と内モンゴル自治区の東部地域である。なぜ関東州を除くのかといえば、関東州は日露戦争後から租借地となり、その経済システムは満洲国その他の地域に比べて独立的性格が強いからである。

内モンゴル自治区の東部地域は慣習的に東部内モンゴル、東蒙古ともいわれ、本書の対象時期である満洲国期には、いわゆる熱河省の各県、錦州省の朝陽・阜新・彰武、奉天省の昌図・遼源・梨樹・康平・法庫、龍江省の洮南・挑安・突泉・瞻楡・開通・安広・鎮東・大賚の各県のほか、興安四省を中心に広く跨がっていた地域を指す（第一章を参照）。

地域名、民族名でも使われる「満洲」は、伝統的に女真族の発祥地である山海関以北の東北地域を指していたが、満洲国時代になると東蒙古を含む満洲国全域を指すようになる。その他にも日本人から「満蒙」と呼ばれることも多い。張学良による東北易幟後、「東北」も「満洲」、「満蒙」と同様に前述の地域を指すようになる。しかし、日本の敗戦、「満洲国」の崩壊により、「満洲」、「満蒙」は被植民地化、傀儡という恥辱的な意を含む呼称となり、中国の歴史学界ではほとんど使われていない状態にある。本書は、歴史を当時の視点からとらえるため「満洲」の語を用いる。また、畜産関係農事改良に関する第五章では、満洲国発足前の時期を検討するに際して、蒙古地帯を強調するために「満蒙」も用いる。

これら対象地域は、中国、日本および東アジアの近現代史において軍事的・政治的な混乱の中心地であったし、さらにいえば帝国日本の生命線として、開拓移民政策とも相まってきわめて重視された地域であった。それゆえに、植民地同様に展開された農業政策、かかる政策の一般民衆（本書では主に農民）にもたらした変化と彼らの反応や解放後における影響などの問題を解明することは、歴史問題が日中両国に今なお影を落とす現代においても重要な意義があると考える。

第三節　本書の構成

本書は以下の五つの章により構成される。

第一章「「満洲国」興安南省のモンゴル人農村社会―科爾沁《ホルチン》左翼中旗第六区郎布窩堡《ランプウォプ》村を事例に―」では、一九三〇年代の満洲国興安南省農村社会の土地関係と労働関係の歴史的特徴を明らかにする。先行研究を踏まえながら、新たな土地関係を確立しようとする満洲国土地関係機関による実態調査報告書や満鉄の調査報告書などによって、一九三〇年代すでに形成されていたモンゴル人農村村落社会における土地関係の具体的なあり方を復元し、非開放蒙地の土地関係がいかに複雑であったかを解明していく。また、満洲国全域に広がっていた搒青《パンチン》関係という労働関係は、一般的な地主小作人関係なのか、それとも地主と年工といった単純な農業雇用関係なのかについても、当地域の事例に即して考察していく。多民族「国家」であった満洲国の土地関係、労働関係について、その全体像を明らかにすることは難しいが、ここでは、面積が最も広い西満のモンゴル人地域の特徴を検討していきたい。

第二章「農法の改良と普及をめぐって―北海道農法と満洲在来農法―」では、北海道農法の満洲導入の要因と過程を分析する。導入の原因については、営農問題やイデオロギー的要因、北海道における凶作の影響などを勘案しながら分析していく。その上で、先行研究を踏まえつつ、当時の報告書によって、北海道農法の導入をめぐる満洲開拓団の意識や状況、あるいは現地満洲農民への影響などを明らかにする。その際、満洲在来農法と北海道農法のそれぞれの具体的な内容を、風土、気候、土質など自然条件を勘案しながら、その合理性について検討していくことにしたい。

第三章「大豆の品種改良と普及をめぐって」では、農事改良の前提である満洲国の農事行政機構、農事改良試験機構の変遷、および大豆の品種改良、改良大豆の普及と背景、要因、過程、実績、そして解放後への影響などを明らかにする。

第四章「棉花の増殖・品種改良と普及をめぐって」では、満洲国の日本人当局者によって行われた棉花増殖政策による棉作面積の拡大と、品種・栽培法の改良普及による単位面積当たりの生産量の増加、繰棉歩合の上昇という二側面の背景、特徴、実績および解放後の影響などを明らかにする。

第五章「緬羊の品種改良と普及をめぐって」では、満洲における日本人による羊毛品質改良を目的とした緬羊改良試験とその普及奨励を検討していく。ここでは、満洲国における緬羊増殖、改良事業の具体的内容、実施された要因、実績、および目標に到達し得なかった原因、解放後への影響などについて分析する。

〔注〕

（1）現在の中国東北三省と内モンゴル東部を指す。

（2）日本の傀儡政権であることを強調するために、中国の歴史学界は一般的に偽満洲国、日本の歴史学界は「満洲国」のごとく鍵括弧をつけることが一般的である。

（3）満洲は法的に日本の植民ではないが、実質的な支配を考えると植民地である。

（4）山本晴彦『満洲の農業試験研究史』（農林統計出版、二〇一三年）、湯川真樹江「中国東北地方における「満洲国」の農業遺産接収過程と水稲品種の変遷―中国共産党による接収と再建を中心に―」（『社会システム研究』第二六号、二〇一三年）、峰毅「中華人民共和国に継承された満洲化学工業」（東京大学経済学研究科博士論文甲二四二一五）。

（5）陸軍省軍事調査部『陸軍パンフレット』（一九三四年）七頁。

（6）五十子巻三『満洲帝国経済全集10　農政篇前篇』（満洲国通信社出版部、一九三九年）四頁。

（7）山本晴彦『満洲の農業試験研究史』（農林統計出版、二〇一三年）。

（8）張建「中国東北地域における農業技術の進歩と農業の発展―一九一〇年―一九五〇年代を中心に―」（岡山大学博甲第五〇〇九号、二〇一四年）。

（9）衣保中『中国東北農業史』（吉林文史出版社、一九九三年）。

（10）玉真之介「満洲開拓と北海道農法」（『北海道大学農経論叢』第四一集、一九八五年）一～二二頁。

（11）今井良一「「満洲」における地域資源の収奪と農業技術の導入―北海道農法と「満洲」農業開拓民―」（野田公夫編『日本帝国圏の農林資源開発―「資源化」と総力戦体制の東アジア―』京都大学学術出版会、二〇一三年）二一五～二五七頁。

（12）高嶋弘志「満州移民と北海道」（『釧路公立大学地域研究』第一二号、二〇〇三年）一～一九頁。

（13）白木沢旭児「満洲開拓における北海道農業の役割」（寺林伸明・劉含発・白木沢旭児編『日中両国から見た「満洲開拓」―体験・記憶・証言―』御茶の水書房、二〇一四年）六五～八八頁。

（14）吉田建一郎「二〇世紀中葉の中国東北地域における豚の品種改良について」（村上衛編『近現代中国における社会経済制度の再編』京都大学人文科学研究所附属現代中国研究センター、二〇一六年）八三～九九頁。

第一章　「満洲国」興安南省のモンゴル人農村社会
——科爾沁《ホルチン》左翼中旗第六区郎布窩堡《ランプウォプ》村を事例に——

はじめに

二〇世紀前半の内モンゴル地域において注目されるのは、東蒙古地域のモンゴル人の生活様式、経済類型の変化である。モンゴル人の伝統的な生活様式は遊牧が中心であったが、現在の中国内モンゴル自治区の通遼市と興安盟を中心とする東部地域では約三〇〇万人[1]のモンゴル人が農耕を中心に生活している。時代を遡るとすでに二〇世紀の初めに東蒙古地域では農耕モンゴル人の社会が形成されていたことを、鳥居龍蔵のフィールド調査や満鉄と満洲国関連機関の実態調査報告書[2]が示している。

東蒙古地域においては、清朝末期以降、特に民国初期からのモンゴル人農村村落社会の急速な形成が注目される。山東・河南省などの漢人農民が自然災害や社会不安のため、原野であった東北地域へと進み、その後、モンゴル人の人口が最も多く、土質が農業に適した東蒙古地域へ移民するか、あるいは直接、東蒙古地域へ移民した。この農業移民の影響を受け、東蒙古地域ではどのようなモンゴル人農村が形成されたか、という問題が本章の検討課題である。

一般にモンゴル地域といえば遊牧生活というイメージが流布しており、全モンゴル人の約三分の一が東蒙古地域で農業民（漢人）と変わらない農具と農法により生産・生活していることはあまり知られていない。遊牧社会から農耕社会への変遷については、生態人類学、歴史社会学の分野の優れた研究がある。王建革『農牧生態与伝統蒙古社会』は、農業の浸透と半農半牧社会の形成、農業の発展と土地関係、労働関係などを生態人類学の視点から全面的に論じたものである。[3] 一方、ボルジギン・ブレンサイン『近現代におけるモンゴル人農耕村落社会の形成』では、蒙地の開墾およびその社会変動の中心に位置する民衆の動きに焦点を当て、当時の実態調査書と自らの社会学的なフィールド調査に基づきながら、歴史社会学の視点からモンゴル人農村村落社会の形成過程を明らかにされている。[4]

このように、モンゴル人農村落村社会の形成に関する研究はすでに着手されているが、一九三〇年代に形成されたモンゴル人農村村落社会における土地関係、労働関係などの歴史的な特徴にまで言及した研究は、管見の限りでは見られない。一方でその周辺の研究は数多く発表されており、なかでも満洲国の地籍整理事業、蒙地に対する土地制度などに関する研究として江夏由樹、広川佐保のそれがよく知られている。江夏由樹の研究では、臨時土地制度調査会における「蒙地」についての議論が取り上げられ、蒙地における土地関係を「上級所有権」と「下級所有権」に分類し、「上級所有権」は蒙古王公や蒙旗にあり、「下級所有権」は蒙旗に地租を納入していた者にあった、という土地権利関係の複雑さを指摘している。[5] 広川佐保の研究でも、蒙地は蒙古王公に所有されているか、蒙旗全体に所有されているかという議論に視点を置きながら、蒙地における土地権利関係の曖昧さを強調している。[6] これらの先行研究では、いずれもモンゴル人農村社会における土地関係の具体像には触れられていない。土地関係を単に「複雑」で「曖昧」と性格づけるだけでは、当該地域におけるモンゴル人農村落村社会の歴史的意義を論ずることはできないであろう。

本章の目的は、一九三〇年代にすでに形成されていた満洲国の興安南省科爾沁左翼中旗第六区郎布窩堡村（非開放蒙地）を事例として、モンゴル人農村村落社会の土地関係を中心にした歴史的特徴を明らかにすることにある。先行研究を踏まえながら、満洲国や満鉄の調査報告書から一九三〇年代のモンゴル人農村村落社会における土地関係の具体的なあり方を復原し、非開放蒙地における土地関係がどのように「複雑」であったかを解明したい。[7]

本テーマの重要性をあげれば、第一に、東洋史学やモンゴル史学においてこれまで対象としてあまり取り上げられてこなかったこの地域において、農村社会の歴史的な姿を新たに組上に乗せ、具体例を積み重ねることと、それ自体に意義があると考えるからである。第二に、一九四七年から当該村落を含む東蒙古地域で土地革命が行われ、旧地主層が土地を失い、逆に土地を所有していなかった階級が土地を獲得すると、階級関係の転換が生じ、土地を獲得した多くの原撈青階級《パンチン》[8]によって革命がいち早く成功したといっても差し支えないであろう。その結果、内モンゴルの共産党政権は全国よりも二年早く一九四七年に成立し、さらに二年後、土地の国家所有権、人民使用権を基盤とした中華人民共和国時代となって現在に至っている。このような歴史経緯を想起するとき、当該地域のその後の展開に強い影響を及ぼした一九三〇年代の土地・労働関係は、十分に検討に値するものと思われる。

一方、これまでは、地券の有無、土地の売買権の有無をめぐって、土地の絶対的所有権を評価し、それをもとに地主小作関係あるいは自作経営を論じようとした研究が数多く見られる。しかし土地の絶対的所有権については、二〇世紀前半の混乱期の移民開墾によって形成された中国東北地域の農村、さらに遊牧社会の伝統と移民社会の特徴を併せ持つ東蒙古地域の農村では、その実態理解・定義が極めて難しい。したがって本章では、土地関係を考える上での重要な項目となってきた土地の絶対的所有権については、あえて掘り下げて検討することはしない。なぜなら、占有権と使用権から特質を論じた方がより実態に迫ることができるのではないかと考えるからである。占有権と使用権から本旗人・外旗人・漢人の土地に対する権利と労働関係のあり方を明らかにしようとする本章の分析視角は、非開放蒙地における土地関係を一言で「複雑」、「曖昧」、あるいはモンゴル人全体に所有されているとする先行研究とは異なった歴史像を提示する一つの試みとして位置づけることができよう。

一九三〇年代をとりあげる理由としては、第一に、本章の基礎史料として一九三〇年代の満洲国興安局と満鉄の実態調査報告書(9)を用いるからである。この頃のモンゴル人の識字率は極めて低く(10)、実態調査という観念がまったくなかったため、満洲国興安局と満鉄の実態調査報告書は貴重な情報を提供してくれる。第二に、一九三〇年代の満洲国時代に入ると、行政機構の近代化が進められ、地域社会の実権が蒙古王公から蒙古官僚へと移っていき(11)、一九三二年から一九四五年にかけては、開墾事業がおちつき、農村社会が安定した時代であったため、旧満洲地域の農村社会のあり方を最も代表していると考えられるからである。

また科爾沁左翼中旗は、本旗の面積は数十ある内モンゴル旗のなかで一番広く、興安南省の南部に位置することから、農耕の歴史は他旗より古く「比較的早く農耕の洗礼を受け(12)」、旗内における農耕モンゴル人の割合は高く、「蒙古人の大部はその生活の基礎を農耕に依存して(13)」おり、モンゴル人農村村落社会として内モンゴルの数十旗中、最も代表的な旗と位置づけてよい。満洲国時代の直前になると遊牧や定着放牧社会から農耕社会へ転換の最前線となった。また満洲国時代に入ると移民開墾は一定程度に落ち着いたともいわれている。さらに満鉄や満洲国当局による調査報告書が残されており、本章の対象地である郎布窩堡村を調査した『興安南省科爾沁左翼中旗実態調査報告書』[14]（以下、『実態調査報告書』と略する）は最も詳細かつ興味深い情報を提供してくれる。

第一節　東蒙古について

東蒙古というのは慣習的な地名であり、東部内モンゴルともいう。おおむね現在の通遼市、興安盟、赤峰市の大部分を含む内モンゴル自治区の東部地域をさしている[15]。

満洲国時代には、当時のいわゆる熱河省の各県、錦州省の朝陽・阜新・彰武、奉天省の昌図・遼源・梨樹・康平・法庫、龍江省の洮南・挑安・突泉・瞻楡・開通・安広・鎮東・大賚の各県のほか、興安四省を中心に広く跨がっていたといわれるが[16]、当時の蒙地とは主に興安四省をさしていたと考えられる（図1―1を参照）。これら四省の上級機関として興安総局、蒙政部などが設置され、行政的な管理を行っていた。下級機関としては清朝以来ほとんど変わらぬモンゴル社会の基本単位＝旗があった[17]。その旗が封建的な社会・地域単位から近代的な行政単位と変化を遂げると、旗の実権も扎薩克《ジャサク》[18]王から旗長に移ったとされる[19]。本書の対象地である科爾沁左翼中旗は興安南省に属する一つの旗である。

一九三二年三月一日、満洲国が発足すると、当局は蒙地に興安四省を設置した。そのうち興安南省は歴史上のホルチン部族、つまり扎賚特《ジャライド》旗、さらには満洲国建国以前の哲里木《ジェリム》盟の七旗を取り込んだ。同年一二月一日には省制度の改編に伴って、通遼県および庫倫旗が編入されて八旗一県となった[20]。科爾沁左翼中旗は興安南省の南部に位置するため農耕化は比較的早く、旗内のモンゴル人の大部分は生活の基盤を農耕に依存していた。旗全体を見ると、中部以南、特に東南部の肥沃な農地を控えた地域では農耕がさらに発展し、北部であればあるほど農耕生活中の放牧の割合が高くなってくる[21]。

一九三二年、国務院は区制を施行し、科爾沁左翼中旗には一一区が設置された（図1―1、図1―2を参照）。区は法律上の自治体や公的な政府組織ではなく、慣習的な集落単位であった[22]。第六区は科爾沁左翼中旗の中央部の西寄りに位置し、東西約五五キロ、南北約三〇キロ、面積は約一六五〇平方キロである。区内には第一から第五までの五つの村が存在し、総人口は二万五三七九人である。そのうち蒙古人が二万二九九五人で、全体の九〇・六パーセントを占める。漢人は二三八四人であり、割合はわずかに九・四パーセントにすぎなかった[23]。

第二節　東蒙古地域の農耕化

モンゴル高原は標高が高い上、日照時間が短く、降雨量も少なく植物が少ないなかで、モンゴル人は遊牧生活を行ってきた。内モンゴル地域は一六世紀から文化・生態・政治・周辺地域の社会変動により農耕化されていった。かかる変遷の背景は非常に複雑であり、地域によってそれぞれの異なる社会・生態環境があったほか、農耕化のスピード・規模にもそれぞれ特徴がある。大雑把にいえば、農耕化は南部から北部へと進行した。

光緒二八年（一九〇二）、清朝政府がモンゴル地域に対して漢人の入植禁止政策である「封禁政策[24]」を廃止

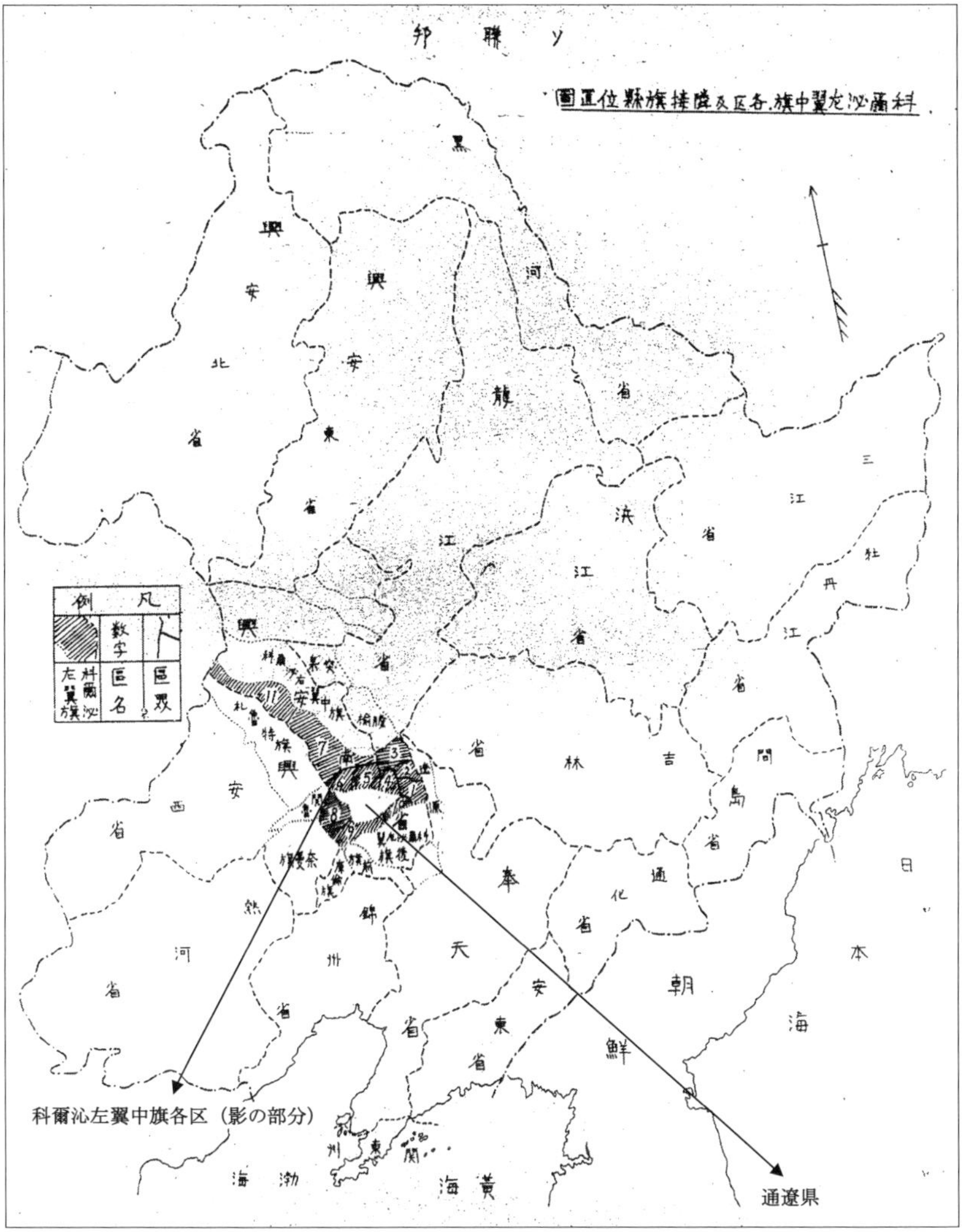

図１－１　科爾沁左翼中旗各区及び隣接旗県位置図

出典：満鉄産業部『科爾沁左翼中旗第六区調査報告書』。

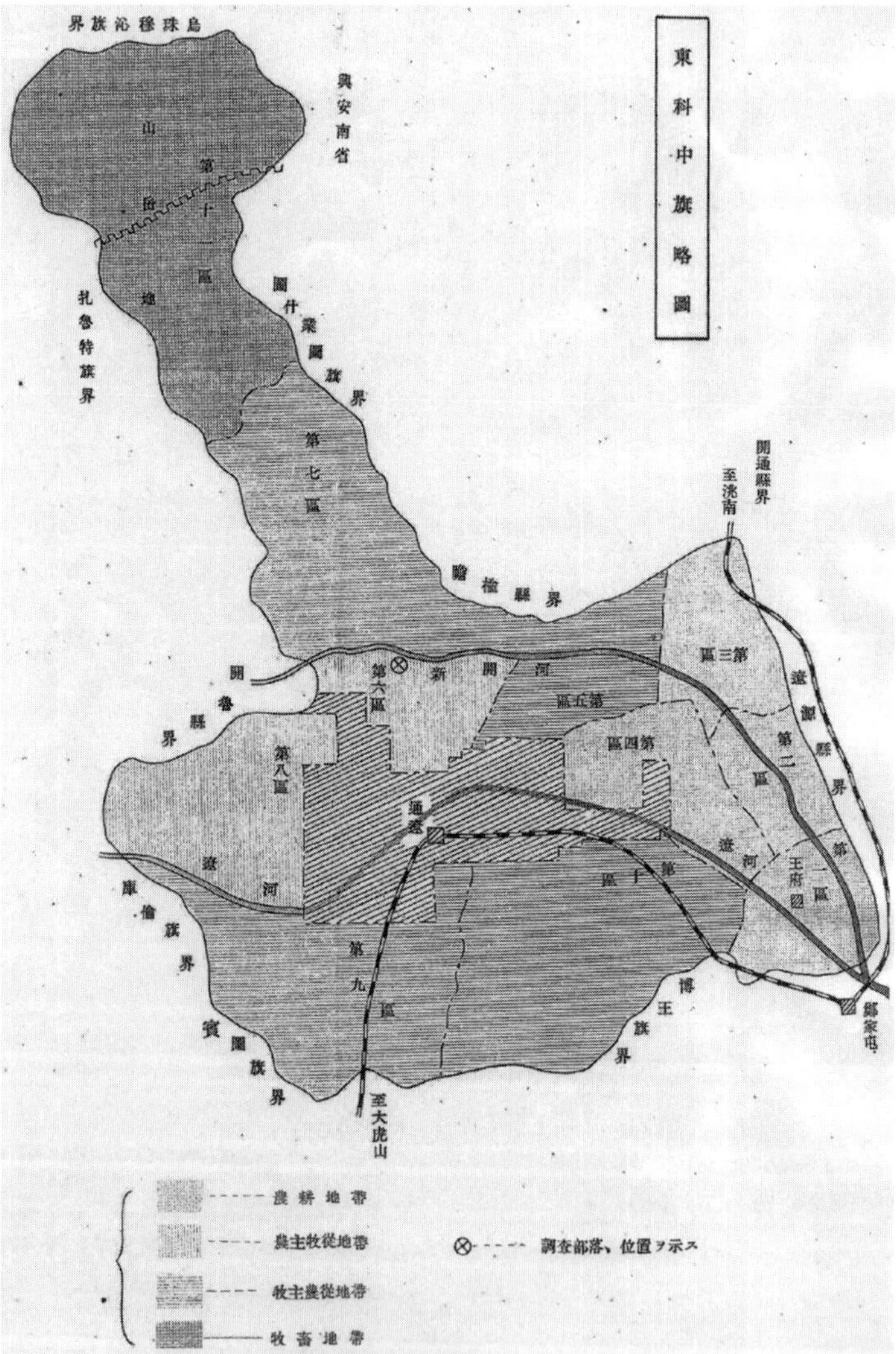

図1－2　科爾沁左翼中旗略図および各区の位置

出典：興安局『興安南省科爾沁左翼中旗実態調査報告書』

すると、蒙古王公の土地開放が認められ、さらに強制的な移民開墾が政策的に実施されていくことになる。一方、それ以前の農耕化は早期農耕化と呼ばれた。早期の農業移民は明末の戦乱と自然災害によって発生したが、規模それ自体はさほど大きくなかった。その原因は清初の人口が少なかったことによる。順治一八年（一六六一）の全国の人口は一億人弱であり、乾隆一八年（一七五三）までほとんど変わらなかった。しかし「清朝の平和」に伴って安定的な社会が形成されると、乾隆五九年（一七九四）頃には三億人に達し、続く嘉慶年間には四・五億人を超えるに至る。中国内地の農地開墾は飽和状態に陥り、農民たちは周縁に向かって新たな開発適地を求めざるを得なくなったわけである[25]。つまり清朝中期以降の人口爆発の結果、蒙地に隣接する地域の漢人農民たちは「封禁」を破って、人口が少なくて土地にも余裕があり、土壌も農業に適した東蒙古の南部に移住していったと考えられる。

一方、中国内地における自然災害も漢人農民が東蒙古地域へ移住した一つの重要な理由であった。たとえば、中国内地で大水や旱魃などの自然災害が発生したときには、清朝政府は「借地養民[26]」という政策を実施した。「借地養民」政策は内地の流民を安置させる手段として主に蒙地の南部地域で施行された。その他、モンゴル王公の私的な開墾もあった。彼らは清朝政府の開墾禁止を無視し、地租の徴収を目的とした私的な開墾を行った。いわゆる「私墾」である。しかし、かかる「私墾」に対する清朝の対応は往々にして寛大であり、すでにモンゴル旗内に移住していた漢人に対しては、その定住を黙認する傾向があった[27]。これら「借地養民」と「私墾」による早期農耕化は「封禁政策」を根底から覆すことはなかったが、内モンゴルの南部地帯に農耕社会を形成させる契機となった。ある程度の地域的な安定をもたらしたという意味において、清朝の「借地養民」政策および「私墾」に対する黙認には一定の合理性があったといえよう。

光緒二七年（一九〇一）一〇月から、清朝政府はいわゆる「新政」を実施した。「新政」後の蒙地開放は大規模で政策的な移民開墾につながった。清朝のモンゴル地域における官主導型の開墾は、モンゴル地域への農耕の浸透を政策的に推し進めることになり、農牧の境界はいっそう北方へと移動した。

当時、深刻な財政危機にあった清朝政府にとって、蒙地開墾によって得られる「蒙租」は重要な関心事であった。また、辺境における国防（塞防）の重要性にも気づき、内地の漢人を蒙地へと移住させていった。こうして「新政」前にすでに開墾された地域、「新政」開始後に移民開墾された地域、およびその後の北洋政府と国民政府の混乱期に開墾された地域を「開放蒙地」、開墾にされなかった蒙地を「非開放蒙地」という(28)（図1―1）。興安局『実態調査書』によれば、科爾沁左翼中旗の開放蒙地の面積は二二万九五二九晌《シャン》(29)（一晌は約六・七反）総面積二六二万七二三二晌の八・八パーセントを、非開放蒙地の面積は二三九万七七〇三晌で総面積の九一・二パーセントをそれぞれ占めている(30)。本旗における農耕化は北洋政府、国民政府時代にも継続したが、満洲国時代に入るとペースが落ちている。

一九三〇年代になると、東蒙古では長期間にわたって農耕化の影響を受けたことによって、農耕社会の経済・生活類型が地域に定着し、拡大していった(31)。これは、東蒙古の南部・中部の肥沃な土壌と相対的に多雨な気候が農耕社会の形成の基礎的な条件を提供した結果、急速な農耕化を招いたからである。科爾沁左翼中旗の場合、興安局実態調査の調査村が位置する第六区は農主牧従地帯、一つの川で隔てられた第七区は牧主農従地帯、その北方の第一一区は牧畜地帯であった(32)（図1―2を参照）。

また、生存空間、民族意識など一部分のモンゴル人はさまざまな歴史的背景を背負って、農耕化された旗の南・東南部から、未開放地であった旗の中・北部へと移動した。これはモンゴル人の旗内における移動である。彼らは新しい荒地をさがして移動し、旗の中部でモンゴル人の新たな半農半牧・純農耕の村落を形成・拡大していった。科爾沁左翼中旗第六区郎布窩堡村の開拓者である曹ランブ・曹サンブの兄弟は、一九一九年頃に住んでいた本旗東南部のすでに農耕化された地域が開放されると、農業に適した原野を求めて移動し、郎布窩堡村を開拓することになった。興安局実態調査報告書の記載からは、彼らが移住を開始する何世代も前から農耕に従事していたことが判明する(33)（表1―1）。

以上を整理すると、東蒙古の農牧結合的な社会の形成は漢人移民の影響によるものであり、農耕地帯と牧畜地帯の分界線は北へ北へと移動しつつあったことがわかる。実態調査当時の「牧業に従事する旗民も固定家屋を本拠として放牧するやうになったのである(34)」との記述から見れば、この頃には科爾沁左翼中旗ではほとんど遊牧が見られなくなり、定着放牧や農牧結合へと変化していたと考えられる。

一方、郎布窩堡村は旗内の別の地域からのモンゴル人の移住によって形成されていった。その背景には災害、戦乱、匪賊のほか、本村の肥沃な土地、よりよい土地条件・労働条件があったのであり、血縁関係、友人関係、婚姻関係などを持つ人々が続々と来住し、純移民による郎布窩堡村が形成されたのであった。また移住した時期、身分、出身地、民族などの諸要因によって本村内部は階層分化していた。こうした本村の歴史は非開放蒙地における典型的な土地関係を形成させることになっていく。

第三節　郎布窩堡村における土地関係

本節では、郎布窩堡村における土地関係について分析を行いたい。まずモンゴルの伝統社会における土地関

表1－1　郎布富堡村各戸の基本状況および移住履歴（1939年）

No.	氏名（階層）	出身地身分	移住年	原籍と移住ルート、来住理由、その他
1	曹サンブ（富農）	本旗人	1919年	ナヤンホトク→ネーモンデ（銭家店付近）→本村。①日露戦争の戦禍を避けて②原住地が開墾されたため。ランブの弟、本村の開拓者の一人。
2	曹ガンジュル（富）	本旗人	1926年	ネーモンデ（銭家店付近）→本村。原住地が開墾されたため。 本村の開拓者ランブ（従兄弟）を頼って来住。
3	曹ナダム（中農）	本旗人		
4	曹バートウ（中）	本旗人	1919年	ナヤンホトク→ネーモンデ（銭家店付近）→本村。日露戦争とその後の開墾によって移住。
5	金アミナ（中）	本旗人		ボムタ→本村。ボムタの土地が不良であったため、本村に住む親戚を頼って来住した。
6	呉スウンプ（中）	本旗人	1926年	臥虎村の西方→本村。原住地では大水害があり、本村の地味が良好なるを聞いて移住。
7	金チェントモン（中）	本旗人	1920年	遼源県→本村。遼源県で耕作していたが、継母との不仲のために親戚を頼って来住。
8	曹ドルジ（中）	本旗人	1932年	ネーモンデ→モトネエール→本村。①ネーモンデが開放されたため。②20年前、新開河北岸にあるモトネエールに移住し、「満洲事変」後の治安悪化によって本村に移住した。
9	華トージト（貧農）	本旗人	1920年	ネーモンデ→ホンホルオボ（第七区）→本村。①ネーモンデが開放されたため。②ホンホルオボ（第七区）は土地が悪かったため、親戚のランブを頼って来住した。
10	王ウルトニ（貧）	本旗人	1922年	ハシヤ村→本村。原住地の土地が悪かったため、親戚を頼って来村。
11	曹クワンチヤブ（貧）	本旗人	1926年	ナインホトク（「東夾荒」）→本村。「東夾荒」が開放されることにより、親戚のランブを頼って来住。
12	金マニジャブ（貧）	本旗人	1921年	イントルト→本村。原住地の地質不良のため、親戚のランブを頼って来住した。
13	曹ジトルウグイ（貧）	本旗人	1920年	梨樹県→「東夾荒」→本村。①梨樹県で土地を耕作していたが貧困であったため。②「東夾荒」が開放されたため。
14	曹バヤール（貧）	本旗人	1921年	遼源県→本村。地味不良のため、親戚を頼って来住した。
15	高ボロ（貧）	本旗人	1936年	巴彦塔拉→本村。水害（1932年）と原住地の地味不良のため、養父を頼って来住した。
16	張ハジタップ（貧）	外旗人	1929年	トメド左旗→銭家店附近→本村。①生計困難②土地が開放されため。
17	韓ダライ（貧）	外旗人	1930年	蒙古鎮（トメド左旗）→本村。①生計困難②原住地が開放されたため、友人を頼って来住
18	呉ウルブクサン（貧）	本旗人	1937年	ダブンゴル地→本村。原住地で水害に会い、本村の土地を良好と聞いて来住した。
19	陳バイナ（捞青）	外旗人	1937年	蒙古鎮（トメド左旗）→本村。原住地において旱魃に遭って生計困難なため、親戚を頼って来住した。

20	李シャーリ（撈）	外旗人	1935年	蒙古鎮（トメド左旗）→トモト（本村東南100里）→舎伯土地→本村。①不明②トモト附近が開放されたため、親戚を頼って来住した。
21	何プーホ（撈）	外旗人	1933年	トメド左旗→アンタン窩堡→本村。①原住地で生活困難のため、アンタン窩堡へ移住。②本村の撈青の条件がよいため、知人を頼って来住した。
22	冬ハムトバヤル（撈）	外旗人	1937年	ハラチン右翼旗→本旗のモリン廟→本村。①不明②モリン廟の土地が悪いため、友人を頼って来住した。
23	張ロガータ（撈）	本旗人	1933年	康平県→ポアルト→本村。ポアルトの土地が連年旱害のため、親戚の曹家を頼って来住。
24	張華臣（撈）	漢人	1938年	康平県→通遼県→本村。親戚を頼って通遼県に移住し、生活困難のため従兄を頼って本村に来住した。
25	包ダーリ（撈）	本旗人	1934年	ヂョルガン廟→ホンゴルオボ→本村。生活困難のため親戚を頼って来住。
26	胡ダンバ（撈）	外旗人	1933年	東科後旗オラインス→本村。原住地は沙漠地であったため、本村の知人を頼って来住。
27	李徳山（撈）	漢人	1937年	康平県→通遼県→本村。知人を頼って本村に来住した。
28	戴バータルサン（撈）	外旗人	1937年	トメド左旗→西科中旗→本村。生活困難のため20年前に西科学中旗に移住、土地不良のため、友人（No.25）を頼って本村へ移住した。
29	海チェンハルジャブ（撈）	外旗人	1936年	トメド左旗→本村。親戚を頼って来住した。
30	包タウリグル（撈）	本旗人	1934年	モリン廟→本村。土地開放により土地を失ったため来住した。
31	海ナトマト（撈）	外旗人	1933年	トメド左旗→本村。原住地では農地がなく、生活困難ため来住した。
32	陳ボインウルジック（撈）	本旗人	1929年	ゲルホ村→本村。原住地が開放されたため親戚を頼って来住した。
33	白トムチック（撈）	外旗人	1937年	庫倫旗→本村。生活困難のため本村を土地良好と聞いて来住した。
34	車ルビジヤツクソン（撈）	本旗人	1922年	ゴーホトク（鄭家村附近）→本村。原住地が開放されたため、知人を頼って来住した。
35	王トーオジト（撈）	外旗人	1937年	庫倫旗→図什業図旗→本村。原住地で災害に遭って、親戚を頼って来住した。
36	トウチ（撈）	本旗人	1936年	法庫件→通遼県→本旗第7区→本旗第6区のボルト→本村。①知人を頼って移住②漢人の進出のため追われて移住③「満洲事変」にため移住④本村の土地がよく、撈青が少ないと聞いて知人を頼って来住した。
37	祁ナーゴ（撈）	外旗人	1936年	東科中旗→鄭家村北部→ネーモンデ→エレンアイル→本村。生活困難のため親戚を頼って来住した。
38	包ドルンガ（撈）	外旗人	1937年	トメド左旗→オボンアイル（銭家店付近）→本村。原住地での耕地が抵当されたためオボンアイルに移住、2年前、本村の土地が良好と聞いて来住した。

39	曹ダントル（撈）	本旗人	1931年	ネーモンデー→エレンアイル→モドンアイル→本村。ネーモンデが開放されたため、エレンアイルに移住、「満洲事変」のとき兵匪を避けて親戚を頼って本村に移住した。
40	陳ウンソンジップ（撈）	本旗人	1931年	パイタンダア村（鄭家村附近）→タブンジャラン（第六区）→本村。原住地の開放によりタブンジャランに移住、匪賊に襲撃され親戚を頼って本村に移住した。
41	李殿臣（撈）	本旗人	1938年	法庫県→ボルト（第六区）→本村。知人を頼って本村に移住した。
42	張グービ（撈）	本旗人	1919年	ジヤレンボ村→本村。移住の理由は不明。
43	洪ホアホ（撈）	外旗人	1938年	東科前旗→八家子（本旗）→本村。生活困難のため八家子に移住、そこで大旱魃に遭って本村に移住。
44	チュルゴール（撈）	外旗人	1929年	トメド左旗→オボネル（鄭家村附近）→本村。借金によって土地を奪われ、生活困難のためオボネルに移住、そこが開放されたために本村に移住した。
45	鄭士挙（撈）	漢人	1937年	没牛泡子（遼源県）→本村。原住地で水害が遭ったため本村に来住した。
46	李アルタンサン（撈）	外旗人	1933年	トメド左旗→アラタン窩堡→本村。本村の土地が良好と聞いて来住した。
47	呉バムラ（撈）	外旗人	1933年	トメド右旗舎伯土（第六区）→本村。本村の土地が舎伯土よりよいとの理由で親戚を頼って来住した。
48	黄ダタイ（日工）	外旗人	1925年	トメド左旗→東科後旗→鄭家村→本村。

出典：『興安南省科爾沁左翼中旗実態調査報告書』統計編３～17頁をもとに、ボルジギン・ブレンサイン『近現代におけるモンゴル人農耕村落社会の形成』163～167頁を参考にして整理したものである。

注：地名は『興安南省科爾沁左翼中旗実態調査報告書』を基準とした。
富農は100晌以上、中農は40晌以上、貧農は20晌以上、極貧農は20晌未満の農地を所有する者であり、また撈青とは自己所有農地がなく、他家に雇用される者である。

係の一般的なあり方を見てみる。

モンゴル帝国の成立後、チンギスハンの分封のもと、モンゴル貴族の土地に対する原始的な支配権が発生した。土地の所有権は大汗に掌握され、大汗の分封によって各貴族が所有権を持ち、各貴族がさらに自らの部下に土地の使用権を分配する。大汗は土地の絶対的な支配者であり、分配した土地を回収する権利をも有する[35]。モンゴル帝国、すなわち遊牧時代のモンゴル人の土地所有に対する態度は、国家レヴェルで新しい遊牧地獲得のために絶えず遠征していたこともあって財産として見る観念が弱く、王公とその部民の関係は「非常に強い人的な従属支配の関係であった[36]」とされている。

清代に入ると、モンゴルの各部は中央政府の「盟旗制度」に編入されるようになり、旗の扎薩克王の旗内における領土支配が認められ、外交を除くすべての統治を任された。すなわち領内の土地と人民を絶対的に支配したのである。盟旗制度の実施によって「モンゴル人の種族的な紐帯を弱むる為に旗の合併分裂を阻止し、地域的に整備して旗を一つの地域団体とした[37]」と指摘されているとおりである。一つの旗には一人の扎薩克王がいて、彼は旗の総体的な領土権を有しており、さらにそのもとには実権がないものの旗内の土地（領地）を所有する幾人かの閑散王公がいた。

清代の盟旗制度は、北洋政府期の蒙地における土地関係を、中国内地より複雑化させた。蒙古王公は蒙地に対して歴史的世襲的な支配権を握っていたが[38]、独断で処理できない場合もあった。王公の私的な開放計画が旗民に反対されて実行できなかった事例も見えるからである。たとえば、卓王によって行われようとした、民国元年（一九一二）における四家子努図克内巴林愛荒段の開放は、各王公などの貴族、一般旗民の強い反対を受けて実施できなかった。清代政府が蒙地で開墾を実施するときには、まず理藩院から盟長をへて旗扎薩克王に打診し、扎薩克王はさらに各王公や貴族、ならびに開放予定地に居住する旗民の了解を得た上で決定していた[39]。

成立直後の満洲国では、親王および郡王に一八〇反、貝勒貝子に一五〇反、公に一二〇反の土地を自らの喫租地として不労占有することが認められていた[40]。このことは植民地時代においても蒙古王公の土地に対する権利が当局に認められていたことを意味している。

次に満洲国時代の非開放蒙地における土地関係を、郎布窩堡村の事例の分析から検討してみたい。

まず本旗人の土地関係を取り上げる。表1—3を見ると、実態調査当時の一九三九年、本村には四八戸があり、そのうち1から18号の農家は土地を所有している富農、中農、貧農、極貧農群（表1—2を参照）であり、ほぼ本旗人によって占められている。農家19から48号は土地を持たない撈青・日工群であり、おおむね外旗人と漢人である。この事実からまずわかるのは、土地に関わる権利は民族的、出身地的な身分と関係を有することである。ここでは土地を所有している1から18号の農家を個別具体的に分析する。

『実態調査報告書』によると、開拓者である1号農家のランブ兄弟は、二〇年前（一九一九年）に本村に来る前、東夾荒の「ナヤンホトク」に住んでいたが、日露戦争の戦禍を避けて旗内の未開墾地であるネーモンデに移住した。その後、ネーモンデが開墾されたため、一九一九年頃、新たに農業に適した原野を目指して、旗内の北部に位置する本村附近を開拓した。彼らは本村に移住する前、ネーモンデですでに農業に従事していたというから、農業に熟練していたのであろう。それは来住の一〇年前、ネーモンデに住んでいた頃、四犂丈をもって六〇晌を開墾したことに始まる。兄弟二人は毎年二〇晌ずつ開墾し、一六〇晌に達したのは一三年前の一九二六年のことであった[42]。

表１－２　農家階層別標準

階　層	階層標準
富　農	所有耕地100晌以上
中　農	所有耕地40晌以上
貧　農	所有耕地20晌以上
極貧農	所有耕地20晌未満
捞　青	自己所有耕地ナク他家ノ晌青トナルモノ
日　工	自己所有耕地ナク日工トシテ他家ニ働クモノ

出典：興安局『興安南省科爾沁左翼中旗実態調査報告書』統計編１頁より作成。
注：１晌は約6.7反。

表１－３　農家階層別捞青地自作地別面積と捞青労働依存率

群　別	農家番号	捞青地（晌）	自作地（晌）	計（晌）	捞青地における捞青労働に依存する割合
富　農	1（本旗人）	160.0	—	160.0	100%
	2（本旗人）	107.0	5.0	112.0	100%
中　農	3（本旗人）	48.0	—	48.0	78%
	4（本旗人）	45.0	0.3	45.3	56%
	5（本旗人）	42.3	—	42.3	100%
	6（本旗人）	42.0	—	42.0	33%
	7（本旗人）	40.0	0.2	40.2	83%
	8（本旗人）	40.0	—	40.0	50%
貧　農	9（本旗人）	38.5	—	38.5	38%
	10（本旗人）	34.0	—	34.0	100%
	11（本旗人）	27.0	3.0	30.0	80%
	12（本旗人）	25.0	—	25.0	67%
	13（本旗人）	21.0	—	2.10	66%
極貧農	14（本旗人）	19.0	—	19.0	100%
	15（本旗人）	—	10.0	10.0	—
	16（外旗人）	—	10.0	10.0	—
	17（外旗人）	—	10.0	10.0	—
	18（本旗人）	—	6.0	6.0	—
捞　青 日工群	19-48（本旗人10戸、外旗人17戸と漢人3戸）	—	—	—	—

出典：『興安南省科爾沁左翼中旗実態調査報告書』統計編２～17頁より作成。

富農の2号農家は一九二六年頃、東夾荒のナインホトクから本村に移住した。彼は従兄弟のランブを頼って本村に来住し、最初はランブに二〇晌の耕地を無償でもらい、その後、毎年開墾して一九三六年ごろに一〇五晌に達する。(43) 表1―3から、土地を持っている1から18号農家(16・17号農家を除く)は本旗人であり、基本的に本旗人が土地に対する権利を有していたことが確認される。明らかに彼らは開村後、本旗人という身分を生かし、さらに本村付近も「農耕地を開拓するに当たって土地が十分であった(44)」ことから、自由に開墾を進め、一九三九年までには表1―3のような状況に至ったと考えられる。

本旗人の土地に対する権利については『実態調査報告書』にも「農耕資力があるならば何の制限をも受けることなく旗内の荒地を自由に開墾耕作し得るのであって、その耕種に就ては一種の権利を派生する。外旗人と漢人移民はこのような権利がない。その権利は単なる土地の利用収益権であらうと、処分を制限された特殊の占有権であろうとも、既に他人には侵されない権利であり……(45)」と述べられている。また満洲国時代に入ると、国家が蒙地の整理事業を行なう際に、はじめて本旗人、外旗人、漢人などと身分を区別する用語を使い、本旗人の未開墾地における権利を確保し、旗外からの移住者を排除しようとしたと考えられる。(46) なお、ここにいう権利とは土地占有を認めるものである。

さて、開墾初期には未開墾地が充分にあったものの、人口が増加し、一人当たりの土地面積が減少した結果、土地占有のあり方をめぐって紛争が発生するようになった。たとえば、廃耕地の問題である。本旗人の土地に対する占有権は「普通耕作を行っている間有効なのであって、廃耕したりすれば其後は誰が耕さうとも又自由な訳である(47)」。従って「他のものが土地を廃耕にすればその土地は若干の年数を経て(即ち畦の跡が消えてからとか三年後とか言ふ様に)又他のものによって耕作された。従って、現在に至るまで各自がその資力のあるに応じて耕作面積を拡張し、その耕地を自己の耕地として占有することが出来たのである」[48]。

興安局調査当時（一九三九年）には、旗内の開放蒙地において「可耕地の余裕も少なく、世間も世知辛くなった」[49]ため、二荒地[50]は誰の別なく勝手に再墾するようであったと考えられる。再墾することで紛争が発生した場合には「村達、長老が間に入って双方の面子の立つやうに程よく仲裁した」[51]という。

表1―3を見ると、土地を持っていない19から48号農家に一〇戸の本旗人がいる。この一〇戸は本旗人であるのに、なぜ土地を所有していないのか。「本旗人として特権をもつが土地を持っていない撈青たちについて身分関係より来る制約よりも、こうした経済的な理由から来る影響のほうが大きい事を示す一つの証査ともなろう。……土地の慣行もこうした経済的な力に放任するに於ては、その兼併の傾向は益々助長されよう。本旗人としての特権を持つ人々も撈青として暮らすものもないではない」[52]とする『実態調査報告書』の記録からも、農耕資力は土地所有ための重要な条件であったといいうる[53]。

次に本村における外旗人と漢人の土地関係について分析していく。旗全体からみると、外旗人と漢人は土地に対する権利は本旗人より弱いことが予想される。非開放蒙地であったある地域の開発で、自らすでに耕作していた土地が当局に報領[54]される場合、その耕作地が本旗人のものであれば、安墾局より墾費が補償される。しかし、耕作地が外旗人あるいは漢人のものであったならば、その耕作地は無償で奪われる。東夾荒の開放について見てみると、本旗人に対する安墾局からの補償は一晌当たり五円であったが、外旗人と漢人には補償がなかった[55]。つまり当時、本旗人の土地に対する耕作権は公認されているが、外旗人の耕作権は確立してなかったことが判明する。

表1―3からみると、二二戸の外旗人と漢人のうち、16号農家と17号農家だけがわずかな土地を有し、それ

以外の農家は一切土地を所有していない状態にある。前述したように、当時、本村において私的土地所有権は確立しておらず、富農、中農の本旗人でも土地に対する権利は一種の占有権に過ぎなかったから、16号農家と17号農家の権利はもちろん本旗人より弱かったと推測される。二一戸中一九戸が土地を所有しておらず、わずかに二戸が所有している状態は、外旗人および漢人が本旗の非開放蒙地全体の土地に対して、ほとんど何の権利もなく、富農・中農階級の搒青として生きるしか道がなかったことを示している。

本村開拓の経緯（表1―1）をみると、外旗人である38号農家の包ドルンガの場合は、一九〇八年頃、一〇晌の耕地を所有していたが、借金抵当に取り上げられ、原住地のトメド左翼旗を離れて本旗の東南部に移住し、そこで二九年間暮らした。そして一九三七年に本村の土地が良好と聞いて移住してきた。しかし本村における土地関係は原住地のトメド左翼旗あるいは本旗の開放蒙地である東南部と異なっていた上、移住も遅かったため、土地を占有できず搒青となったと考えられる。46号農家（外旗人）の李アルタンサンの場合、彼は一八九〇年代に住んでいたトメド左翼旗から離れ、本旗の第六区のアラタント村にやって来て、一九三三年に本村の土地を良好と聞きつけ、移住して搒青となった。45号農家は、本村の二人の漢人のうちの一人である。一九三七年に原住地が水害に遭ったため、生活が困難となり、直接に本村へと移住してきて搒青となった。以上、これまで分析した事例や表1―1における他の事例からすれば、外旗人が本村に移住した目的は、おおむね土地を所有するか、あるいは直接、中農階級との雇用関係を結ぶことにあったように推定される。一方、漢人の場合は中農階級との雇用関係を結ぶことのみを目的としてきたと判断でき、彼らの土地に関する権利が外旗人よりも弱かったことを示唆している。

ところで、16号農家と17号農家は外旗人であるにもかかわらず、なぜ耕作地を持っていたのであろうか。16

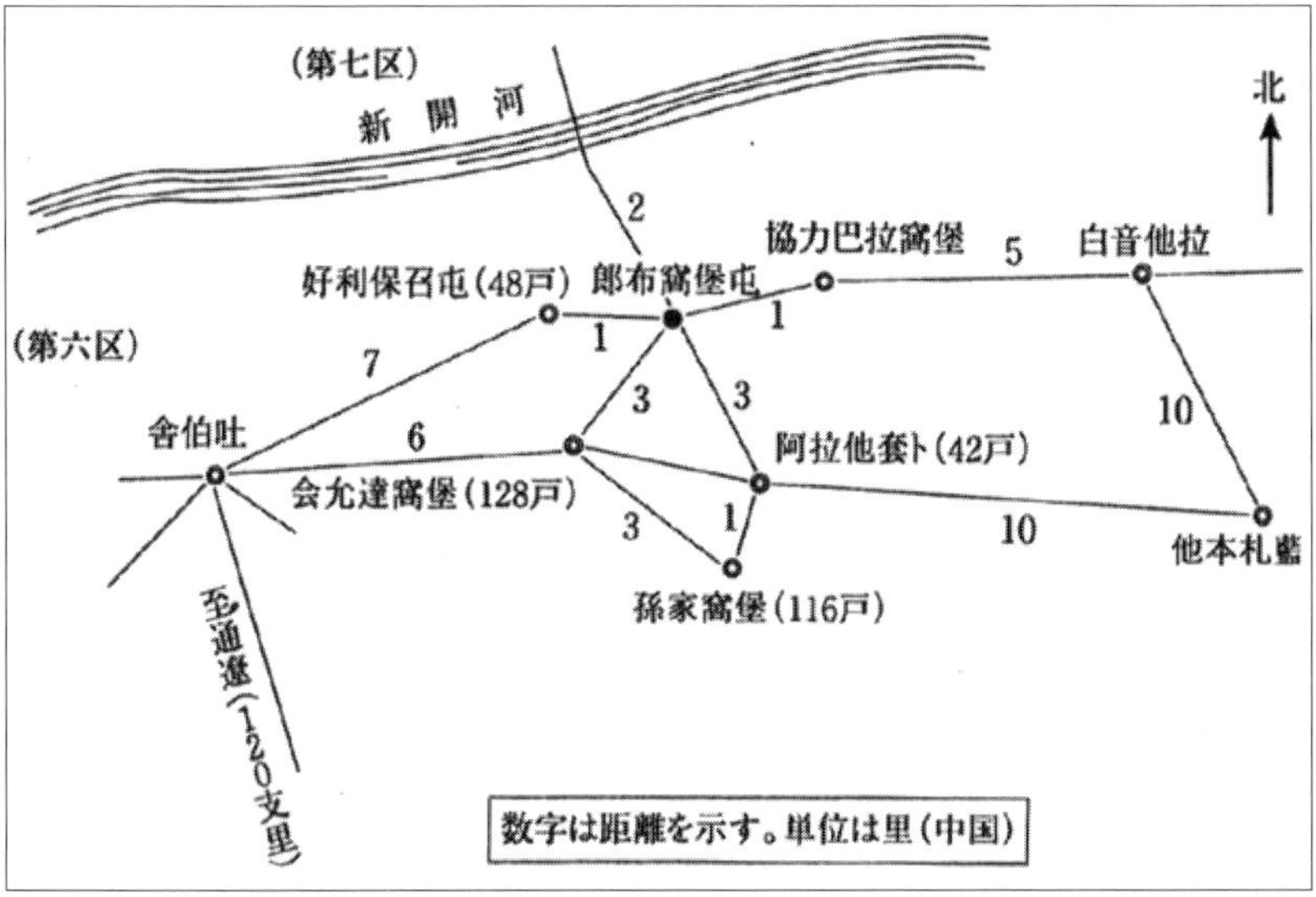

図１－３　郎布窩堡村付近

出典：興安局『興安南省科爾沁左翼中旗実態調査報告書』119頁より転載。

号農家を事例に分析する。表1—1をみると、当該農家は祖父の時代に生活困難のため、原住地のトメド左旗から本旗東南部の銭家店付近のウルフソールに移住して来た。一〇年前、銭家店付近が開放されたため、本村に居住していた養父のリータルゲンを頼って本村へと移住した。土地獲得の経緯については「本村来住後ハ養父リータルゲンノ撈青トシテ生活、康徳四年、一〇晌ノ耕地ヲ開墾……康徳四年、チャンシュンモドネル村ノ人々ガ合議シ、丘ニナッタ所ヲ無償ニテ、ベレクチメーレン（第七区居住の本旗人）ヨリ得タリ」[56]と述べており、本村に在住して後に撈青主となった養父を頼ってきたことがわかる。また一九三七年には、隣村の人々（本旗人と思われる）と相談した上で、該村のある本旗人から地力の悪い「丘ニナッタ所」を取得したと見える。前述のように、一九三七年頃までに本村付近はすでに開墾が飽和状態に達し、新しい耕作地を獲得することは物理的に不可能であったから、新開河対岸の第七区から土地を獲得したことは自然のなりゆきであった（図1—3）。

以上の分析を整理すると、外旗人であっても資本力、人間関係、獲得農地の土壌、移住時期、勤勉さなどにおいて、ある程度の適当な条件さえ備わっていれば、土地を獲得することができる可能性もあったと考えられる。しかし現実的には、三〇戸の外旗人と漢人のうち、わずかに二戸のみがようやく地味の痩せた耕作地を所有したすぎなかったから、彼らの本旗の土地に対する権利が薄弱であったことは明らかである。

第四節　郎布窩堡村における労働関係

本節では、本村における労働関係について論じたい。蒙地開放により、土地も農具も持たない漢人農業移民が搒青として募集された結果、搒青の形態は漢蒙の接壌地において一般化していった。東蒙古地域に限定すれば、蒙地開墾による農耕化に伴って生じた現象であると考えてよい[57]。蒙地の開発には大量の労働力が必要であったが、漢人移民たちは土地・役畜などの生産手段に乏しかったため、開放蒙地では搒青関係が一般化していった。さらに開放蒙地の農耕モンゴル人および漢人農民の非開放蒙地への移住により、非開放蒙地においても、搒青がより普遍的な労働関係となっていった[58]。

本村の農家は土地を所有している搒青主（富農あるいは中農）と土地を所有していない搒青の二つにはっきりと区別されている。両者の中間としては、純自作と搒青主（貧農、極貧農）を兼ねた自作農の色彩が濃いものがある。以下では、代表的な農家の生産活動のあり方から本村における搒青関係の特徴を分析する。

『実態調査報告書』の記録によれば、搒青主は土地・役畜・農具などのすべての生産手段を提供し、搒青は労働力のみを提供する。種子は一般に撈青主が提供するが、大豆とトウゴマなどの種子は撈青主が春に貸与して、収穫のときに前貸した分の半分を差し引いた。つまり普通の種子は撈青主が負担するが、価格が高い種子は撈青主と撈青とが折半で負担するということである。華南地域に見られる漢式農耕地と同様に、本村の撈青にも労働の自由、作物の選択といった権利はなく、撈青主の意志に従わねばならなかった[59]。蒙地が開放された当初は、モンゴル人撈青主には農業知識・技術・経験がほとんどなかったため、撈青にも作物の選択が委ねられたかもしれない。しかし前述の本村開拓の経緯からみると、土地所有者は本村に移住する前、原住地ですでに農耕を行っていたから、労働の自由、作物の選択などの権利が撈青主側にあったと考えて不思議ではない。非開放蒙地における農村の形成からみても、これらの権利が土地所有者にあることは、地域レベルで適切な農業経営を進める上で一定の意義があったと思われる。

収穫物の分配については表1―4～6から分析していこう。これら三つの表は筆者が『実態調査書』統計編により作成したものであり、当時の本村における代表的な農家の労働関係を表している。

表1―4～6中の1、2、5、6号の各農家からみると、「主産物」（高粱、トウモロコシ、キビなど）は折半で、「副産物」（脱穀後のワラなど）は撈青主が全部所得するという方法が一般的であった。具体的には、撈青主と撈青たちとですべての収穫物を折半し、さらに撈青たちの分については各撈青間、五人なら五人、六人なら六人で収穫物を均分する。「之は撈青関係を通じての凡ての場合に於ける通則でこの例外をなすものはない[60]」といわれる。

ここで表1―3と表1―6から6号農家の事例を取り上げる。なぜなら6号農家には撈青労働力、自家労働力などが含まれ、本村の労働関係を代表できる農家であると考えるからである。6号農家は自家労働力六人と

表1－4　1号農家における労働関係

経営面積	捞青年齢	給食	住込通い	日工労賃	捞青主との関係	継続年数	義務労働	労働期間	生産物分配	
									主産物	副産物
140晌	27	あり	通い	東家負担	親戚	7年	随時不定量	2－12月	折半	捞青主全部取得
	26	あり	通い	東家負担	親戚	2	随時不定量	2－12月	折半	捞青主全部取得
	20	あり	住込	東家負担	親戚	2	随時不定量	2－12月	折半	捞青主全部取得
	18	あり	住込	東家負担	親戚	2	随時不定量	2－12月	折半	捞青主全部取得
	24	あり	通い	東家負担	外戚	6	随時不定量	2－12月	折半	捞青主全部取得
	45	あり	住込	東家負担	知人	2	随時不定量	2－12月	折半	捞青主全部取得
	18	あり	通い	東家負担	知人	5	随時不定量	2－12月	折半	捞青主全部取得
	43	あり	通い	東家負担	知人	2	随時不定量	2－12月	折半	捞青主全部取得
	43	あり	通い	東家負担	知人	1	随時不定量	2－12月	折半	捞青主全部取得
	46	あり	住込	東家負担	知人	1	随時不定量	2－12月	折半	捞青主全部取得
	46	あり	通い	東家負担	知人	1	随時不定量	2－12月	折半	捞青主全部取得
	52	あり	住込	東家負担	知人	1	随時不定量	2－12月	折半	捞青主全部取得
	47	あり	住込	東家負担	知人	1	随時不定量	2－12月	折半	捞青主全部取得
	30	あり	住込	東家負担	知人	1	随時不定量	2－12月	折半	捞青主全部取得
	27	あり	住込	東家負担	知人	1	随時不定量	2－12月	折半	捞青主全部取得
	21	あり	住込	東家負担	知人	2	随時不定量	2－12月	折半	捞青主全部取得
	21	あり	住込	東家負担	知人	1	随時不定量	2－12月	折半	捞青主全部取得
	30	あり	住込	東家負担	知人	1	随時不定量	2－12月	折半	捞青主全部取得
20晌	40	なし	通い	捞青	知人	1	年30日	2－11月	折半	捞青主全部取得
	42	なし	通い	捞青	知人	1	年30日	2－11月	折半	捞青主全部取得
	21	なし	通い	捞青	知人	1	年30日	2－11月	折半	捞青主全部取得

出典：『興安南省科爾沁左翼中旗実態調査報告書』統計編32～42頁より作成。
注：東家は捞青を雇う農家のことである。

表1－5　2号農家における労働関係

経営面積	撈青年齢	給食	住込通い	継続年数	義務労働	労働期間	生産物分配	
							主産物	副産物
77晌	33	あり	住込	1年	随時不定量	2－12月	折半	撈青主全部取得
	33	あり	住込	1年	随時不定量	2－12月	折半	撈青主全部取得
	33	あり	住込	1年	随時不定量	2－12月	折半	撈青主全部取得
	34	あり	住込	1年	随時不定量	2－12月	折半	撈青主全部取得
	23	あり	住込	1年	随時不定量	2－12月	折半	撈青主全部取得
	50	あり	住込	1年	随時不定量	2－12月	折半	撈青主全部取得
	20	あり	住込	1年	随時不定量	2－12月	折半	撈青主全部取得
	34	あり	住込	1年	随時不定量	2－12月	折半	撈青主全部取得
	35	あり	住込	1年	随時不定量	2－12月	折半	撈青主全部取得
	27	あり	住込	1年	随時不定量	2－12月	折半	撈青主全部取得
	40	あり	住込	1年	随時不定量	2－12月	折半	撈青主全部取得
	23	あり	住込	1年	随時不定量	2－12月	折半	撈青主全部取得
30晌	35	なし	住込	1年	年30日	2－12月	折半	撈青主全部取得
	32	なし	住込	1年	年30日	2－12月	折半	撈青主全部取得
	28	なし	住込	1年	年30日	2－12月	折半	撈青主全部取得
	20	なし	住込	1年	年30日	2－12月	折半	撈青主全部取得

出典：『興安南省科爾沁左翼中旗実態調査報告書』統計編32～42頁より作成。

表1－6　5号農家と6号農家における労働関係

経営面積	撈青年齢	給食	住込通い	継続年数	義務労働	労働期間	生産物分配	
							主産品	副産品
42晌 5号農家	30	なし	住込	7年	年間20日	2－12月	折半	撈青主全部取得
	不明	なし	住込	7	年間20日	2－12月	折半	撈青主全部取得
	不明	なし	通い	3	年間20日	2－12月	折半	撈青主全部取得
	不明	なし	住込	7	年間20日	2－12月	折半	撈青主全部取得
	不明	なし	住込	7	年間20日	2－12月	折半	撈青主全部取得
	不明	なし	住込	7	年間20日	2－12月	折半	撈青主全部取得
42晌 6号農家	25	あり	住込	不明	年間30日	2－12月	折半	撈青主全部取得
	52	あり	住込	不明	年間30日	2－12月	折半	撈青主全部取得
	37	あり	住込	不明	年間30日	2－12月	折半	撈青主全部取得

出典：『興安南省科爾沁左翼中旗実態調査報告書』統計編32～42頁より作成。

表1－7　本村における搒青関係の移動性

継続年数	1年	2年	3年	4年	5年	6年	7年	計
搒青数	53件	12件	8件	1件	2件	1件	6件	83件

出典：『興安南省科爾沁左翼中旗実態調査報告書』統計編32～42頁より作成。

雇用搒青三人をもって、四二晌の耕作地を経営していた。搒青主である6号農家は全収穫量を折半して半分の収穫物を得、その残りの半分を九人で均分する。その結果、6号農家は全収穫量の半分のほか、さらに自家労働力六人分の収穫を得ることになった。

搒青は給食の有無によって裡搒青と外搒青と区別された。裡搒青の場合、契約期間中の食事はすべて搒青主から給与されるが、一般的にその代わりとして無制限の労働供出が要求される。一方、外搒青の場合には、すべての食事が自家においてなされるが、義務労働日数は限定されていた(61)（表1―4～6を参照、6号農家は例外）。義務労働の内容はたとえば家屋を作ったり、オンドルや壁を塗り替えたりするなどの仕事であった(62)。

こうした搒青関係は本旗人と外旗人、本旗人と漢人、本旗人と本旗人の間に結ばれた労働関係であり、前述した収穫物の分配のほかに、もう一つの主な特徴としてその流動性の高さを指摘することができる。表1―7から継続年数は一年が圧倒的に多いことがうかがわれる。中国内地からの漢人移民が開放蒙地における搒青関係を、また開放蒙地からの外旗人、本旗人および漢人移民が非開放蒙地における搒青関係を形成していった。つまり搒青関係は流動性が極めて高い社会移動のなかで形成されていったといえよう。

これまでの分析を整理してみると、搒青関係は搒青主から土地・犂・役畜・種子など、すべての生産手段を提供され、搒青は労働力のみを提供し、収穫物は基本的に折半するというものであった。かかる関係の性格については、一九三〇年代の興安局実態調査のとき、調査員たちの間にもいろいろな議論があり、地主小作人関係と見るものと、単純な雇用農業労働関係と見るものの二つの見方があり、調査班のなかでも意見が分かれていた。[63] 収穫物の分配方法や、撈青に労働の自由、作物の選択といった権利はなく、撈青主の意志に従わねばならず、このように農業経営の内実に関与していない点で、日本や中国内地の地主小作関係とも異なる当該地域に独自のあり方が看取されたといいうる。筆者は現在のところ、本村の土地関係をめぐる労働関係は地主小作人関係ではなく、地主と一種の年工や単純な農業雇用労働関係であったと見るべきであると考えている。[64]

おわりに

本章では、東蒙古地域の農耕化の歴史的背景を前提としながら、特に満洲国時代の実態調査を利用し、科爾沁左翼中旗第六区の郎布窩堡村の事例から満洲国興安南省の非開放蒙地における農業経営の歴史的特徴を浮きぼりにしようとしてきた。

一九三〇年代の満洲国興安南省の非開放蒙地におけるモンゴル人農村村落社会の土地関係と労働関係の特徴をまとめると、本旗人は旗地に対して農耕資力（農具・役畜・資本力など）があれば自由に開墾耕作できた。ただしこの権利は単に使用収益する占有権にすぎず、私的な開放・売買などの土地を処分する権利はなかった。外旗人に至っては、本旗人のように土地を自由に開墾する権利もなかった。旗当局に犂をもって申請するか、近くの本旗人の許可を得た上で開墾を行うが、占有権は本旗人よりも微弱であった。非開放蒙地全体からみても、個別事例の郎布窩堡村からみても、漢人による非開放蒙地での開墾・耕作は確認されず、彼らは本地域内において民族的に差別され、土地に対する一切の権利がなかった。つまり土地に関する権利は、農耕資力はもちろん、民族的出身地的な身分とさらに深い関係があったのである。また本村における撈青関係という労働関係は、決して地主小作人関係ではなく、地主と一種の年工や単純な農業雇用労働者との関係であると考えたい。

本章の冒頭で述べたように、地主と雇用労働者の関係は、その後の共産党による暴力的な土地改革にまで持ち越された。一九四七年一月に本村で暴力的な土地革命が開始されると、旧地主層は土地を失い、撈青は土地を獲得し、本村における土地所有関係が転換することになった。土地を入手した多くの撈青によって本地域における共産党革命が成功し、土地の国家所有権、人民使用権という形を基盤とした中華人民共和国時代に入っていき、現在に至っている。かような共産党政権成立後の土地関係、労働関係の展開・変遷については、今後の課題としたい。

〔注〕

（1）中国第六回国勢調査データ（二〇一〇年）による。
（2）鳥居龍蔵『蒙古旅行』（博文館、一九一一年）、同『蒙古及満洲』（冨山房、一九一五年）、同『満蒙の探査』（万里閣書房、一九二八年）、満鉄産業部編「科爾沁左翼中旗第六区調査報告書」（一九三七年）、興安局編『興安南省科爾沁左翼中旗実態調査報告書』（一九三九年）、興安局編『興安南省札賚特旗実態調査報告書』（一九三九年）など。
（3）王建革『農牧生態与伝統蒙古社会』（山東人民出版社、二〇〇六年）。
（4）ボルジギン・ブレンサイン『近現代におけるモンゴル人農耕村落社会の形成』（風間書房、二〇〇三年）。
（5）江夏由樹「満洲国の地籍整理事業について―「蒙地」と「皇産」の問題からみる―」（『一橋大学研究年報・経済学研究』三七、一九九六年）一二七～一七四頁。
（6）広川佐保『蒙地奉上―「満州国」の土地政策―』（汲古書院、二〇〇五年）。

(7) 穆釜臣「清朝治理东蒙古的政策和措施」(『内蒙古社会科学』第二六巻三期、二〇〇五年)四九~五三頁を参照。ゴビ砂漠南北のモンゴル社会は部族を単位として遊牧していたが、清朝に征服された後、元朝のモンゴル社会の封建領地、血縁部族に基づいた「盟旗制度」が設定され、モンゴル社会の基本的な単位は旗へと移った。旗ごとに牧地が指定され、その地域を越えた遊牧は禁止されていた。
(8) 搒青は中国華北地域から東北地域と東蒙古地域へ伝播して広く見られるようになった年季契約の農業賃金労働者の階層を指す。一種の雇用と収穫分配の関係であり、そうした労働関係を搒青関係という。前掲ボルジギン・ブレンサイン『近現代におけるモンゴル人農耕村落社会の形成』八〇頁。東亜研究所編『経済に関する支那慣行調査報告書─特に北支に於ける小作制度─』(一九四四年)なども参照。
(9) 前掲興安局編『興安南省科爾沁左翼中旗実態調査報告書』、前掲満鉄産業部編『科爾沁左翼中旗第六区調査報告書』、興安南省公署編『興安南省概覧』(一九三五年)。
(10) 前掲興安局編『興安南省科爾沁左翼中旗実態調査報告書』一九二頁。
(11) 満洲国が発足した後、もとの旗の最高統治者であった扎薩克王が消滅して旗長となった。旗長は多くの場合、旧扎薩克王であったが、封建的な権力は相当に弱まった。
(12) 前掲興安局編『興安南省科爾沁左翼中旗実態調査報告書』一二頁。
(13) 同前。
(14) 前掲興安局編『興安南省科爾沁左翼中旗実態調査報告書』。
(15) 前掲鳥居龍蔵『蒙古及満洲』三三~三四頁。前掲ボルジギン・ブレンサイン『近現代におけるモンゴル人農耕村落社会の形成』三~七頁。
(16) 前掲江夏由樹「満洲国の地籍整理事業について──「蒙地」と「皇産」の問題からみる──」一一七~一七四頁。
(17) 前掲興安南省公署編『興安南省概覧』三頁。
(18) 実権を持っているモンゴル旗の最高権力者をさす。
(19) 日本軍の占領によって旗の扎薩克王が旗長になった場合が多いが、軍事占領に抵抗する者もあり、亡命したり旗長を担当することを断ったりする扎薩克王もいた。
(20) 前掲興安南省公署編『興安南省概覧』三頁。
(21) 前掲興安局編『興安南省科爾沁左翼中旗実態調査報告書』二頁。
(22) 前掲興安南省公署編『興安南省概覧』三〇頁。
(23) 前掲満鉄産業部編『科爾沁左翼中旗第六区調査報告書』一~三頁。
(24) 前掲広川佐保『蒙地奉上—「満州国」の土地政策—』一頁。
(25) 袁永熙『中国人口・総論』(北京人民出版社、一九八六年)四〇一頁。
(26) 安倉一郎「蒙地に於ける用語集解」(『蒙古研究』第三巻三号、一九四一年)二四~二五頁。雍正元年(一七二三)に「借地養民」令が公布された。災害地域の農民を内モンゴルの土地に移住させ、春から秋まで耕作させる救民政策であったが、越年は禁止されていた。
(27) 前掲ボルジギン・ブレンサイン『近現代におけるモンゴル人農耕村落社会の形成』三六頁。
(28) 吉田順一「興安四省実態調査について—非開放蒙地の調査を中心に—」(『早稲田大学大学院文学研究科紀要』第四分冊、一九九七年)五七頁。
(29) 一晌(シャン)を一天地ともいう。日満農政研究会新京事務局編『満洲農業要覧』附録(一九四二年)一一五七頁に一晌は約六・一九反、満鉄産業部「満人農家経済調査報告—昭和十年度北満の部—」(一九三九年)例言に一晌約七・二反と記されている。現在中国東北では一晌は約六・七反、六六七〇平方メートルである。
(30) 前掲興安局編『興安南省科爾沁左翼中旗実態調査報告書』一三五頁。
(31) 竹村茂昭「蒙古民族の農牧生活の実態」(東亜研究所第五調査委員会編『東亜食料問題叢刊三　食糧経済第七巻一〇号別冊、一九四一年)五九頁。本旗においても、純遊牧以外に定着放牧、牧主農従、農主牧従、純農耕という形式がそれぞれ形成された。「国務院」による実態調査でも東蒙古地域全体を表現できるモデル的な地域を選定することが目ざされていた。
(32) 前掲興安局編『興安南省科爾沁左翼中旗実態調査報告書』一六一頁。
(33) 同前、一二〇頁。

(34) 同前、四九頁。
(35) 包玉山『内蒙古草原畜牧业的历史与未来』(内蒙古教育出版社、二〇〇三年) 六六、七三頁。
(36) 前掲興安局編『興安南省科爾沁左翼中旗実態調査報告書』四八頁。
(37) 同前、四七頁。
(38) 科爾沁左翼中旗志編纂委員会編『科爾沁左翼中旗志』(内蒙古文化出版社、二〇〇三年) 四〇九頁。
(39) 同前。
(40) 前掲興安局編『興安南省科爾沁左翼中旗実態調査報告書』五〇頁。
(41) 同前、七〇頁。
(42) 前掲興安局編『興安南省科爾沁左翼中旗実態調査報告書』統計編、一一頁。
(43) 同前。
(44) 前掲興安局編『興安南省科爾沁左翼中旗実態調査報告書』七〇頁。
(45) 同前、四九頁。
(46) 前掲ボルジギン・ブレンサイン『近現代におけるモンゴル人農耕村落社会の形成』一七〇頁。
(47) 前掲興安局編『興安南省科爾沁左翼中旗実態調査報告書』六九頁。
(48) 同前、一二九頁。
(49) 同前、五〇頁。
(50) 地力が減退して荒れた耕作放棄された農地を指す。
(51) 前掲興安局編『興安南省科爾沁左翼中旗実態調査報告書』五〇頁。村達は村長のことである。
(52) 同前、七一頁。
(53) 同前、七〇頁。資本力というのは農具・役畜・資本をさす。農具のうち、最も重要なのは犂である。開墾者は犂丈を持って計算され、標準はほぼ次のようである(郎布窩堡部落桑布、会音達部落ポンスゴの話による)。一つの大犂丈は約三〇晌、中犂丈は約二〇晌、小犂丈は一五晌。
(54) 報告して受領すること。

(55) 前掲興安局編『興安南省科爾沁左翼中旗実態調査報告書』五四頁。
(56) 前掲興安局編『興安南省科爾沁左翼中旗実態調査報告書』統計編、一二～一三頁。
(57) 前掲ボルジギン・ブレンサイン『近現代におけるモンゴル人農耕村落社会の形成』八一頁。
(58) 前掲王建革『農牧生態与伝統蒙古社会』三九七～三九九頁。
(59) 前掲興安局編『興安南省科爾沁左翼中旗実態調査報告書』一三四頁。
(60) 同前。
(61) 前掲興安局編『興安南省科爾沁左翼中旗実態調査報告書』一三八頁、統計編、三三～四一頁。
(62) 前掲興安局編『興安南省科爾沁左翼中旗実態調査報告書』一三八頁。
(63) 前掲竹村茂昭「蒙古民族の農牧生活の実態」五九頁。
(64) なお捞青は、近代日本における小作人との類似性が認められるが、捞青は小作人と比較したとき、農業経営の独自性が弱い一方、地主との労働関係においては自由度が大きいように思われる。ただしこれらの精密な検討は今後の課題としたい。

第二章　農法の改良と普及をめぐって
――北海道農法と満洲在来農法――

はじめに

満洲移民史に関するこれまでの研究では、その政治・経済・軍事的背景と移民の経緯および引き上げ問題、残留孤児などの問題が注目されてきた。一九七〇年代から満洲移民農業経営に関する研究も盛んに行われてきたが、その中でも満洲在来農法と一九四一年に改良農法として満洲へ導入された北海道農法[1]に関する研究は、数は多くないものの、主に北海道農法が満洲へ導入された原因とその導入過程に重点が置かれてきた。

北海道農法の満洲導入について考察した代表的研究には、以下の四者の研究が挙げられる。

玉真之介は、北海道農法の満洲導入に関して先駆的研究を行っている。玉は主に北海道農法の導入の経緯と原因を分析し、移民農家の自作能力の低さとそれに伴う耕地を現地農民に耕作させるという営農悪化問題、日中戦争に伴う労働力不足と労賃高騰などによるさらなる営農悪化が、北海道農法の満洲導入を推進した要因であると指摘している。また、北学田の事例に拠りつつ、北海道農法の満洲導入が、営農悪化問題の解決につながったと肯定的に評価している[2]。

一方、今井良一は、個別開拓団失敗事例の分析や戦後の聞き取り調査などから、逆に満洲における北海道農法の展開に否定的な評価を下している[(3)]。加えて、白木沢旭児は、主に北海道出身畑作農家の満洲における実績を検討し、戦局による増産至上主義と北海道農法普及との矛盾を強調しつつ、日本人農業技師が在来農法に対して肯定的な再評価をしたと指摘している[(4)]。

また、高嶋弘志は、主に当時の北海道の地方新聞、道庁統計書などを用いて、満洲における北海道農法の導入の経緯と北海道庁の対応などを明らかにしている[(5)]。

これらの研究は、満洲在来農法が日本人移民農家の農業経営を悪化させた元凶（雇用労力への依存度が高い地主化営農[(6)]）とする点で共通している。そのため、気候も土質も満洲とよく似ているといわれていた北海道の農法を導入することにより、新たな大陸新農法を樹立し、移民農家の営農悪化問題を解決する方策として北海道農法の満洲導入が図られたとしてきた。

ただし前述のように、満洲における北海道農法の普及実態、営農成果に関しては、営農悪化問題を解決して成功したという評価と、逆に農具の不足、品質問題、役畜の不足などの原因で失敗したという評価とに分かれている。こうしたなかで、満洲在来農法と北海道農法の具体的な内容、その合理性、営農問題以外の日中農民における村落・家庭構造的な背景、また、北海道出身の畑作農家や個別模範開拓団だけでなく、より広い範囲での開拓団全体から見た成果については、これまであまり注目されてこなかった。これらの問題に着目すれば、北海道農法の満洲導入の成否とその意義が明らかになるはずである。

そこで、本章では、第一に、北海道農法がなぜ導入されたのかについて、営農問題のみならず、農業技術、満洲における日中農民の社会構造、家庭構造の差異なども勘案しながら分析していく。第二に、当時の満洲開拓団における北海道農法導入の全体的な普及実績を明らかにする。第三に、満洲における在来農法と北海道農法の具体的な内容とそれぞれの合理性を、満洲地域の気候、風土を考慮に入れながら分析していきたい。

第一節　営農問題と在来農法への批判

「はじめに」で述べたように、満洲開拓団における営農悪化問題は北海道農法の満洲導入の主な要因とされている。

満洲移民に関しては、一九三六年を境として二つの段階に分けることが一般的である。一九三六年以前の満洲移民は、関東軍、拓務省、そして加藤寛治、那須皓、石黒忠篤らが代表する内原グループの主導における試験的・半武装的な移民であるとされる。当時、満洲移民は国策でも農業政策でもなく、その人数も非常に少なかった。しかし、二・二六事件によって、満洲移民に強く反対していた高橋是清が暗殺され、岡田内閣が倒壊すると、次の広田内閣は満洲移民政策を七大国策の一つに掲げ、「自家労力ヲ主トシ、自給自足ヲ原則トスル自作農経営(7)」を基準として移民の本格化（大量移民）に着手した。

大量移民の実施に伴い、まず注目されたのが開拓団における営農問題であった。ノンフィクション作家の島木健作は、一九三八年に北満で行った調査をもとに『満洲紀行』を執筆した。それ以外にも膨大な公的調査史料があるが、それらの多くは日本人移民農家の営農問題について必ずしも明確に記されているとは言い難く、島木の『満洲紀行』が最も具体性に富むと思われる。以下、『満洲紀行』における該当部分を見る。

〔史料二―二〕(8)

各団の一戸当り平均の耕作面積といふものは、開拓関係の書物などによくあげられてゐる。それはもちろん年々少しづつ増大して行ってゐるものであるが、大体四、五町歩から七、八町歩といふところであらう。平均自作面積ととくに記している本もある。私のもっとも知りたいと思ふことは、しかし、これらの書物の数字のなかにはないのだった。私の先づ知りたいと思ったことはかうである。開拓民は一体、自家労力をもってどれだけの面積をこなし得る能力を今日持ってゐるのであるか、平均自作面積と記されてゐるそれは、厳密に自家労力による面積と解していいか、どうか。

私が最初にこのことを知りたいと思ったのは当然であらう。なぜならば、日本の指導者たちによって定められた、満洲農業開拓の根本方針の第一には、「自家労力を本位として耕作し且つ経済的に成立する自作農を設立すること」と、いふことがあげられてゐるからである。ここでは、何等かの集団農場のごときものが考へられてゐるのではない。根本方針はあくまでも自作農主義である。ところが、これらの指導者たちの手に成った数冊の書物を調べてみても、一戸当平均耕作面積中、自家労力による面積といふものは、明らかにされてはゐないのだった。

それで私は直接開拓民について訊いてみた。行く先々で、多くの人々にあたって訊いてみた。答は大同小異であった。それは私にはやや意外と思はれる数字であった。先づ二町歩であらうというのが、私が聞き得たうちの数字の大きなものであった。もっとも小さな数字は五段歩というのだった。これは千振村のある部落の言葉だった。満農は、一人二町八段の能力あるものを先づ一人前としてゐるが、日本人は一人五段歩であらう、と彼は言ふのである。

(傍線は筆者、以下同)

右の記述から、日本人移民農家の自家労力による自作面積は、満人（現地農民）農民のそれに比べて少ないことが窺える。つまり、自作能力の限界は、開拓団にとって一つの大きな問題となっていたといえよう。日本人移民の自作能力の低さから雇用労力への依存度が必然的に高くなり、あるいは耕地の半分以上を現地農民に小作地として貸し付ける事態も多発していた[(9)]。つまり、それが移民農家の地主化問題である。

一九四〇年の彌栄、千振、東北、熊本四つの開拓団における年工・月工・日工の雇用労力を延日数に換算すると、一戸平均は二四二日の雇用となっていた。移民農家の一年の農業労働日数は大体二〇〇日であるから、毎日一人以上の雇用労力が使われていた[(10)]。また、満洲における最も一般的な子持ちの若い夫婦の移民農家からみれば、子供の世話と家事のため妻はほとんど農業労働に従事できず、実際労働者は世帯主一人である[(11)]。「雇用労働がそれ以上にあると言ふことは経営の全労働の半又はそれ以上が雇用労力に依存してゐることを意味する[(12)]」。こうした実態は、大量移民がスタートする時期の自家労力に基づくという自作農経営理念から、かなり逸脱していることはいうまでもない。

さらに、移民農家の営農問題を一層悪化させたのは、日中全面戦争勃発後の雇用労力の不足と労賃の高騰である。満洲の主要な地域で雇用労賃が一九三七年から高騰しており、一九四〇年には一九三七年の三から四倍になったという[(13)]。移民たちの自作能力の限界から雇用労力へ大きく依存せざるを得ない営農問題は、日中戦争の勃発による雇用労力の不足と労賃の高騰から一層深刻の度を増やし、加えて在来農法に基づく地主経営の維持すら難しくなったといってもよいであろう。

こうした状況下で、関係者たちは北満で調査を行い、在来農法が営農問題の元凶であるという認識が形成された。その北満調査をまとめた代表的なものは、帝国農会、満洲拓殖公社、農村更生協会の委託によって一九三八年に行われた北海道農会技師兼幹事の小森健治、北海道篤農家の三谷正太郎らの調査に基づく『北満の営農』という報告書である。左は、その抜粋である。

〔史料二―二〕[14]

リージャンと称する馬犂は単に畦を割るに過ぎない。

畦に始まって畦に了える満洲農法は遂に完全に耕鋤せらる、ことのない耕作方法である。

（中略）

しかも、作物配当は高粱、粟、小麦、大豆等で最も草の生えるに適する作物が多く、労力分配亦草に追はる、様に出来て居る、しかも何れも人力除草を建前とした不完全耕起の高畦農業である。

（中略）

世界無比の人力（苦力力）除草が行われ、苦力なしで農業が出来ず、毎年苦力賃の準備なしに営農不可能の声が出で経済実権を事実上満人苦力に握られるゝ根源が潜在する。

貴い吾等の移民諸君は多く単身者若しくは若夫婦の渡満であり手不足でもある、又大陸的な畑作経営に経験と知識とを持たず、土地不案内、事情に精通せぬ、目前にふらつくものは苦力であり満人であり満洲農法である。

斯くて一度苦力を給源とし「リージャン」を中心とする満洲農法浸潤せんか、極めて巧妙に組み立られたる原始亡国的農法は其の欠陥よりは長所を礼讃せざるを得ざるに至る、即ち其の独特の営農法たる作物は穀作本位、地力は略奪本位、転々移動して、愈々益々耕地面積の拡大を要求し、一見能率的の如くであって、しかも尽力除草を本体として雑草に追はれ、愈々苦力を多く要して苦力なくして営農なく、生活なく、しかも其の営農の説持続によって将来の向上発展性全くなく、年歳地力は減耗し生産は減退し、経済は逐次逼迫するにいたる。

これによれば、北満で調査を行った技術者たちは、日本人移民農家たちの行っている満洲在来農法は苦力に依存しなければならない農法であり、地力と生産の減退を招く元凶であるとして、その「阿片性」[15]を批判している。右の史料以外にも、松野伝、鈴木重光らによる「世界的畑作耕種法たる平畦作りにて満洲、支那だけがやれぬ道理はない」といった言説のように在来農法に対する批判を示していた史料も数多くある。[16]

このような背景の下で、気候も、土質も満洲とよく似ているといわれてきた北海道の農法の満洲への導入が提起された。一九三八年末には、北海道の優れた農民であった三谷正太郎と小田保太郎が、満拓公社の契約で満洲へ渡った。[17]彼らの一九三九年の実績については後述するが、その成果により、翌年に五九戸の北海道の指導農家と実験農家が満洲に入植した。そして、満洲各地で開拓農業実験場が設立され、一九四一年に開拓総局により「開拓民営農指導要領」も発表され、北海道農法の政策的・組織的普及が開始された。[18]

ところが、北海道農法の満洲導入に対して、加藤寛治、橋本伝左衛門らの内原グループから修正の意見が提示された。彼らは北海道農法の名称に関して、「大陸新農法等という表現が利益一遍倒であるような誤解を招く」[19]と慎重な配慮を示し、その結果、政策的に同農法の普及が図られた時は「改良農法」という名称に変更された。また、加藤は、開拓農業実験場の設置は「僅かの人間にい、地面を與て補助を余計やって、巧くいった」[20]のであり、北海道農民の中でも「利益に溢れるのは内地農民以上」[21]のものが多く、「一方に於て気風を是正して入れることは必要[22]」というように、北海道農民を移すにしても、模範となるものを移すという慎重な姿勢を示していたのである。先行研究では、加藤が北海道農法の満洲導入に強く反対したという指摘[23]が多くなされているが、前述のように加藤は直接反対していたのではなく、導入の際には模範農家の選択を慎重に行うことを重視していただけのことである。

第二節　北海道農法の導入と普及実績

第一節では、北海道農法の満洲導入の要因の一つが営農問題であることを明らかにしたが、それ以外の要因について明らかにしてみたい。

まずは、当時の満洲移民事業に関わっていた人々の、北海道農法の満洲導入に関する考えである。次の二つの史料は、一九三九年末に、北海道の元種畜場技師で、当時興農公社の技師であった鈴木重光が北満視察を終えた後に満洲国の興農公社で行った報告座談会における発言と、一九四一年に満鉄北満経済調査所主催の第二回開拓農法研究会における開拓総局の安田泰次郎という官僚の発言である。

〔史料二―三[24]〕

（鈴木）…所が一方に於て満人がどうでせうか仕事に於ては全く日本人が負けて居る、満人が馬鹿にして居る、私は総てのことを考へて残念でたまらなかった。

（中略）

今日では満人に馬鹿にされて居る、折角満洲に来て十年経っても満人の真似をするのでは満洲に来た値打がない、何とかして日本の為に国家の為に立派な土地を拓こうと云ふ気なら十年経って満人の農業、満人の百姓をやるのでは到底追いつかない。

〔史料二―四〕[25]

（安田）…御承知の通り、開拓民を満洲に入れた趣旨と云ふものは要するに原住農民の中堅指導農家として之を活用すると云ふことを一つの大きなスローガンとしたのであります。その意味に於きまして開拓民と云ふものは原住民より先にさう云った、高い段階に迄到達せしめなければならないのでありまして、この問題に就いては、現在のような状況では寧ろ、日本の開拓民が原住農民に指導されてゐると云ふ逆現象を来してゐるのであります。

当時の、農業指導者、農政官僚らのこうした発言からみれば、日本の農業移民は、技術面で完全に現地農民に追いついていなかったことは明らかである。一九三二年に移民がスタートして以来、日本人移民は現地農民を真似て在来農法による営農を行ってきたが、現地農民に「負けて」いて「馬鹿」にされていたという意識も、北海道農法の満洲導入と無関係ではないであろう。つまり、当時の日中戦争の勃発という歴史的背景における民族感情の問題である。さらなる分析にあたり、以下の三つの事実を前提として確認したい。

まず、当時北海道においても、北海道農法の形成・普及は完全ではなく、二〇万戸農家の「大部分は未だに不合理的な経営を行いつつある事も事実[26]」であった。そして、一九一〇年代から満洲に相次いで設けられた農事試験場も、北海道農法に関する研究を全く行っていなかった。また、当時の農地一ヘクタール当たりの主要作物の生産量を、満洲開拓団が在来農法で生産した数量と、北海道で生産された数量とで比較すると、後者は前者より下廻っていた[27]。そうした状況下で、ちょうど満洲移民がスタートしてから七年目、日中戦争が勃発した一年後に、なぜ突然に北海道農法の導入が提起されたのだろうか。島木の『満洲紀行』が示した移民たちの自作能力の限界、および移民農家の農業が「技術的に幼稚[28]」といったことが、当時民族的支配者の立場にあった日本人にとって、一つの「精神的な侮辱[29]」となったと考えられる。つまり、北海道農法の満洲導入には、(在来農法について)技術的に現地農民より劣位にあり、逆に彼らに指導される状況にあったので、これから「精神的にも科学的にも立派に在来満人の農家より卓越[30]」している移民農家を作り出し、「北海道における七十余年の経験と彼の地において漸く辿りついた北方農業の真髄を応用し[31]」、「満農に実力をもって敬服[32]」させるという意識が関係していたと思われる。

さて、日本人移民農家は労賃の高騰により営農成績が悪化したが、現地農民、特に現地の中国人地主への影響はどうであったのであろうか。当時の満洲地域における労働関係の特徴からみると、雇用労働者と地主はほとんど同じ村に住んでおり、親戚・知人という関係が多く、雇用継続期間は一年から五年であることが多かった。そして、雇用労働者は地主の家に住み、食事も地主から提供してもらっているケースも少なくなかった。また、当時の満洲地域では、地主は役畜、種、農具、耕作資金などの生産資本と生活資金を小作人や雇用労働者に前貸しするという農村金融状況が一般的に展開していた[33]。一九三〇、四〇年代の現地農家の一戸当たり平均家族人数をみても、日本人移民農家より多かったことが当時の様々な農村実態調査報告書からわかる[34]。このような事情から現地中国人農村における労働力雇用の需給は比較的安定していたといってもよいだろう。

一方、日本人移民農家は、前述のような知人・親戚の存在、継続年数、雇用労働者と地主との人間関係、生産資本と衣食住の提供などの面で有利性がなく、家族構成においても、「多く単身者若しくは若夫婦の渡満であり手不足でもあ[35]」った。移民農家の居住地は現地農民との混住ではなく、独立した日本人農村社会であり、さらに「極度の未開地に入植地が選ばれる場合は、労銀の大小を問はず、全く雇用労力の入手困難なる場合もある、そして之等の結果は農業収支の不引合を来たすか、或ひは農耕を縮小するかの、何れかの様相を招来する以外に途がないのであっ[36]」た。つまり、移民農家と現地雇用労働者の間に、現地農村における地主（あるいは富農、中農）と雇用労働者のような安定した需給の状況は形成されにくい。以上のことから、家族のあり方の相違、あるいは村内の金融関係、地縁的・血縁的・人的なネットワークの有無などは、移民してきた日本人農家と現地中国人地主にそれぞれ異なった作用をもたらした。すなわち、労賃の高騰と雇用労力の不足は、移民農家の営農成績を悪化させ、現地中国人地主に与えた影響は比較的軽徴であった。

次に、北海道農法の導入の成果について検討する。

まず、前述の一九三八年末に満拓公社の依嘱によって初めて実験農家として満洲に入植した小田保太郎と三谷正太郎の一九三九年の実績を見る。小田の場合は、家族六人、成人労働力換算で三・四人、耕馬六頭という条件の下で、耕地は畑一〇町歩を耕作すると予定していたが、実際に耕作したのは六町二反歩であった。三谷の場合は、夫婦二人、耕馬二頭という条件で、耕地は畑二〇町歩を予定しており、実際に収穫の時には相当の雇用労力（労賃一三六円）を使って二〇町歩を耕作し、自給生活を確立することができた[37]。

また、一九四〇年の実験農家の事例も見る。開拓団全体の実績を明らかにしている史料は、管見の限り見当たらないが、非常に良い実績を収めた開拓団の史料は存在する。特に、第七次北学田という開拓団の収めた実績は非常に優れていた。次の表2―1は、それを示したものである。

第七次北学田の一九三九年の状況を見ると、戸数は一六三戸、農業に従事する者は一〇八名となっており、農耕は共同耕作という形態をとっている。例年と同じく在来農法で耕作を行い、四〇〇町を耕作したが、除草期は雑草に追われ、約六〇町を放棄し、最後に収穫したのは三三八町であった。雇用労賃は約一〇〇〇〇円、一町当たりの雇用労賃は延九・八人前後になっている。そして、その年の現金収入は一三〇〇〇円に過ぎず、一町当たりの収入はわずか三八円であった[38]。一九四〇年になると、実験農家の入植により、同開拓団は北海道農法を採用し、さらに、補助金と北海道農法に必要な農具、役畜、また満拓からトラクターの援助など[39]を受けて、表2―1の成績を収めた。戸数は一九三九年から指導農家五戸が増え、耕作面積も前年度より大幅に増えて約五五一町となっている。しかし、雇用労力は延二二〇七人、雇用労賃は約五〇〇〇円に過ぎず、町当たりの雇用労力と雇用労賃はそれぞれ四人、一〇円弱となっており、前年度より大幅に縮小したといえる。また、団体全体の収入は約九万六七〇〇円であり、その内現金収入は約五万円であった[40]。このように、一九四〇年に北海道農法を採用した北学田開拓団は、各方面で前年度より遥かに良い成績を収め、付近の他の開拓団や満人農民よりも顕らかに良い成果を収めた。膨大な補助金とすべての農具、役畜を揃え、また満拓公社からトラクターなどの援助もあった点から、全力を尽くして模範的な開拓団として、よい成績を収めさせようという日本人当局者の意図がはっきりと窺えよう。

表2－1　第七次北学田開拓団における成果

項目＼年度		1939年 在来農法	1940年 北海道農法
雇用労力	（人）	延べ3,143	延べ2,207
雇用労賃	（円）	約10,000	約5,000
耕作面積	（町）	338	551
町当り雇用労力	（人）	延べ9.8	延べ4
実際収入	（円）	約13,000	約50,000
町当り収入	（円）	約38	約115

出典：松野伝『満洲と北海道農法』（北海道農会、1943年）19～26頁より作成。

三つ目に、北海道農法が組織的・政策的に普及させていった一九四一年以後の成績について見てみる。表2―2は北海道出身畑作農家の一九四一年の実績を示したものである。

この表から、北海道出身畑作農家は、共同のものを除き二から三人の自家労力と二から四頭の役畜で平均約一〇町の土地を耕作したことがわかる。「はじめに」で述べた先行研究は、ちょうどこの一九四一年までの実績を取り上げて、満洲における北海道農法の展開は成功したと結論付けているが[41]、その実績は北海道出身の熟練農家と模範開拓団よるものであり、さらには最初の模範農家を作るという目的から膨大な補助金、役畜とすべての農具が支給された条件下での実績であったわけである。また、宣伝のため過大評価による報告の可能性もあるため、すべての開拓団にあてはまるわけではないと思われる。

そこで、開拓団全体の実績についてみていく。表2―3と表2―4は、北海道農法の満洲導入の目的と最も重要な関係がある開拓団一戸当たりの耕作面積の推移と、一戸当たりの耕地面積における自作と貸付地の割合を示したものである。

表2―3をみると、移民農家の一戸当たりの耕作面積は一九三八年から一九四三年までは増加しているが、戦局が悪化する一九四三年から停滞している。ただし、北海道農法が本格的に普及する一九四一年以前の耕作面積の増加は北海道農法の影響を表すものではない。当時の多くの史料からは、満洲移民がスタートした一九三二年から移民たちの耕作面積（自作と貸付地を含む）は毎年増加していたことが確認できる[42]。その要因は、開拓制度そのものが整いつつあったことと、移民たちの営農が軌道にのったことなどが関係していると思われるが、具体的な分析は今後の課題としたい。

表2―4をみると、一九四四年における開拓団一戸当たりの貸付地は四四パーセントという高い割合を示し

表２－２　北海道出身・畑作農家の営農状況（1941年）

開拓団名	農家名	労力	役　畜	耕作面積	貸付地
王栄廟開拓団	15戸共同	46人	耕馬29頭	105町	なし
王楊満鉄機械農業試験場	４戸共同	不明	耕馬８頭	80町	なし
瑞穂村農事試験場	三谷	２人	耕馬２頭	20町	なし
哈達河開拓農業実験	場瀧	２人	耕馬３頭	10.4町	なし
彌栄開拓農業実験場	小田	３人	耕馬４頭	10町	なし
佳木斯農事試験場	川邊	３人	耕馬２頭	10町	なし
集合開拓団八紘村	黒田	２人	不明	8.8町	なし
一戸当り平均（不明分を除く）		2.9人	2.1頭	9.8町	なし

出典：満鉄北満経済調査所『改良農法の実績報告』（満鉄調査部、1942年）６～57頁より作成。

表２－３　開拓団別一戸当たり耕作面積の推移　（単位：町）

開拓団名	1938年	1939年	1940年	1941年	1942年	1943年	1944年	1945年
第六次五福堂新潟村	3.5	5.5	3.9	4.4	5.5	7.0	7.0	4.4
第六次静岡村	0.7	1.2	3.0	5.0	7.0	10.0	10.0	10.0
第七次大日向村	0.2	2.0	2.5	3.0	4.0	6.0	6.0	6.0
第八次興隆川開拓団	—	—	—	3.3	4.5	5.2	5.5	6.0

出典：満洲移民史研究会編『日本帝国主義下の満洲移民』（龍溪書舍、1976年）479頁。

表２－４　開拓団別一戸当たり耕地利用状況（1942～1945年）

開拓団名	自作地	%	貸付地	%	計
第一次彌栄　（1942年）	3.99	27%	6.74	63%	10.73
〃　（1944年）	6.80	41%	3.71	39%	10.97
〃　（1945年）	10.1	40%	6.8	60%	16.9
第二次千振　（1944年）	11.62	64%	6.55	36%	18.17
第三次瑞穂　（1944年）	4.87	22%	17.11	78%	21.98
第五次永安　（1944年）	5.6	47%	6.2	53%	11.8
第六次熊本　（1944年）	6.09	73%	2.55	27%	9.45
第六次東北　（1944年）	2.22	56%	1.77	44%	3.99
第六次龍爪　（1944年）	8.7	92%	0.84	18%	9.45
集合・水曲柳　（1944年）	5.82	71%	2.37	29%	8.19
平　　均	6.46	56%	5.14	44%	100%

出典：喜多一雄『満洲開拓論』（明文堂、1944年）と彌栄村史刊行委員会『彌栄村史：満洲第一次開拓団の記録』（1986年）より作成。
注：単位は町、平均値は1944年のものである。

ている。なお、一九四五年の終戦直前の集団第一次彌栄村の生産費は九九二八円であり、その内六〇〇〇円は労賃支出で、生産費における割合は六〇パーセント以上となっている。(43) 第七次八道河子の生産費は二万二〇〇〇円であり、その内労賃支出は六〇〇〇円となっており、生産費における割合は全体の二三パーセントにも達している。(44) つまり、農地の一部分を貸付地として現地農民に小作させていること、当初農業移民の自作地における雇用労力依存度が高いことという二つの課題は、この段階に至っても解決ができていなかったといってもよいであろう。

以上から、北海道農法の導入後、最初の一、二年は、膨大な補助金と農具、役畜が揃っていたモデル的な開拓団と北海道出身の熟練農家における北海道農法の実績は顕著であったが、満洲農業移民全体の成績から見ると、効果はあまり上がっていなかったと判断してよいだろう。

これには、以下のいくつかの要因が考えられる。一つには、既に多くの指摘があるように、太平洋戦争による応召と重工業産業からの徴集によって、労働力が不足していたこと。また、戦局悪化に伴う増産至上主義のもとでは、北海道農法による自作営農、地力維持が困難となり、短期間で増産するために在来農法に戻り、雇用労力への依存度がさらに高くなったことも、先行研究で既に指摘されている。(45)

二つ目には、役畜の不足である。表2—5は、それを表したものである。表2—5から、多くの開拓団においては、終戦直前の一戸当たり役畜保有数は二頭未満であり、一戸当たり一頭未満の開拓団もあるということが確認できる。これは、表2—2が示す北海道出身の指導・実験農家が保有している二から四頭よりも少ない。一九四一年に満洲国立開拓研究所主導で行われた各開拓団の調査でも「現在は役畜が一戸当一頭に不足し(46)」ていると指摘していた。

表2－5　終戦直前の役畜保有状況

開拓団名	戸数	役畜頭数	一戸当り
第一次彌栄村	431	日本移植馬410頭	0.95頭
第十次安古鎮開拓団	20	日本移植馬25頭	1.25頭
第六次静岡村	162	馬140頭、役牛130頭	1.66頭
第七次大日向村	216	馬96頭	0.44頭
第八次興隆川開拓団	156	馬240頭	1.53頭
第七次二昭山梨開拓団	57	馬98頭、ロバ30頭	2.25頭
集合第一次一棵樹開拓団	96	日本移植馬230頭	2.39頭
平　　均	163	157頭	1.35頭

出典：満洲開拓史復刊委員会編『満洲開拓史』（復刊・全国拓友協議会、1980年）468～481頁より作成。

三つ目には、農具の不足やその品質の問題も要因の一つであったと考えられる。一九四一年に満洲国立開拓研究所が三江省、吉林省を対象に調査を行ったところ、「農機具の不足と農機具使役の不能率なこと」(47)や、農機具が「農家の一部しか配給されてゐな」(48)く、「又配給が遅れた為十分使用できなかった所もある」(49)などの問題が指摘されていた。一九四一年六月時点の東安省の哈達河、黒台、永安村、黒台信濃、北五道崗、西二道崗の五つの開拓団における調査では、開拓団一団当たりのプラウの平均所有数は四六・二台で、必要数(50)の二四一台に対して、不足数は一九四・八台となっていた。カルチベーターの平均所有数、必要数と不足数も、それぞれ七四・三台、四八二台、四〇七・七台となっており、ハローはそれぞれ五二・一台、四八二台と四二九・八台となっていた(51)。所有数が非常に少なく、必要数と不足数が非常に多いことから、改良農法に使用される農具は非常に不足している状態にあったことが窺える。

最後に、移民農家の北海道農法に対する適応能力の低さも、一つの要因であると考えられる。彼ら農業移民が満洲に渡る前は、すべての団員が畑作農家ではなく、稲作農家や商工業者であった転職開拓団も数多くある。たとえば、和歌山県出身の太平溝開拓団の団員の半数以上は商工業者であり、長野県から渡った三台小諸開拓団の団員の八割以上は商工業者であった[52]。日本国内においても、内地農民が北海道に移民し、北海道農法に慣れるのに二年間もかかった といわれていたから[53]、彼らのような商工業者が日本から満洲に渡り、北海道農法に慣れるというのは、決して 簡単ではなかったことが推測される。

第三節　満洲在来農法と北海道農法の合理性

本節では、満洲の自然環境や、満洲在来農法と北海道農法の具体的な内容および特徴と、それぞれの満洲における合理性について分析する。

まず、満洲在来農法と北海道農法の具体的な内容およびその差異、満洲に導入された北海道農法の内容を確認したい。北海道農法は、明治以後に開拓された北海道特有の農業技術体系であり、労働力、耕地面積そして寒冷地であることなどの自然環境の関係から、少ない労働力で広い面積を短期間に耕作することを目的とする独自の農業経営方式を求めた農法である。その主な特徴は、役畜による有畜経営とプラウ馬耕技術、平畦と役畜と農具による除草などであり、つまり労働節約技術である[54]。一方、満洲における在来農法は、もともとは華北地域の在来農法であったが、農業移民の進出に伴って満洲に伝わり、満洲地域の自然環境の中で発展してきた農法である。その特徴を北海道農法と比較してみれば、満洲在来農法は高畦であり、除草は完全に人力によるものであった。

前述のように、北海道農法の満洲導入の狙いは、移民農家における在来農法の雇用労力の過度な依存とそれによる耕作面積の限界を克服し、地主ではなく自営農を産み出すことである。より直接的にいえば、北海道農法の満洲導入の狙いは、畑作における除草の人力作業を、役畜と機械作業によって行わせる耕種法の改善といってよい。もちろん、農学の視点からみれば、北海道農法と満洲在来農法は、耕種法以外にも品種、輪作、施肥などの面でそれぞれの特徴を有している。しかし、北海道農法の満洲への導入の目的が自作能力の限界と雇用労力依存度の高さという営農問題を解決することであるから、満洲で実施された北海道農法は、人力による除草作業を避けることが第一の目的であり、その内容も除草を中心にしたものであると思われる。そこで、畑作における耕種法を中心に在来農法と北海道農法の差異と、満洲における両農法の合理性について検討してみたい。

　満洲在来農法といっても、北満、中満、南満においてそれぞれ違いがあるため、ここでは主に北海道農法が展開された中心地域である北満の在来農法について分析する。左記の図2―1は、一九四三年に日満農政研究会により作成された『満洲在来農法ニ関スル研究（其ノ五）北満南部農耕地帯に於ける満農農耕法に関する研究』の記述から、筆者が作成した在来農法の耕種法（大豆とトウモロコシ）を表したものである[55]。

　図を説明すると、まず①で役畜に引かせた小さい犂で前年度の畦を壊し、②の状態にする。そして、鎮圧の後に手で播種すると、③のようになる。①から③は播種作業であり、五月中旬に行われる。さらに、大きな犂で耕すことにより④のようになる。④の状態で発芽したら、鋤頭（図2―2を参照）により一回目の間引と除草を行い、数日後に中耕培土を行うと⑤のようになる。⑤の状態で、二回目の除草と中耕培土を行うと⑥のようになる[56]（図2―3を参照）。除草と中耕培土は、六月上旬から七月下旬にかけて、作物により一から三回程度行われる。⑥以降は、秋の収穫までこのままの状態で放置しておく。次の年には、前年度の溝は畦になり、畦は溝になる。作物と地域によって多少の差はあるが、満洲在来農法はおおむねこのような流れで行われる。

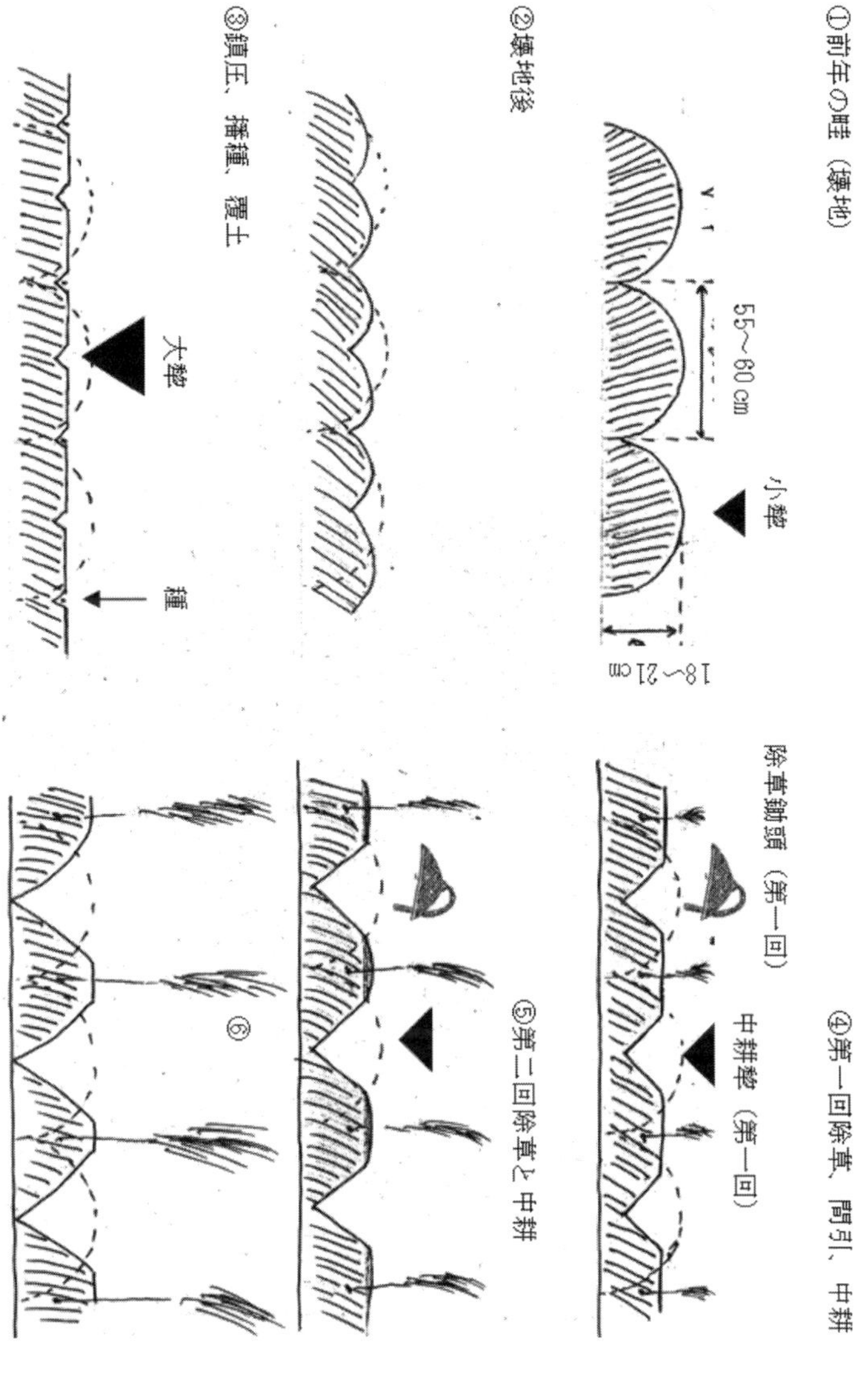

図2-1　満洲在来農法による耕種法

出典：日満農政研究会新京事務局『満洲在来農法ニ関スル研究（其ノ五）北満南部農耕地帯に於ける満農農耕法に関する研究』（1943年）68~69頁、74~78頁に基づき筆者作成。

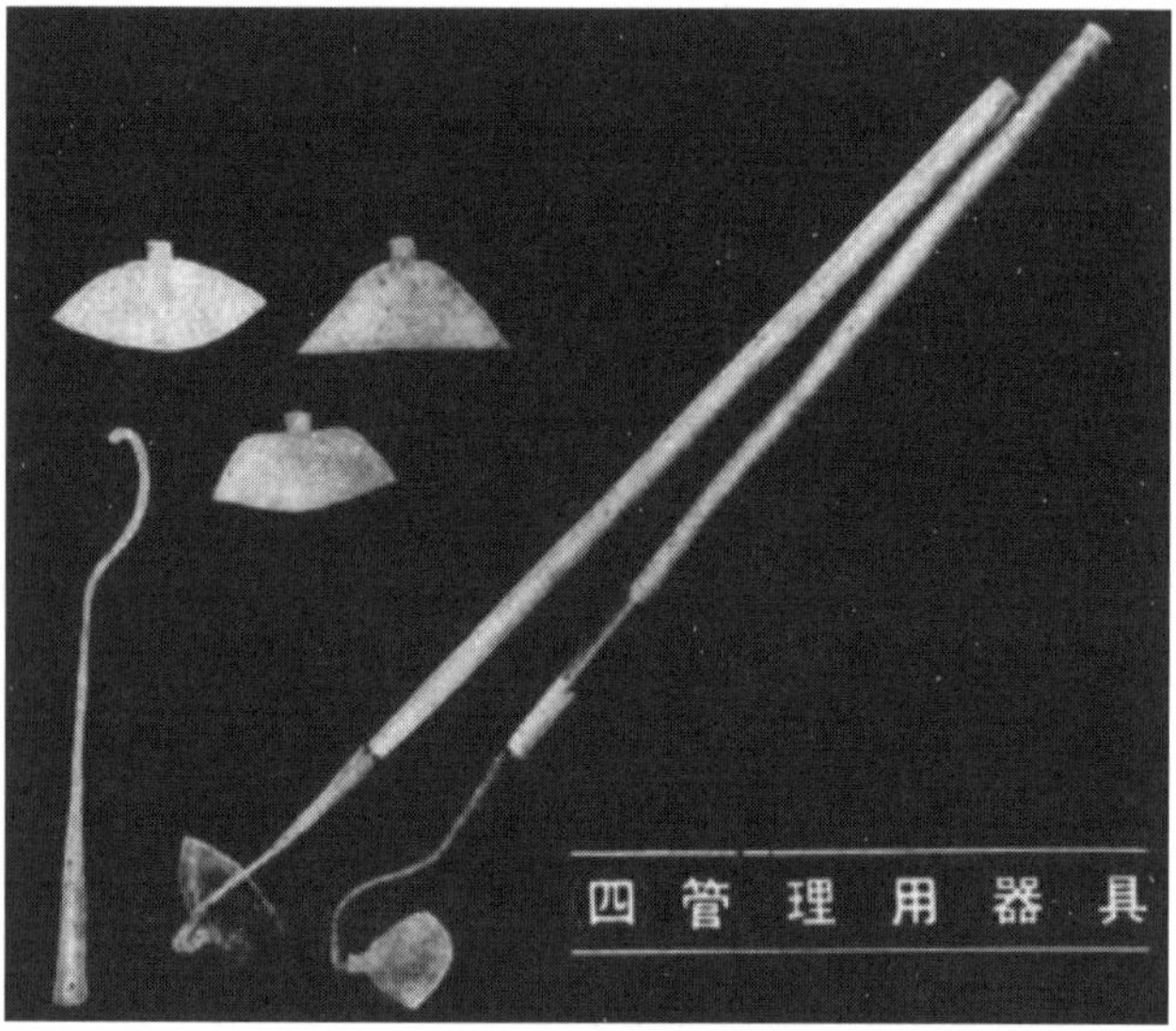

図２－２　除草用鋤頭

出典：満鉄広報課編『満洲農業図誌』（非凡閣、1941年）101頁。

図２－３　大豆の第三回除草と中耕培土

出典：満鉄広報課編『満洲農業図誌』（非凡閣、1941年）31頁。

北海道農法に関しては、常松栄『北方農業機具解説・附録「満洲開拓と北海道農具」』が、満洲に導入された同農法の一貫作業について紹介している。畦の幅は五五から八〇センチメートルであり、在来農法とほぼ同じである。畦の高さは六から七センチメートルに過ぎず、在来農法の二一センチメートルより遥かに低いので、平畦と呼ばれる。その一貫作業を簡単にまとめると、まずプラウによる整地が行われ、次にハローで砕土を行う。そして、成畦機で畦を切り、人力または手押し播種機によって播種が行われ、播種後ハローで覆土と鎮圧作業を行う。その後、除草ハローによる早期除草、カルチベーターによる中耕除草、そして培土という手順を踏む(57)。

以上の内容をまとめると、満洲在来農法と北海道農法の最も異なる点は、以下の二点である。一つは、前者は二から三回の中耕によって高畦が形成されているのに対し、後者はそのような中耕がないため平畦であること。二つには、在来農法は人力による除草であるのに対して、北海道農法は畜力とハロー、カルチベーター、除草機などの機械による除草である。在来農法の高畦が「農具の使用上好適でない(58)」ことに比べて、北海道農法は平畦であるゆえに、役畜と農具による除草を可能にするわけである。北海道農法のこのような平畦と役畜と機械による除草という特徴から、同農法はまさに前述の満洲農業移民の除草作業における雇用労力依存度の高さという課題を解決できるはずであった。しかし、前述のように当初の農業移民の自作地における雇用労力依存度の高さという課題は、北海道農法の満洲導入によっても解決できていなかった。

次に、満洲と北海道の気候や土質などの自然環境における差異についてみてみる。以下、無霜期間、土質による排水性と農具の使用具合、播種のタイミングなどの面から分析する。

図2―4は農作に最も密接な関係がある無霜期間を表したものである。図をみると、開拓団が最も多い(59)北満

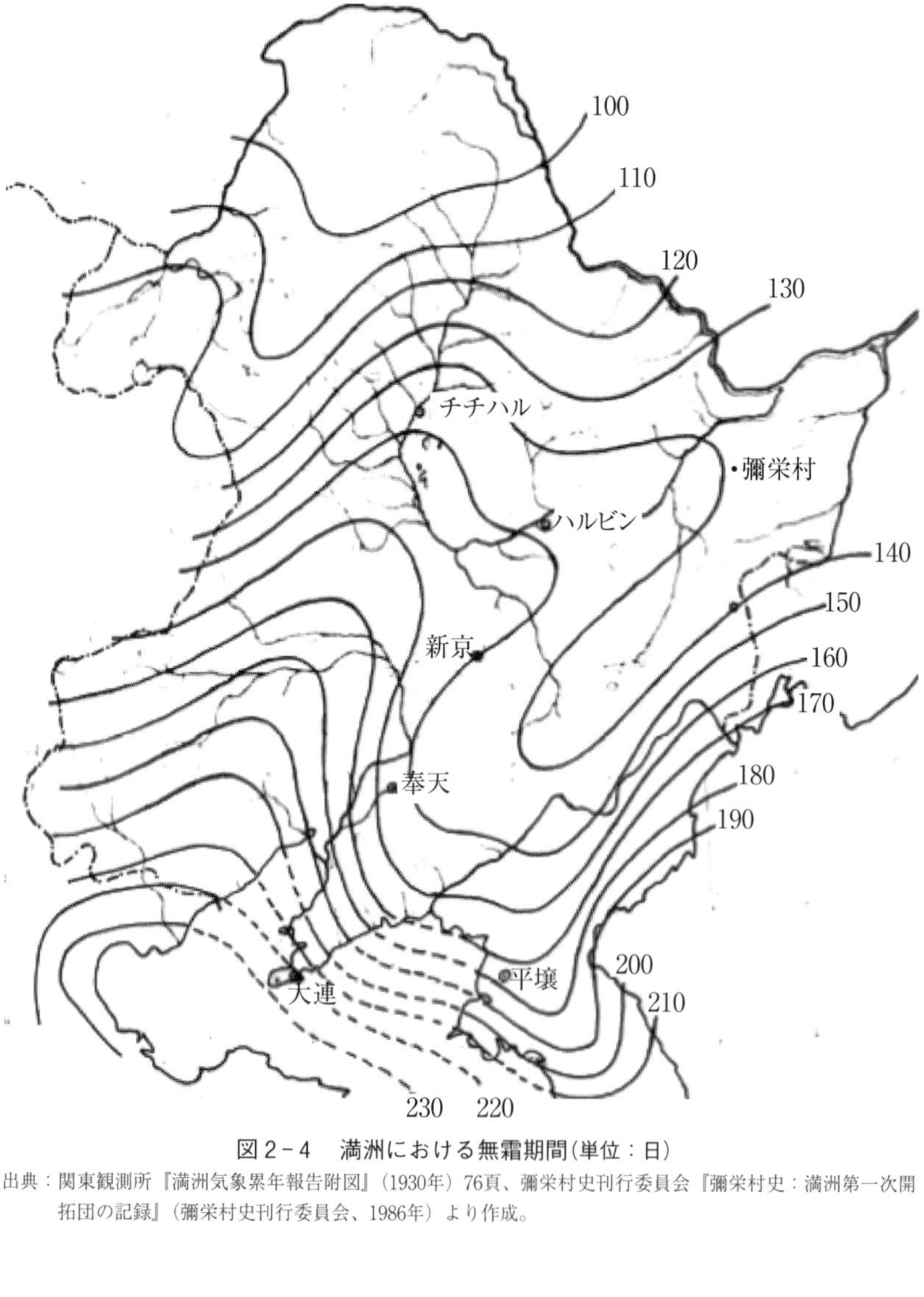

図２－４　満洲における無霜期間（単位：日）

出典：関東観測所『満洲気象累年報告附図』（1930年）76頁、彌栄村史刊行委員会『彌栄村史：満洲第一次開拓団の記録』（彌栄村史刊行委員会、1986年）より作成。

中部南部の無霜期間はほとんど一〇〇から一三〇日以内である。第一次開拓団の彌栄村では、一九三四年に一三二日の無霜期間があったが、翌一九三五年には九一日となり、三カ年平均一一一日であった[60]。一方、当時の北海道の無霜期間を見てみると、いくつかの山奥以外は、北部でも一三〇から一四〇日であった[61]。当時、北海道農法を指導するために北満で調査を行った関係者たちも「寒も暑さも、乾も湿も霜も、荒く強い、そして春と秋が短く、冬から夏へ、夏から冬へ飛ぶ[62]」と指摘していたように、満洲の無霜期間、つまり「作物生育期間は極めて短[63]」く、北海道よりも短かった。無霜期間が短ければ、作物を早く成長させるためには、高い地温が必要になることはいうまでもない。第三章、第四章において検討する農産物の品種改良についても、北海道品種の直接的な導入ではなく、満洲各地の農事試験場が、早熟性の品種（無霜期間の短い地域に適する）に重点を置いて試験栽培を行っていたことも、このことに関係していると考えられる[64]。無霜期間だけではなく、「一般に太陽の光線が少い。気温が低い。日照りの時間が少いから、作物の生育に悪い条件が重つて居る[65]」とされていた。

満洲在来農法における高畦は、「土壌が高く耕起されているから日光、空気に曝露される表面績を拡大し地温の上昇が著しい[66]」と指摘されており、北海道農法の平畦と比べれば、地温上昇と空気の流れが良く、作物を短い期間で早く成長させることに有利であったと考えられる。

土質に関しても検討する必要がある。

まずは、土壌の粘質性による排水問題をみる。一九三八年末に満拓公社の依嘱により初めての実験農家として満洲に入植した三谷正太郎が、一九四一年一二月に開催された第二回開拓農法研究会議で次のように発言した。

〔史料二―五〕

プラウ農法（北海道農法―筆者注）を行ふにはどうしても排水溝が必要だと云ふことに着眼をしたのであります。このことに就きましては満洲の土地に排水溝は要らんのぢゃないか、と云ふお説を屡々承ったのであります。然し私が満洲で見せて頂きました大部分の土地は非常に微粒土である為に降雨の際にはその水が地表に溜まって殆んど浸透しない様に思われ、これでは作物の成育を害するばかりでなく、プラウの操作にも困るから排水溝は絶対必要である、とこう考へた訳であります。排水溝と云へば一般に地下を排水するのが目的の様に思はれるが、私の排水溝はさうでなく、降雨の際は直ちにその水が低地に流れて行く様に考へたのであります。北満各地にはさう云った排水溝の必要な地区が沢山ある様に見られます。

尚私の造りました排水溝に就きまして簡単に申し上げますと、先づ私の耕地は南北に五〇〇m×四〇〇m＝二〇陌（一陌は一ヘクタール―筆者注）長く、東西は多少狭くなって居りますが、その五〇〇mの中央に幅八mの車道を設けて大きく二等分し、更にこの車道の左右両側を排水溝（延長五〇〇m）を穿って、各一〇〇m×二四〇mに分ち、一側四小圃―両側八小圃に区分したのであります。之で大体一小圃の面積が二町四反になる訳であります。[67]

このように三谷は、満洲地域の大部分が微粒土であるため、排水溝を設置する必要性に気づいており、相当の労力と時間をかけて排水溝を作り、微粒土による農業上の問題を解決しなければならないとしていることがわかる。

満洲の土質は、「極きわめて粒重埴性であるから浸透性がなく、水は表面を流れて排水はきき難[68]」く、「細微粒の全重埴粘土状態を成し、表土も中、下層も総して煉瓦に出来る」[69]といわれていた。また「地下に八、九月迄水があり、年中水が絶えぬ処もあ」[70]り、「水は表面を流れて排水はきゝ難」[71]いことから、北海道農法の平畦は、「雨水はその畦間を流れて排水の作用をつとめ」[72]、「雨水の瀦溜することなく排水を佳良ならしめる」[73]ところの満洲在来農法の高畦に比べて、水害になりやすいことが容易に推測できるだろう。平畦は、除草期に雨が続くと「一週間程馬も人間も入れ」[74]なくなり、「高い所だけ全部で五町歩ばかりを刈取っ」[75]ても、大部分の除草適期をとり逃してしまうため、「後は全部枯れて了った」[76]という事例もあった。浸透性の悪い土質により除草適期を逸することや浸水なども、大きな問題であった。

以上をまとめると、無霜期間、土質による排水不良の面では、満洲在来農法の高畦は北海道農法の平畦よりも地温維持、耕作、除草に有利であったと考えられる。

次に、土壌の粘質性による北海道農具の使用具合について検討する。左の史料も、第二回開拓農法研究会議における三谷の発言である。

〔史料二―六〕

然し何とか作付しなければと思って先づ圃場にプラウを持ち出し耕起を始めましたがどのプラウと取替へても土が粘着して旨く耕起ができませんでした。一方隣の畑では満人もそろ〳〵蒔付けを始めましたが満人は今日は畑に来てゐたかと思へば翌日は見えない、それで私も慌てず安心しておりました処、在来農法は御存じの通り耕起も整地もせずに、畦を切って蒔き付け、覆土も鎮圧も一回に済まして了ふので、翌日は畑に出なくとも、一日で相当の面積が播種を終ってゐた訳であります。

（中略）

其処で私は、在来農法も知らずに今更プラウで耕起し、整地、播種した処で到底彼等の作物と対抗することは出来ない、然しそれでは日本人として折角此処迄進出して来た甲斐がなく、何とかして作付けだけは終り度いと考へました結果一方法を思ひ付き、やっと第一年度の播種だけは済ましたのであります。

その方法としては先づ高畦を培土プラウで割り、その上をハローで整地し作條して応急播種を行ったのであります。それでも既耕地一四町歩と新墾地三町歩の合計一七町歩を作付けすることができました。(77)

これによると、三谷は北海道農法で耕作しようとしたところ、満洲の強い粘土が農具に粘着し、使えない状態になったため、結局一つの方法を思い付き、播種を済ませたとある。その「高畦を培土プラウで割り、その上をハローで整地し作條して応急播種を行った」という方法は、北海道農法ではなくむしろ満洲在来農法に近いことが窺える。

さらに、土壌の粘質性の違いによる播種のタイミングも一つの問題となっていた。当時の北海道出身の指導農家は「北海道は火山灰土で山脇さんからお話があったやうに耕起して三日程置いたほうが土もよく砕けるし発芽も良いがこゝはそれとは違って、乾燥が激しくて土壌もかわって居りますから、起して約一日以上置いたら殆ど煉瓦と同じ位に固くなってしまいますから私等が現在やって居るのは半日しか起しません(78)」と語っていた。整地（耕起）があまり行われない在来農法は一日で播種まで済ませてしまうが、一方、整地と砕土が行われる北海道農法は播種を終えるまでに数日間もかかる。したがって、耕起した後一日で煉瓦のように固くなる満洲の土質には、一日で播種作業をすべて終える満洲在来農法の方が、整地と砕土が重要な項目となっている北海道農法より適合していたのであったのである。

以上、第一に、満洲在来農法と当時導入された北海道農法の基本的な違いは、畦の高さおよび除草作業が人力によるか役畜によるかということである。第二に、満洲地域の無霜期間が北海道より短いため、高畦を特徴とする在来農法の方が、日光、空気に曝される畦の表面積が大きくなり、地温の上昇により、短期間で作物を成長させる点においては北海道農法よりも有利であった。第三に、満洲の土質には、在来農法の方が排水や播種などの点で、より満洲の自然環境に適応していた。つまり、農法そのものの内容と無霜期間、土質などの自然環境から見れば、満洲地域においては在来農法の方が北海道農法よりも合理的であったのである。

おわりに

満洲において、日本人農業移民の雇用労力への依存度の高さとそれによる地主化、日中戦争の勃発による労力確保、労賃高騰などの営農悪化について、在来農法がそれらの元凶であると批判され、北海道農法の満洲導入が図られた。しかしながら、北海道農法が導入された要因は、それ以外にも在来農法における日中農民の技術力の差異、村落や家族形態、人的なネットワークの有無、日中戦争の勃発という歴史的背景、根底にある日本人の優越的な意識なども関係していることが浮き彫りとなった。

また、満洲に導入された北海道農法は、農具、役畜と補助金などが十分備わっているという前提において、熟練の北海道農家やモデル的開拓団のように成功した事例もみられたが、開拓団全体からすれば雇用労力依存度の高さと地主化という営農問題は解決されておらず、所期の結果を果たせていなかったといってよい。その要因は農具、役畜、開拓民の新農法に対する適応能力などの問題以外に、そもそも北海道農法が満洲地域の自然、風土においてその合理性を発揮できなかったことにあったのではないだろうか。

以上、本章では北海道農法の満洲導入の要因と結果、北満の気候、風土における両農法の合理性を考察してきた。しかし、ここでは、北海道農法が導入される際の日本人当局による現地農民に対する政策、および現地農民の反応などについて触れることができなかった。

一九四一年一月に開拓総局により発布された北海道農法の普及のための基本的な要綱である『開拓農業指導要綱』には、「農業増産ノ完遂ヲ期セシメ、原住民ニ其ノ模範ヲ垂レ(79)」ることを目指したとされている。また、一九四二年一二月に満鉄北満経済調査所と満洲調査機関連合会の主催で開催された「第二回開拓農法研究会」において、鉄道局付業科原宗夫が「勿論時期尚早(80)」であるが、北海道農法は「邦人農家に限らず、満人の農家にも滲透せしめると云ふことが必要だらうと思ひますが、之に就いて将来どう云ふ風にして満人の農家に普及せしめるか(81)」とした。それに対し、開拓総局の安田泰次郎（技佐）は、現地農民に対し「プラウ農法の普及も考へられて居りますが、何分資材の問題、制作能力等の関係で早急にとは行かず、極く少数を試験的に行ひつゝある状態であります(82)」と答えており、当初は将来的には現地農民への普及と技術浸透も意図していたことがわかる。その「極く少数を試験的」に行った施策として「康徳九年（一九四二年—筆者注）公農式除草機四万台が合作社の手を通じて全満に撒播かれたと云ふ様な事は全く空前の事だったのであ(83)」ったが、他の施策は見られず、ゆえに現地農民における北海道農法の普及は「殆んど見るべきものがない(84)」ともいわれた。かりに現地農民への導入を目指していたとしても容易に進捗しなかったであろうことは想像がつくが、それにしても北海道農法が実際満洲に導入された時点での現地農民の反応や実態についても分析していく必要があろう。この点は別稿に譲ることとしたい。

〔注〕

（1）満洲での普及が図かれた北海道農法は、戦前期以来「プラウ農法」「畜力改良農具を使用する農法」「改良農法」「大陸新農法」などと称されているが、農法の由来を強調するためにも本書では北海道農法とする。満洲国通信社編『満洲開拓年鑑』（満洲国通信社、一九四一年）一三二頁、満洲開拓史復刊委員会編『満洲開拓史』（復刻版・全国拓友協議会、一九八〇年）四一七～四一九頁を参照。

（2）玉真之介「満洲開拓と北海道農法」（『北海道大学農経論叢』第四一集、一九八五年）一～二二頁。

（3）今井良一「「満洲」における地域資源の収奪と農業技術の導入―北海道農法と「満洲」農業開拓民―」（野田公夫編『日本帝国圏の農林資源開発―「資源化」と総力戦体制の東アジア―』京都大学学術出版会、二〇一三年）二一五～二五七頁。

（4）白木沢旭児「満洲開拓における北海道農業の役割」（寺林伸明・劉含発・白木沢旭児編『日中両国から見た「満洲開拓」―体験・記憶・証言―』御茶の水書房、二〇一四年）六五～八八頁。

（5）高嶋弘志「満州移民と北海道」（『釧路公立大学地域研究』第一二号、二〇〇三年）一～一九頁。

（6）一九三九年に日満両国の協議により「満洲移民」は「満蒙開拓民」と呼び方が変わったが、現在の研究用語としては、未耕地への「開拓」でなく、現地の既耕地への強制「移民」であり、「開拓」という呼び方は欺瞞的な言葉に過ぎないという見解が多い。たとえば、浅田喬二「満州農業移民と農業・土地問題」（大江志乃夫ほか編『岩波講座・近代日本と植民地３　植民地化と産業化』岩波書店、一九九三年、七七～一〇二頁）、朱宇・笪志剛「中日共同研究における日本開拓移民問題に関する思考について」（前掲寺林・劉・白木沢編『日中両国から見た「満洲開拓」―体験・記憶・証言―』一七三～一八五頁）など。本書では、「開拓団」という慣用用語以外に「移民」という用語を用いる。

（7）拓務省拓務局東亜課編『北満ニ於ケル移民ノ農業経営標準案』（一九三六年）四頁。

(8) 島木健作『満洲紀行』(創元社、一九四〇年) 一六～一八頁。
(9) 前掲玉真之介「満洲開拓と北海道農法」六～九頁。
(10) 満洲国立開拓研究所編『開拓村に於ける雇傭労働事情調査』(一九四一年) 三〇～三一頁。
(11) 同前。
(12) 同前、三一頁。
(13) 喜多一雄『満洲開拓論』(明文堂、一九四四年) 四五一頁。
(14) 小森健治『北満の営農』(北海道農会、一九三八年) 六～一〇頁。
(15) 同前、一〇頁。
(16) 松野伝『満洲開拓と北海道農業』(生活社、一九四一年) 一五三頁、鈴木重光『在満邦人の営農法について』(満鉄調査部、一九四〇年) 二～六頁を参照。
(17) 松野伝『満洲と北海道農法』(北海道農会、一九四三年) 一四～一五頁。
(18) 前掲満洲開拓史復刊委員会編『満洲開拓史』四一八～四二一頁。
(19) 同前、四一九頁。
(20) 日満農政研究会『日満農政研究会第二回総会速記録』(一九四〇年) 九九頁。
(21) 同前、一〇四頁。
(22) 同前。
(23) 前掲玉真之介「満洲開拓と北海道農法」一一～一二頁。
(24) 前掲満鉄北満経済調査所編『在満邦人の営農法について―鈴木重光氏北満視察報告座談会速記録―』九～一〇頁。
(25) 満鉄北満経済調査所編『改良農法の実績報告―第二回開拓農法研究会記録―』(一九四二年) 一三六頁。
(26) 前掲松野伝『満洲開拓と北海道農業』一四二頁。
(27) 前掲小森健治『北満の営農』二三頁。当時の主な作物である大豆の一ヘクタール当たりの生産量は、満洲開拓団では九・八石、北海道では五・一石であり、トウモロコシは、満洲では一〇・七石、北海道では一〇・五石である。粟は、満洲は九・一石であり、北海道は五・九石となっていた。
(28) 小森健治「満洲在来農法と日本改良農法の比較」(北海道農会『満洲農業に関する資料』第四〇編、一九四一年) 一八頁。
(29) 同前。
(30) 前掲松野伝『満洲開拓と北海道農業』六六一頁。
(31) 前掲満洲開拓史復刊委員会編『満洲開拓史』四一九頁。
(32) 同前、四二〇頁。
(33) 当時の現地農村における雇用関係、金融関係の特徴について、実業部臨時産業調査局編『農村実態調査報告書』第二 (一九三七年) 五二頁、満鉄経済調査会『満洲に於ける一農村の金融—吉林省永吉県農村調査中間報告—』(一九三五年)、興安局編『興安南省科爾沁左翼中旗実態調査報告書』統計編 (一九三九年) 三八～三九頁などを参照。
(34) 一九三〇年代の満洲における農村の実態に関する報告書が多数ある。それらの調査報告書から当時の現地農民の平均家族構成員数おおよそ一〇人以上いたことが窺える。満鉄産業部『満人農家経済調査報告—昭和十年度北満の部—』(南満鉄株式会社、一九三九年) 四頁、満洲国国務院実業部臨時産業調査局編『県技士見習生農村実態調査報告書・康徳三年度・吉林省徳恵縣』(一九三八年) 一一五頁、一二三四頁、一二三九頁、一二四四頁、満鉄広報課編『満洲農業図誌』(非凡閣、一九四一年) 四頁を参照。
(35) 前掲小森健治『北満の営農』六～一〇頁。
(36) 前掲喜多一雄『満洲開拓論』四五〇～四五一頁。
(37) 前掲松野伝『満洲と北海道農法』一四～一五頁。
(38) 同前、二〇頁。
(39) 六戸の実験農家は指導を担当し、プラウ、ハロー、作條器、単畦カルチベータ、三畦カルチベータ、除草ハロー、豆蒔器の七種を一組とするプラウ農具一九セットを購入し、日本馬八八頭を各組に四～五頭ずつ配分し、満馬を排して役牛を七五頭用用意したのである。満拓公社も前年度秋にトラクターで一二〇町を耕起した。前掲松野『満洲と北海道農法』二一一～二一二頁を参照。
(40) 同前、二一一頁～二一六頁。
(41) 前掲玉真之介「満洲開拓と北海道農法」を参照。
(42) 前掲白木沢旭児「満洲開拓における北海道農業の役割」。
(43) 前掲満洲開拓史復刊委員会『満洲開拓史』四七〇頁。
(44) 同前、四七六頁。
(45) 前掲白木沢旭児「満洲開拓における北海道農業の役割」。
(46) 前掲満洲国立開拓研究所編『開拓村に於ける雇傭労働事情調査』四〇頁。
(47) 同前、四一二頁。
(48) 同前。
(49) 同前。
(50) 必要数は農家一戸当たりプラウ一台、カルチベーター一台、ハロー一台を基準としていた。前掲満洲国立開拓研究所編『開拓村に於ける雇傭労働事情調査』九一頁を参照。
(51) 同前、九一頁、一九四一年六月現在。
(52) 前掲満洲開拓史復刊委員会編『満洲開拓史』四四一頁。
(53) 前掲満洲移民史研究会編『日本帝国主義下の満洲移民』四七六頁。
(54) 北海道立総合経済研究所『北海道農業発達史　一』（中央公論事業出版、一九六三年）五六～五七頁。
(55) 日満農政研究会新京事務局『満洲在来農法ニ関スル研究（其ノ五）北満南部農耕地帯に於ける満農農耕法に関する研究』（一九四三年）六八～六九頁、七四～七八頁、八六頁。
(56) 作物により三回の除草と中耕培土を行う場合もある。たとえば、大豆や粟など。満鉄広報課編『満洲農業図誌』（非凡閣、一九四一年）一一七～一三一頁を参照。
(57) 常松栄『北方農業機具解説・附録「満洲開拓と北海道農具」』（北方文化出版社、一九四三年）一一～一三頁、九七頁。在来農法の畦高と畦幅に関しては、日満農政研究会新京事務局『満洲在来農法ニ関スル研究（其ノ四）

奉天省海城縣王石村腰屯に於ける満農農耕法に関する研究』（一九四三年）七〇頁を参照。
(58) 満洲国立開拓研究所編『北満開拓地農機具調査報告』（一九四〇年）六頁。
(59) 前掲満洲開拓史復刊委員会『満洲開拓史』付録「満洲開拓民入植図」を参照。
(60) 村越信夫『満洲農業の自然環境』（中央公論社、一九四二年）三二頁。
(61) 北海道林業試験場編『北海道森林気象略報』（一九三七年）九三頁。
(62) 前掲小森健治『北満の営農』一五二頁。
(63) 満鉄広報課編『満洲農業図誌』（非凡閣、一九四一年）二頁。
(64) 満鉄農事試験場『農事試験場報告第三九号・満洲に於ける農林植物品種の解説』（南満洲鉄道農事試験場、一九三六～一九三七年）六七～七七頁、満鉄調査部『改良大豆ノ普及実績ニ就テ』（一九三九年）二二～二三頁や満史会編『満州開発四十年史　上巻』（満州開発四十年史刊行会、一九六一年）七九九頁などを参照。
(65) 日満農政研究会東京事務所『満洲農業の性格―日満合同専門委員座談会記録―』（一九四一年）二五頁。
(66) 前掲満洲国立開拓研究所編『北満開拓地農機具調査報告』五頁。
(67) 前掲満鉄北満経済調査所『改良農法の実績報告―第二回開拓農法研究会記録―』一〇頁。
(68) 前掲小森健治『北満の営農』一五四頁。
(69) 同前、一五三頁。
(70) 同前。
(71) 同前、一五四頁。
(72) 満鉄北満経済調査所編『北満と北海道農法：開拓農業研究会報告』（南満洲鉄道株式会社調査部、一九四一年）二三頁。
(73) 前掲満洲国立開拓研究所編『北満開拓地農機具調査報告』六頁。
(74) 前掲満鉄北満経済調査所『改良農法の実績報告―第二回開拓農法研究会記録―』三七頁。
(75) 同前。
(76) 同前、三八頁。

(77) 同前、一一頁。
(78) 同前、九一頁。一九四一年一二月に哈爾浜で行われた第二回開拓農法研究会議における八紘村集合開拓団指導農家である黒田清の発言。
(79) 一九四二年開拓総局により出された「開拓農業指導用例」方針。前掲松野『満洲と北海道農法』六一頁。
(80) 前掲満鉄北満経済調査所『改良農法の実績報告―第二回開拓農法研究会記録―』一三五頁。
(81) 同前。
(82) 同前、一三六頁。
(83) 島内満男『満洲農村に於ける技術浸透実績の研究』(日満農政研究会新京事務局、一九四三年)八頁。
(84) 同前、一二頁。

第三章　大豆の品種改良と普及をめぐって

はじめに

大豆は満洲地域の五大作物の筆頭といわれる。その大豆の搾油による商品化は、中国内陸部で明朝中期から既に進んでおり、満洲地域における大豆の商品化も明末清初の漢人移民によりなされた[1]。一九世紀末の蒸気機関による欧米榨油工場の近代化と日本内地における榨油工業の発展、また日清戦争後の日本内地における豆粕の肥料としての需要、日露戦後の営口の輸出貿易の繁栄、日本・欧米商社の活躍などの複合的な理由から、満洲大豆の国際的な商品化が進んでいく[2]。

一九二〇年代の後半、世界恐慌による大豆価格の暴落にともない一九三〇年の輸出量は激減したが、翌一九三一年から回復しつつあった[3]。しかしながら、一九三二年からの満洲地域における凶作と満洲事変とそれに伴う国民政府の報復的な高率関税、ナチスドイツの経済統制政策などによる大豆の輸入抑制、日本国内の窒素肥料である硫安の普及などの影響を受けて、一九三六年の満独通商協定までは増加率が低い状態にあった[4]。

一九三六年の満独通商協定と一九三七年からの日中戦争に伴い、軍需品としての硫安市価の高騰、農村自給肥料の減退などにより、大豆価格は満洲事変前の最高値を突破した(5)。

しかし、一九三九年になると日中戦争が膠着状態となり、また第二次世界大戦が勃発したことで、大豆の主要輸出先だったドイツへの輸出が困難となった。さらに、満洲大豆の価格を決定していたロンドン市場における競争力が低下し、大豆価格の上昇は停滞するようになった。そして、一一月からは大豆を中心に戦時特産専管制度が実施される。

大豆の品種改良はこのような変化に適応することを余儀なくされた結果であった。満洲における大豆の品種改良に関して満鉄農事試験場関係者、あるいは満洲国農業行政当局者は、満洲の大豆在来品種について、「雑駁にして或程度の自然淘汰を受けしに止まって居(6)」り、当地域における無霜期間、降雨量、温度などの自然環境も独自性(7)を持っていると分析し、各地の条件に基づき、在来品種に対して含油量と単位面積当たり生産量の増加を目的として品種改良とその普及を行ってきた(8)。

満洲における大豆に関する研究としては、次の先行研究がある。

江頭垣治の「満州大豆の発展(9)」は、満洲における大豆栽培の起源と清朝中期の満洲地域への漢人移民による豆油製造の技術の展開と人口の増加による油坊の発展に伴う大豆の商品化および近代における中国の植民地化に伴う満洲大豆の国際商品化の過程を解明している。そして、世界恐慌と一九三二年・一九三四年の満洲における自然災害から大豆市場の変動を分析している。

また、佐藤義胤「満洲大豆の生産に関する将来の対策(10)」は、輸出市場における競争力強化と農家経済を向上させるために大豆の品種・耕種法改良の必要性および大豆組合の重要性を強調しながら、世界的な農産物市場の不況と一九三〇年代におけるブロック経済化を背景に、満洲国の将来的な大豆の政策を検討している。

さらに、岡野公次、別府巖「大豆油滓の成分研究（第二報）：遊離アミノ酸類―アルギニン、アスパラギン酸、グルタミン酸、及オキシグルタミン酸、其他―の分離」[11]、柘植利久「大豆の生育収量に及す『ホルモン』及び『ビタミン』の影響」[12]などの搾油や大豆育成に関する技術的な先行研究がある。

戦後の研究としては、満洲における大豆改の品種良過程を概観した山本晴彦『満洲の農業試験研究史』[13]がある。

これらの研究は、世界恐慌と東アジア情勢の混乱の中での大豆市場、栽培状況の変動、そして、搾油技術、栽培技術的にも少し触れているものの、満洲における大豆品種改良とその普及の要因と過程およびその実績、終戦後の影響などについて系統的に検討しているといいがたい。また、多くの先行研究は大品種豆改良事業と同時代に行われたものであるため、事業の全体像を俯瞰したものではない。

本章では、満洲における大豆改良事業の背景、要因および過程、実績、そして終戦後に与えた影響などを明らかにしたい。

第一節　農政機構と農事試験研究機構

本節では、本章および第四章、第五章の前提として満洲の農事改良とその普及を担当した農業行政機構と農事試験研究機関（農事試験場を中心に）の変遷を検討する。

1　農業行政機構の変遷

一九三二年三月に満洲国が発足してから一九四五年八月に終焉するまでの満洲国国務院における農事行政機構の変遷は、おおむね次の図3―1から図3―5のようになる。

満洲国初期における農事行政組織は、図3―1にあるように国務院・実業部・農鉱司であり、その下に農務、林務、漁牧、工務の四科があった。

一九三三年一二月になると図3―2のように鉱業関係の機構と分かれて実業部・農林司となり、農政、農産、林務、漁牧の四科を有した。

一九三四年八月にはさらに分かれて、実業部のもとに農務、林務二司となり、農務司には、農政、農産、畜産、水産、墾務の五科、林務司には、林政、監理、計画、経営、経理という五科と林務署がそれぞれ属していた。(14) また、一九三五年五月に外局として臨時産業調査局が設置され、各部署名も多少変わり、図3―3のようになる。一九三四年から一九三五年にかけては農務司のもとで国立である克山農事試験場、哈爾浜農事試験場、佳木斯農事試験場、錦縣農事試験場と一連の農林畜産技術員養成所、水産局、獣医養成所、畜産改良場、柞蚕種繭場などが設置された。以上が満洲国初期における農業行政機関の組織図である。

一九三七年七月になると、産業開発五ヶ年計画の遂行のため、さらに拡充され、産業部のもとに林野、畜産の二局、拓政、農務の二司が設置され、臨時産業調査局は解体された。なお国立各試験場、改良場、種繭場は産業部の直轄となり、馬産関係は治安部に移管された。(15) さらに、一九三九年一月に拓政司を廃止し、開拓総局(外局)が設置され、図3―4ようになる。図3―4ごとく展開している農業関係の機構からは、農林畜産業

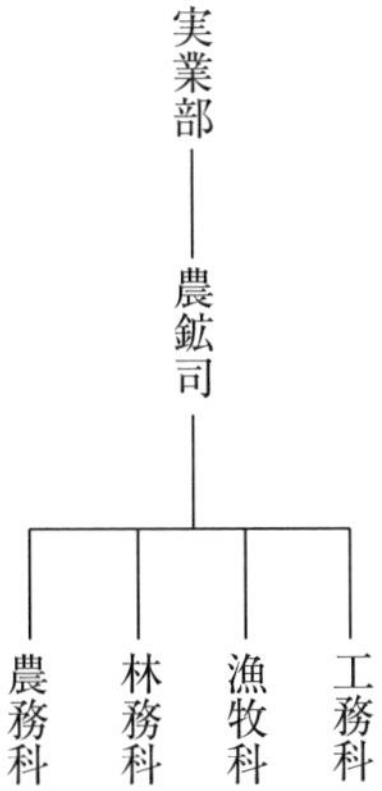

図３－１　1932年における農事行政機構

出典：満史会編『満州開発四十周年史　上巻』（1961年）770～772頁、五十子巻三『満洲帝国経済全集10　農政篇前篇』24頁より作成。

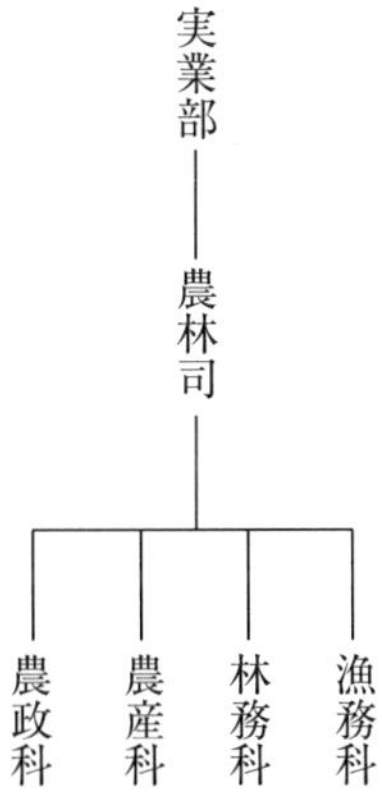

図３－２　1933年における農事行政機構

出典：満史会編『満州開発四十周年史　上巻』（1961年）770～772頁、五十子巻三『満洲帝国経済全集10　農政篇前篇』24頁より作成。

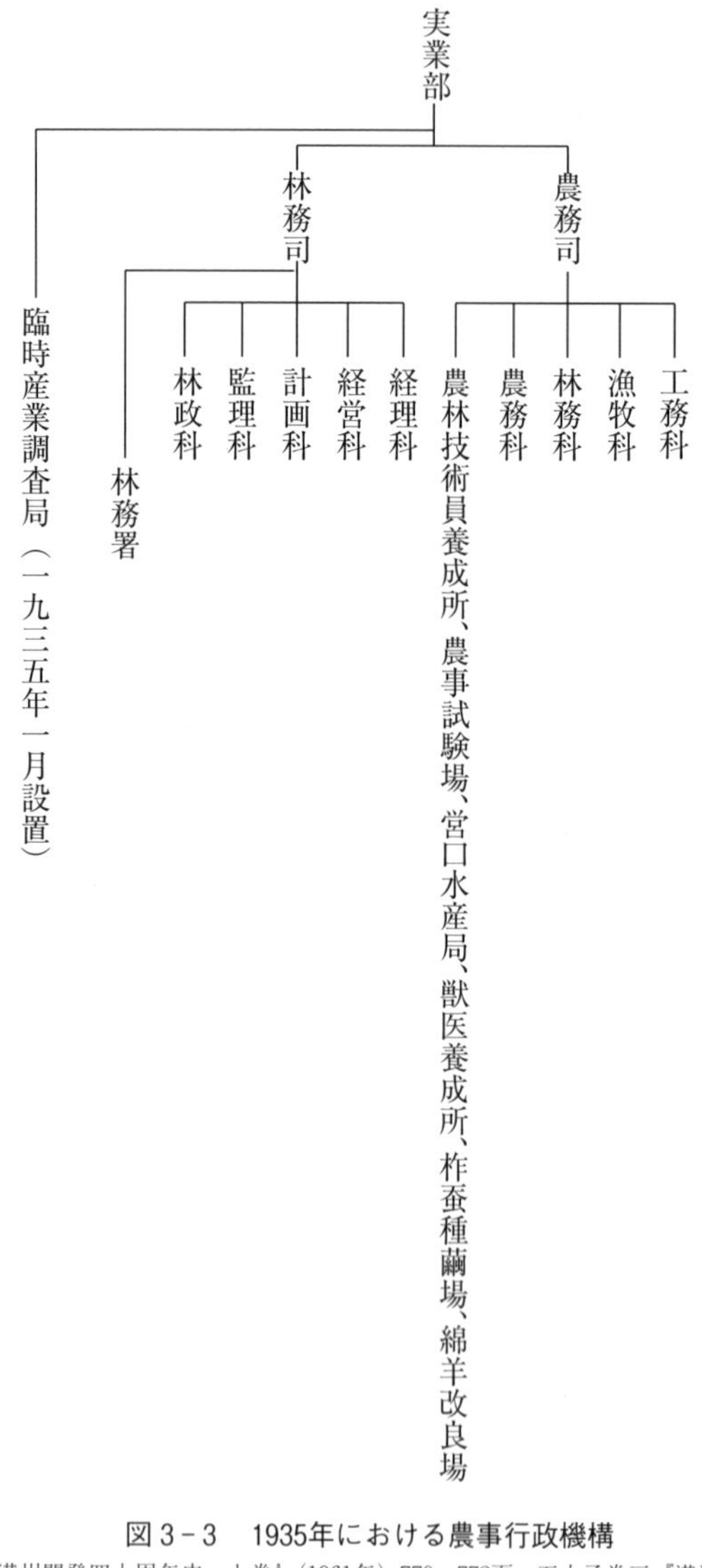

図３－３　1935年における農事行政機構

出典：満史会編『満州開発四十周年史　上巻』（1961年）770～772頁、五十子巻三『満洲帝国経済全集10　農政篇前篇』24頁より作成。

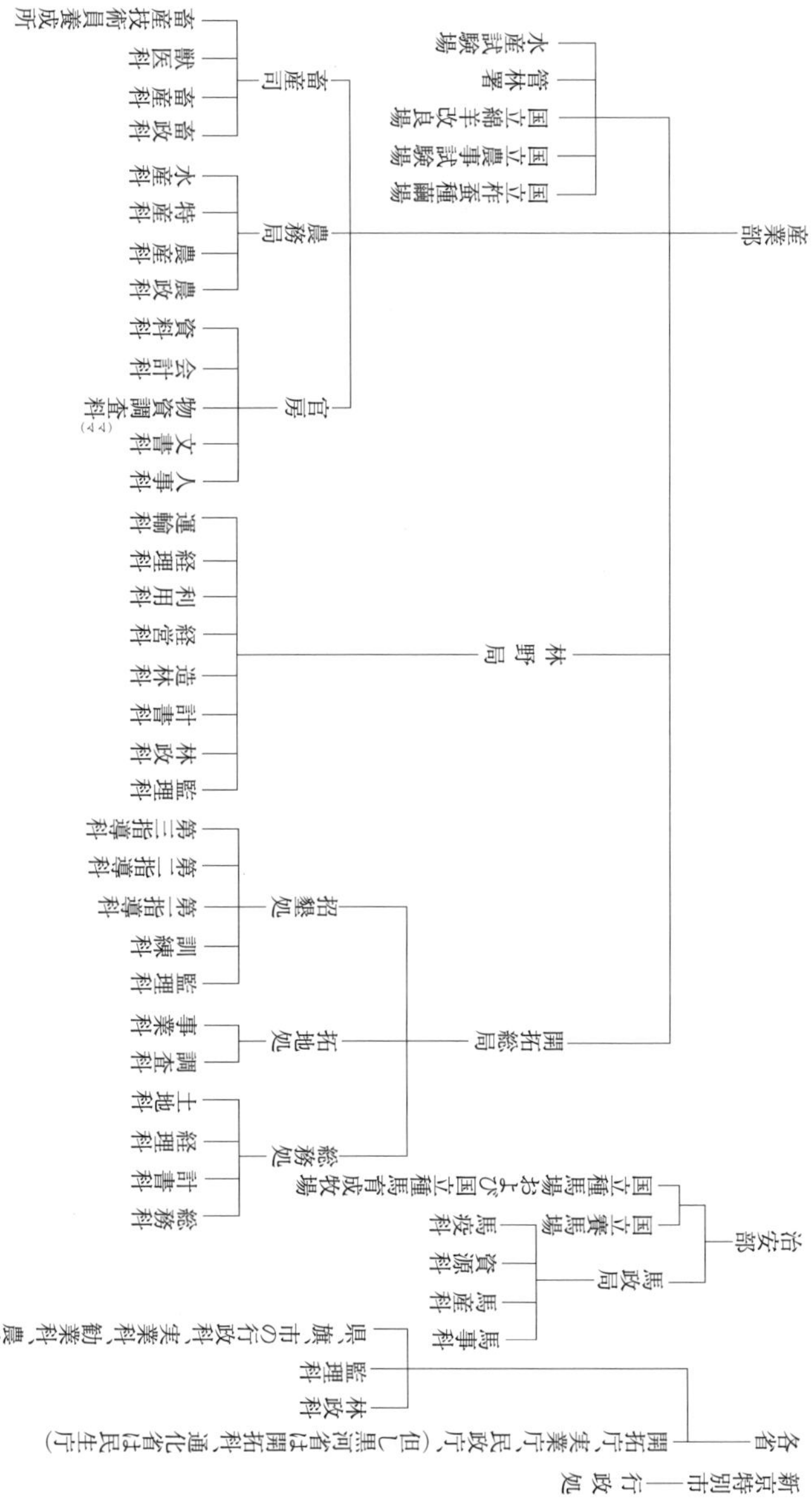

図3－4　1939年における農事行政機構

出典：満史会編『満州開発四十周年史　上巻』（1961年）770～772頁、五十子巻三『満洲帝国経済全集10　農政篇前篇』24頁より作成。

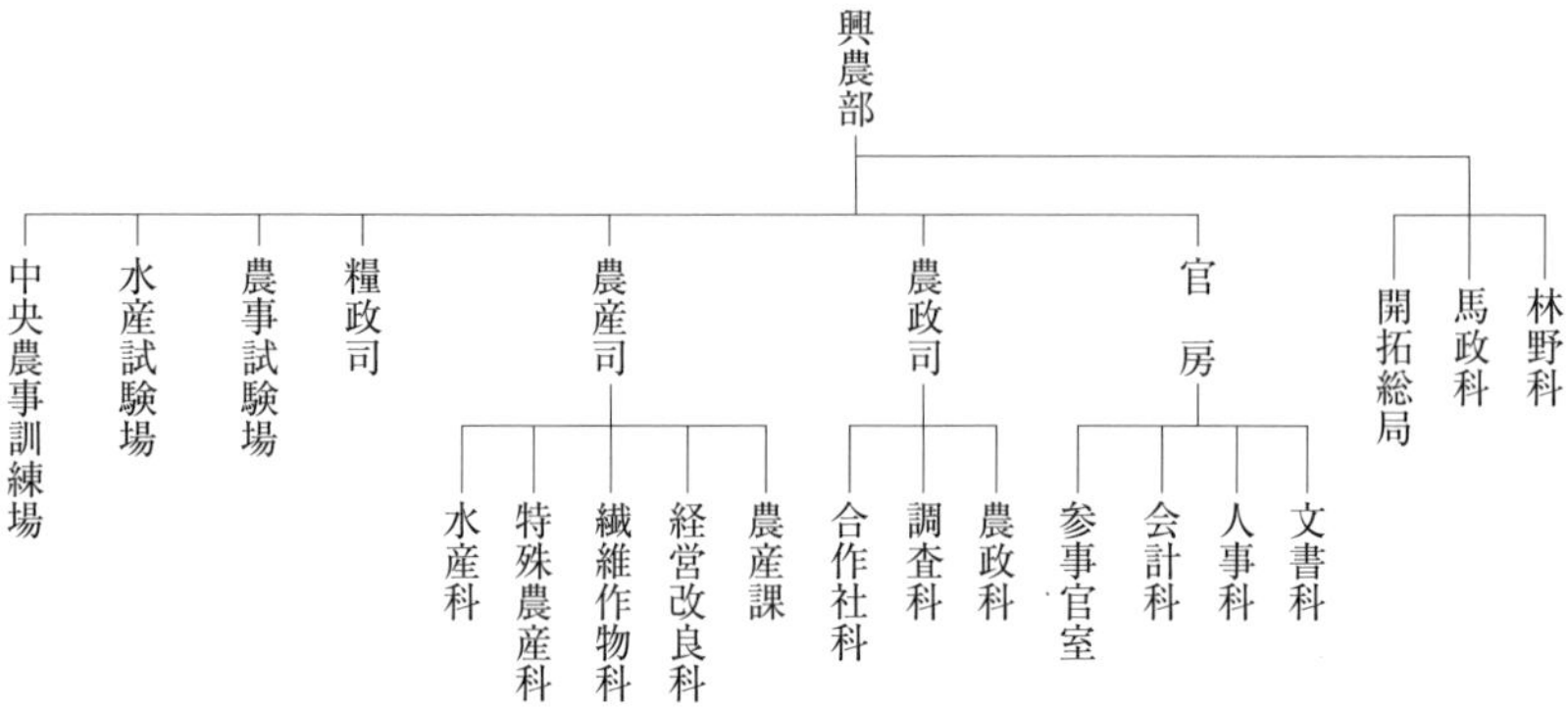

図3－5　1940年における農業行政機構

出典：満史会編『満州開発四十周年史　上巻』（1961年）770～772頁、五十子巻三『満洲帝国経済全集10　農政篇前篇』24頁より作成。

の重視と各部門の実務機能の充実を図ろうとした様子が窺われる。

一九四〇年七月には図3―5のごとく農業関連機構だけが産業部から独立して興農部の附属となり、興農部が全国の農業を統括的に管理、指導する形となり、これは終戦まで続いた。

2　農事試験研究機構の変遷――農事試験場を中心に

満洲における農事試験場の歴史は、日露戦争直後に遡る。その前提となるのは、日本国内、台湾、朝鮮半島における一連の農事試験場の設立である。日本の租借地である大連、旅順（関東州）と満鉄附属地域における農事試験場は、これらの延長として設置、運営されていた。

一九〇五年、日本はポーツマス条約によって関東州の租借権と東清鉄道の内、旅順から長春間の支線および附属地の租借権を手に入れ、満洲植民地化の足掛かりを得た。翌年、国策会社である南満洲鉄道株式会社が設立され、満洲国発足まで満洲経営の中心的役割を果した。その地域経営の一つは、租借地である関東州と鉄道沿線附属地における農業経営であった。

一九〇六年に関東庁農事試験場が関東庁により大連に設立され、主に養蚕業に関する研究を開始した。これは、日本人による満洲地域に設立された最初の農事試験研究機関である。また同年には、満鉄の地域経営の一事業として、鉄道沿線の植樹用の樹木苗生産を目的として鉄道沿線各地に苗圃を設置する際に、熊岳城にも一つ設置された[16]。熊岳城苗圃は、一九一三年に公主嶺産業試験場が設立されると同時に、業務を拡大して産業試験場熊岳城分場と改称した[17]。一九一八年には、農事試験場公主嶺本場とそれに附属する熊岳城分場と改称されている[18]。これは、関東州を除く満洲地域における最初の農事試験研究機関であった。その後は、第一次世界大戦、満洲事変、日中戦争と、日本が中国大陸で勢力を拡大するにつれて、満鉄沿線各地で農事試験場、試作場、研究所、実習所、畜産改良場などの農事試験研究機関の新設・改廃が続いた[19]。満鉄関係以外にも、数が少ないものの、北鉄は、一九二三年に哈爾浜に、鉄道局は、一九二六年に興城にそれぞれ農事試験場を設置した[20]。

満洲国の発足後、一九三四年一月に満洲国政府教令第三号をもって、「農事試験場官制」（史料三―一）が政府により公布された。そして、同年中に奉天に錦県農事試験場、さらに克山農事試験場が設立されたのを皮切りに、一九三五年に佳木斯、哈爾浜にそれぞれ農事試験場が設立された[21]。さらに、一九三六年に辺境地域である東蒙古地域にも王爺廟農事試験場を設立した[22]。これらの農事試験場は実業部（後の産業部、興農部）や蒙政部に所属し、各地の事情に基づいた農事改良を行った。

〔史料三―一〕[23]

農事試験場官制

第一条　農事試験場は実業部総長（実業部大臣）の管理に属し左の事務を掌る。

一、農作物の改良増殖に関する試験及調査

二、農産物の加工製造に関する試験及調査

三、農作物病蟲害の予防及制遏に関する試験及調査

四、土壌及肥料の改良に関する試験及調査

五、優良種苗種畜の育成

六、農業実習生及見習生の養成

（第二条以下略）

一九三八年三月には、満鉄関係の農事試験研究機関が満洲国に移譲され、満洲国国立農事試験研究機関として一元化され（図3—6、図3—7）、以後終戦まで大きく変更されずに続いた。

終戦後、東北地域における農事試験場の中心となっていた満洲国国立農事試験場公主嶺本場は、国民党に接収され中華民国公主嶺農事試験場となった[24]。同年一一月に佳木斯農事試験場が共産党に接収され、東北財経弁事処佳木斯農事試験場となった（一九四七年に東北行政委員会の所管となる）[25]。一九四八年六月に黒龍江省建設庁により満洲国国立農事試験場克山支場を基礎に克山農事試験場が設置された[26]。

一九四八年一一月に東北全域が解放されると東北行政委員会は、公主嶺農事試験場、遼寧省熊岳城農事試験場、嫩江省斉哈爾農事試験場（一九五〇年に園芸試験場となる）、松江省呼蘭農事試験場（後に甜菜試験場とな

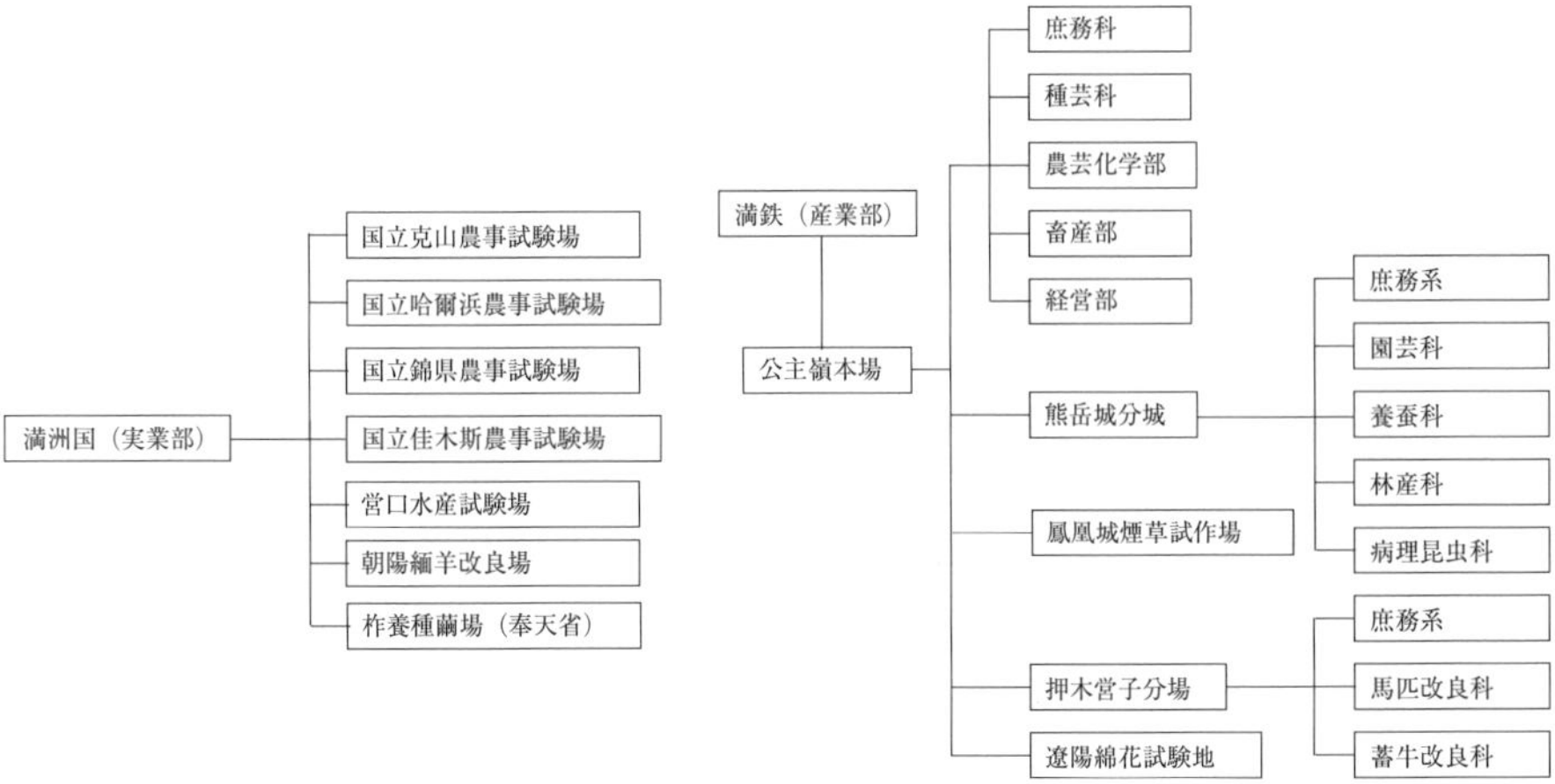

図３-６　満洲国の主な農事試験研究機構（1937年）

出典：山本晴彦『満洲の農業試験研究史』（農林統計出版、2013年）46、52頁より作成。

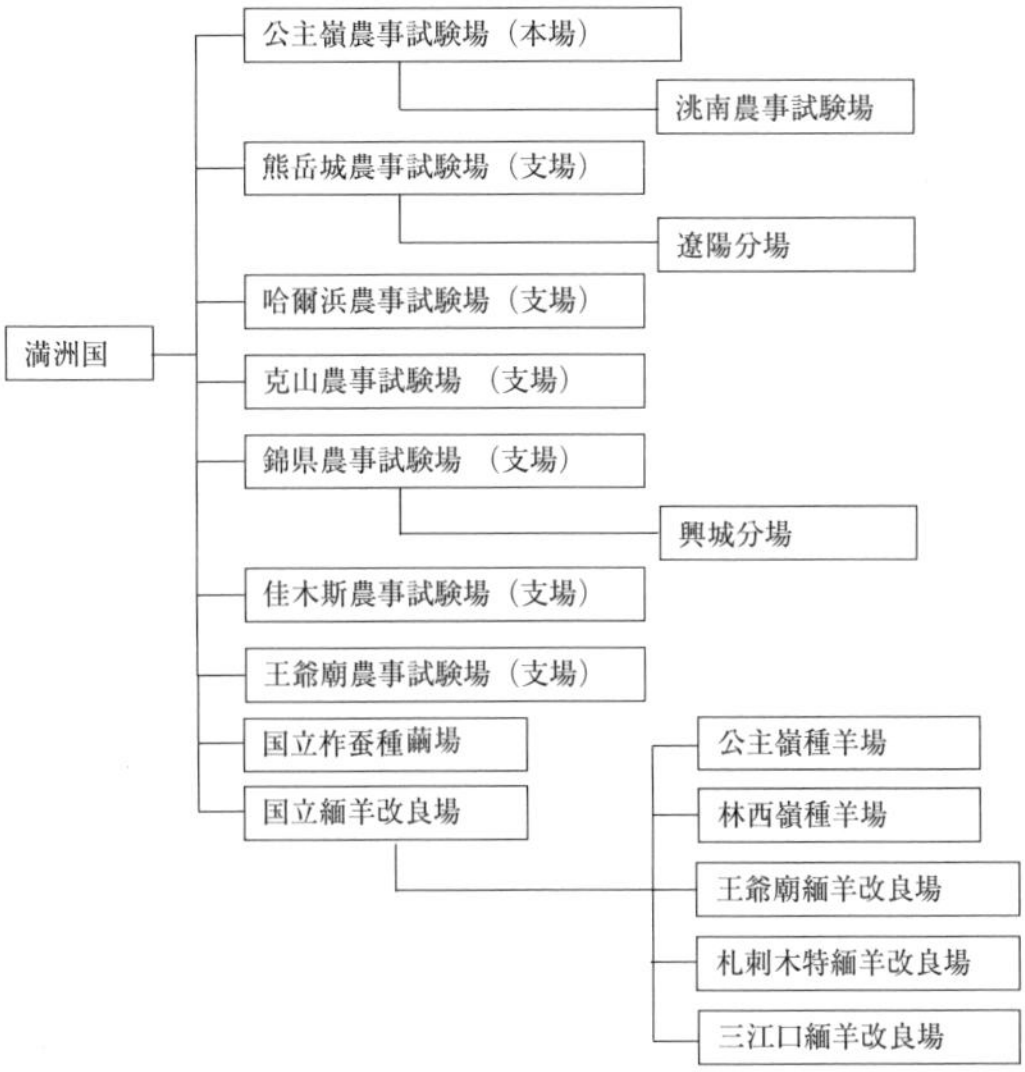

図３-７　満洲国の主な国立農事試験研究機構（1939年）

出典：山本晴彦『満洲の農業試験研究史』（農林統計出版、2013年）48頁、五十子巻三『満洲帝国経済全集10 農政篇前篇』（満洲国通信社出版部、1939年）18〜19頁より作成。

る）、吉林省龍井農事試験場（後に水田試験場となる）、安東省通化農事試験場・五龍背蚕業試験場・鳳城煙草試験場、遼西省錦州農事試験場、遼北省虻牛屯農事試験場、遼陽棉花試作場、興城園芸試験場、鉄嶺種馬場、哈爾浜家畜防疫所（哈爾浜獣医研究所と改称）などの農事試験研究機構の機能を回復させ、満洲国時代の蓄積を積極的に生かし農事改良試験を実施する。(27) 東北行政委員会農業部直轄で再開した公主嶺農事試験場は、満洲国時代と同様に東北地域の農事試験研究の中心機関として機能した。(28) 一九五一年末の状況をみると、満洲において一二ヶ所の総合農事試験場、八ヶ所の専門農事試験場が存在しており、改良項目においてもおおむね満洲国時代の農事試験場を継承したのである。(29)

その後、さらなる変遷を経て、旧満洲国国立農事試験場公主嶺本場は現在の吉林省農業科学院に、(30) 国立農事試験場克山支場は現在の黒龍江省農業科学院克山分院に、(31) 遼陽支場は現在の遼寧省農業科学院経済作物研究所に、安東支場は現在の遼寧省農業科学院蚕業科学研究所・遼寧省農業科学院果樹研究所になっており、満洲国時代の研究分野もおおむね継承されている。(32)

以上、満洲国の農業行政機構と農事試験研究機関の変遷をまとめた。農業行政機構の変遷は、成立最初の実業部・農鉱司のもとの四つの科であったものの、一九三五年に林務司、農務司と二つの司とそれに属する一〇の科、国立農事試験研究機関と一つの署、そして外局である臨時産業調査局とに分かれた。一九三九年に、実業部が産業部となり、それに属する農業行政機構がさらに分かれて、組織が整った。なお、その前年から、元満鉄関係の農事試験研究機関も国立農事試験研究機関として産業部に属している。一九四〇年になると、農業機構が実業部から独立して興農部となり、終戦まで続いた。

このように、一九三八年三月までは、満洲国内における農事試験研究は満鉄と満洲国という二つの系統で行われていた。一九三八年に、満洲国におけるすべての農事試験研究機関は満洲国産業部のもとに一元化され、図3―7のようになる。終戦まで農産物と家畜の品種改良・普及、農地調査・改良、農法改良など満洲における農事改良のために研究とその成果の普及活動を行った。戦後においても、国民党およびその後の共産党に建物から改良研究の蓄積まで積極的に継承されたのである。本章および後の章で検討する大豆・棉花・緬羊の改良は、これらの農事試験研究機関により実施されたものである。

第二節　品種改良の沿革

満鉄公主嶺農事試験場での満洲大豆の改良事業は、一九一三年の試験場開設と同時に着手された[33]。一九一五年に純系分離により四粒黄という在来種より子実が大粒で単位当たり生産量の多い改良品種の育成に成功した。しかし、この品種は、芯喰虫の被害が大きく、病害に対する抵抗力が弱かったといわれる[34]。そうした中で、公主嶺農事試験場においては一九一六年に八四〇〇株の四粒黄を栽培し、その中から発芽期、成熟期、粒数、粒色、粒形、光沢、粒重などの各項目で優良な一五〇〇株を選出した。一九一七年には前年度の一五〇〇株の種を一五〇〇区に分けて栽培し、優良な結果を得た九八種類を残した。以上の方法により一九一八年には四九種類、一九二〇年には前述の比較項目の上に含油量を加え、二一種類にまで絞った。そして、一九二一年から一九二三年までに収穫量、含油量、固定性などの特性について、さらに精密な試験を行った上で、最後まで残った二つの品種を黄宝珠（公五二九号）と如意珠（公五三三号）と命名した[35]。このように、中南満地域に適した大粒の黄宝珠および如意珠の育成に成功したことによって、満洲における大豆改良事業は軌道に乗ることとなった。黄宝珠と如意珠の性状はよく似ていたので、改良事業では、如意珠を廃止して黄宝珠が改良大豆の中心として用いられ、改良大豆といえば黄宝珠のことを指した(36)。

さらに公主嶺農事試験場は、一九二七年に黄宝珠を母、金元を父として人工交配を行い、満倉金と元宝金の育成に成功した(37)。また、一九二八年に哈爾浜より開原一帯に適する公五五五号(一九三一年に紫花一号と改称)、一九三三年に公五六一号(小黄金一号)と公五六二号(小黄金二号)を、一九三五年に黄金四号(後に満倉金)をそれぞれ育成した(38)。

開原原種圃も、その地域に適する搾油用大豆康徳(公五六五号)、味噌・醤油・豆腐用の福壽(公五六六号)を選出した(39)。

克山農事試験場は、南満地域の在来種が、成熟期が遅くて乾燥不十分、かつ品種が雑駁で含油量が少ない欠点を克服した早熟を特徴とする公五五五号、龍江一号、公二四九号、克山、公五五六号、克霜、金元二号、紫花四号などの優良品種を育成した(40)。

哈爾浜農事試験場においては、品種改良とともに既成品種の試験を行い、金元(公五六〇号)と公二六二号が当地域に適することを証明した(41)。

佳木斯農事試験場においては、当地域に適する品種の育成に努め、既成品種については黄金一三号、西比瓦が優良であることが判明した(42)。

敦化地域においては公五五五号と公五五七号が、海龍地域では昭一・六A四七・公五六〇号・黄宝珠、洮南地域においては公五六一号が、海倫地域においては公五五五号と西比瓦が、東部山間地域においては黄金四号と一三号が、鄭家屯・銭家店地域においては公三〇五号と公二二四号が適していることが、各農事研究試験機関によって証明された[43]。

第三節　品種の特性

本節では、改良大豆の代表的な品種である黄宝珠、金元、満倉金、元宝金、満地金などの特性を検討する。表3―1はそれを表したものである（図3―8、図3―9も参照）。

四粒黄は、前述のように満洲地域で最も早く育成された中熟性の品種である。一ヘクタール当たりの生産量は、一七五〇キログラムで、莖莢収量は、一八八〇キログラム、子実一立重は七一〇グラムである。短所としては、前述のように芯喰虫の被害が多く、病害に対する抵抗力が弱かったことがあった[44]。

黄宝珠は、公主嶺農事試験場が四粒黄から純系分離法により育成した最初期の満鉄の栽培奨励品種で、広く普及した中熟性の品種であった。一ヘクタール当たり生産量は二〇〇〇キログラムに達し、在来品種より四割前後の増収を示した。莖莢収量は一五五〇キログラム、子実一立重は七一〇グラムであり、乾物中脂肪含量（含油量）は二一パーセントだった。本品種は肥沃で水分十分な土壌に適し、南は昌図付近より、北は陶頼昭付近と新京、吉林間鉄道沿線、および間島一帯など南満、中満南部の肥沃かつ降雨量の多い地域に適してした。一方、乾燥や肥沃ではない地に向かず、病虫害に対する対抗力がやや弱かったことが欠点であった[45]。

耐湿性に富み、無霜期間の短い地帯に適した極早熟性の紫花一号（公五五五号）は一ヘクタール当たり生産量は一五七〇キログラム、莖莢収量は一六〇〇キログラム、子実一立重は七三〇グラムであり、乾物中脂肪含量は二〇・五パーセントであった[46]。

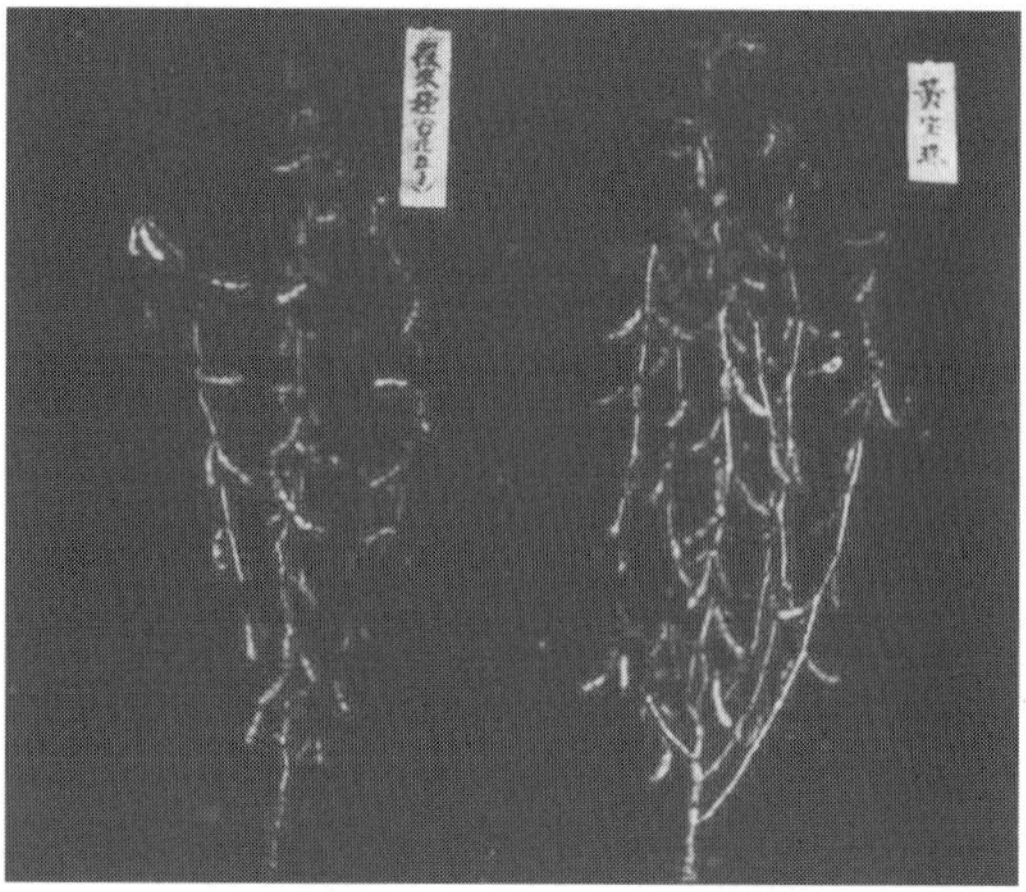

（在来種）　　　　　（改良種）
白花蹚子　　　　　　黄宝珠

図3－8　満洲における在来大豆と改良大豆

出典：満鉄農事試験場『農事試験場報告第三九号・滿洲に於ける農林植物品種の解説』（満洲鉄道農事試験場、1936～1937年）68～69頁。

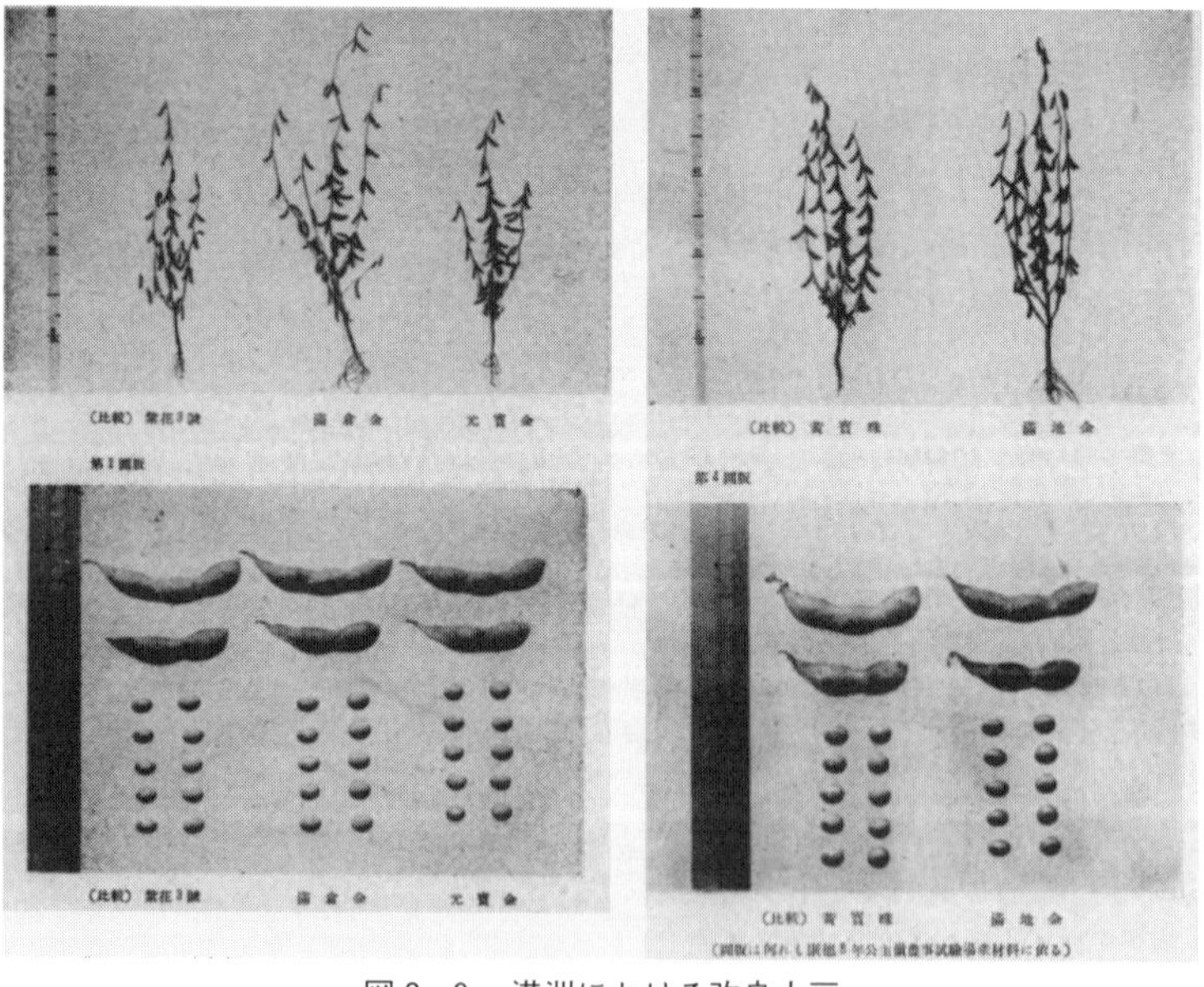

図3－9　満洲における改良大豆

出典：満洲国立農事試験場農事試験場報告第四三号『大豆新品種育成報告大豆・滿倉金・元宝金及滿地金に就て』（1942年）。

金元（公五五九号、公五六〇号）は、公主嶺農事試験場の純系淘汰方法により育成された中熟品種である。一ヘクタール当たり生産量は二〇〇〇キログラム前後に達し、莖莢収穫量も二〇〇〇キログラム前後である。子実一立重は七三〇グラム、乾物中脂肪含量は二一パーセント前後となっていた。本品種は含油量が多いものの、外観不良であり、公主嶺以南地域の栽培に好適だった[47]。

西比瓦は、哈爾浜農事試験場が純系淘汰方法により育成した極早熟性の改良品種である。一ヘクタール当たりの生産量は一六〇〇キログラム、莖莢収穫量は一五〇〇キログラム、乾物中脂肪含量は二〇パーセント前後となっている。無霜期間が短い北満地域を中心に栽培が奨励された。生育期間が短く、含油量が多い優良品種ではあるものの、単位面積当たりの生産量は他品種に比べやや劣り、乾燥地域においては草丈が低く粒形が扁平となりやすいのは本品種の欠点だった[48]。

公五五六号は、北満北部の無霜期間が最も短い地域に適した極早熟性品種である。一ヘクタール当たりの生産量は一五五〇キログラム、莖莢収穫量は一四〇〇キログラムである。子実一立重は七一五グラム、乾物中脂肪含量は二〇パーセント前後である[49]。

また、早熟性品種に関して、克山農事試験場においては、無霜期間の短い斎北・浜北・浜洲各線に囲まれた地域と北黒沿線地帯に適する金元二号、克霜、紫花四号などが育成された[50]。

公五六一号（小黄金一号）と公五六二号（小黄金二号）は、興安四省のような西部乾燥地域に適した品種である。前者は中熟性であり、一ヘクタール当たりの生産量は二二〇〇キログラムに達し、莖莢収穫量は二二〇〇キログラム前後である。子実一立重さは七二五グラム、乾物中脂肪含量は二〇・五パーセント前後である。後者は早熟種であり、一ヘクタール当たりの生産量は二一五〇キログラム、莖莢収穫量は二三〇〇キログラムで

大豆の特性

公556号	公561号	公562号	満倉金	元宝金	満地金	公566号
極早熟性	中熟性	早熟性	稍早熟性	早熟性	晩熟性	稍晩熟性
1,550	2,200	2,150	1,980	1,798	1,891	2,400
1,400	2,200	2,300	1,929	1,679	2,200	2,600
715	725	730	715	723	739	730
20	20.5	21	24	22	20	20

1937年）69～73頁、満史会編『満州開発四十周年史　上巻』（満州開発四十年史刊行会、1961年）798

ある。子実一立重は七三〇グラム、乾物中脂肪含量は二一パーセント前後である[51]。

満倉金（黄金四号）は、浜江省東部、三江省中南部、東安省中部、牡丹江省および長春地域に適した稍早熟性の品種である。一ヘクタール当たりの生産量は一九八〇キログラム、莖莢収穫量は一九二九キログラムである。子実一立重さは七一五グラム、乾物中脂肪含量は二四パーセントにも達し、含油率が極めて高いとされた[52]。

元宝金は、成熟期が満倉金より数日早く、一ヘクタール当たりの生産量は一七九八キログラム、莖莢収穫量は一六七九キログラムである。子実一立重さは七二三グラム、乾物中脂肪含量は二二パーセントである[53]。

満地金は、錦州省や奉天中部の無霜期間が長い南満地域に適した晩熟性の品種である。一ヘクタール当たりの生産量は一八九一キログラム、莖莢収穫量は二二〇〇キログラムである。子実一立重さは七三九グラム、乾物中脂肪含量は二〇パーセントである[54]。

福壽（公五六六号）は、奉天、開原地域に適した稍々晩熟品種であり、一ヘクタール当たりの生産量が最も多い二四〇〇キログラムに達しており、莖莢収穫量も二六〇〇キログラムであった。子実一立重さは七三〇グラム、乾物中脂肪含量は二〇パーセントである。病虫害を被ることもわずかで、開原

表3－1　改良

項目＼品種	四粒黄	黄宝珠	公555号	金元	西比瓦
成熟特性	中熟性	中熟種	極早熟性	中熟種	極早熟性
ha当子実生産量　(kg)	1,750	2,000	1,570	2,000	1,600
ha当莖莢収量　(kg)	1,880	1,550	1,600	2,000	1,500
子実一立重　(g)	710	710	730	730	100粒14g
含油量％	不明	21	20.5	21	20

出典：南満洲鉄道株式会社農事試験場『農事試験場報告 第三九号 滿洲に於ける農林植物品種の解説』(1936～
～799頁、満鉄調査部『改良大豆ノ普及実績ニ就テ』(1939年) 22～23頁より作成。

地域を中心に普及奨励を促した優良品種である(55)。

ここで、改良大豆と在来大豆を比較してみたい。表3―2は、一九二八年三月に満鉄農務課の委託を受け、大豆工業研究会が行った改良大豆と在来大豆の含油量を比較した試験結果である。表3―3は、各地における農事試験研究機関による在来品種と改良品種の単位面積当たりの生産量を比較したものである。

表3―2のように、改良大豆と在来大豆では、含油量は、前者が原大豆の場合一八・五七パーセント、無水分の場合二〇・四六パーセントであり、後者は原大豆一七・四三パーセント、無水分一九・六八パーセントであり、在来大豆がやや劣っている。水分においては、前者が九・二パーセント、後者が一一・四六パーセントであり、改良品種の方が明らかに優れている。また、蛋白質、含水炭素粗繊維、灰分、窒素などの各値においても改良大豆のほうが在来大豆より優良となっている。

また、一九三一年二月に行った大連三菱油房による搾油試験によれば、無水分状態における改良大豆の含油分は二一・〇一パーセントであり、在来大豆の含油分が二〇・〇四パーセント、出油率において前者は一二・一五九パーセントであり、後者は一一・二八六パーセントであるという結果を示しており、改良品種の優良さを証明している(56)。

表3－2　改良大豆の特性

項目＼種別	改良大豆		普通大豆	
	原大豆	無水分	原大豆	無水分
水　　分	9.2%	—	11.46%	—
油　　分	18.57%	20.46%	17.43%	19.68%
蛋白質	39.38%	43.39%	37.63%	42.38%
含水炭素粗繊維	28.57%	31.50%	29.07%	32.96%
灰　　分	4.22%	4.65%	4.41%	4.98%
窒　　素	6.30%	6.94%	6.02%	6.78%

出典：満鉄経済調査部『満洲農作物改良増殖方策（大豆）』（1935年）276頁より作成。

注：改良大豆は1927年開昌図産の改良大豆で、普通大豆は1927年昌図産の混保一等大豆である。

表3－3　改良大豆と在来大豆の単位面積当生産量比較　（単位：kg/ha）

地域＼原種	満倉金	元宝金	満地金	紫花3号	黄宝珠	紫花1号	西比瓦	在来種
佳木斯地域	1,827	2,000	—	1,578	1,693	1,061	1,287	1,483
吉林地域	2,177	2,278	1,628	2,393	1,978		—	
蛟河地域	1,550	1,478	—	1,408	1,231	1,492	1,407	1,235
敦花地域	1,794	1,804	—	2,018	—	2,140	2,058	2,040
海龍地域	2,833	2,349	2,538	1,293	2,526	—	—	1,810
海倫地域	2,092	2,058	—	2,022	—	1,914	1,994	
間島地域	570	580	970	800	1,090	—	—	920
鄭家屯地域	—	—	1,778	1,708	—	—	—	1,940
遼陽地域	—	—	2,028	—	1,974	—	—	1,775
試験成績	2,615	2,366	2,475	2,347	2,363	—	—	—

出典：満洲国立農事試験場『大豆新品種育成報告』（1942年）3～11頁、22～27頁より作成。

注：表中の数値は、佳木斯地域、吉林地域、間島地域が1938年～1939年の平均値、蛟河地域が1939年の値、敦花地域が1936年～1937年の平均値、海龍地域は在来種と紫花3号が1937年、ほかは1935年～1937年の平均値、海倫地域、鄭家屯地域が1936年～1937年の平均値である。試験成績は、公主嶺農事試験場が行った1938年～1939年の平均値である。

表3―3は、一九三六年から一九三九年にかけて、各地の農事試験研究機関が該当地域において行った調査をまとめたものである。表をみるといくつかの地域や品種において、在来種のほうが一ヘクタール当たりの生産量が上回っているものの、おおむね改良品種のほうが優良な成績を示している。

また、表3―2・3では割愛したが、光沢、完全粒、夾雑物、百粒の重量、皮と実の割合、粒の大きさ、市場価格などの各項目において改良品種のほうが在来品種より優秀な成績を残している。(57)

第四節　改良大豆の原種生産

改良大豆の配布用原種の生産は、公主嶺農事試験場が黄宝珠と如意珠の育成に成功した一九二三年度からはじまった。その事業の全般を統制したのは満鉄本社農務科であり、改良種子の育成と普及を担ったのは、農事試験場公主嶺本場と各地における分場、原種圃および試作場であった。(58)一九二三年に開原原種圃と孟家屯原種圃が設立されると、一九二六年には鄭家屯、洮南および通遼一帯に対する普及を目的として、鄭家屯試作場に原種圃が加えられた。また、満鉄沿線地帯における改良大豆の普及を促進するために一九三一年には四平街に改良大豆と改良粟の原種圃が追加設置された。(59)

当初、上述の原種の大部分は、満鉄公主嶺農事試験本場とそれに属する原種圃および分場により生産され、不足分は、一九二六年から改良大豆栽培農家より優良種子を購入し、粒選の上、再配布を行っていた。つまり、一般農家生産の種子を買い上げて補填していたのである。(60)ところが、普及に伴い原種の需要が増大すると、この方法による生産では間に合わなくなってきた。そこで満鉄農務科は管内地において、一九二八年から

表3－4　満鉄による配布用改良大豆原種年度別生産量　（単位：kg）

年次＼原種圃	公主嶺農事試験場	孟家屯(大屯)原種圃	開原原種圃	鄭家屯(銭家店)農事試験場	四平街原種圃	計
1923年	2,900	2,120	11,830	—	—	16,850
1924年	9,880	3,640	9,230	—	—	22,750
1925年	14,690	10,530	9,230	—	—	40,300
1926年	9,880	10,530	15,210	3,120	—	38,740
1927年	19,620	12,980	16,900	—	—	49,400
1928年	17,420	20,280	25,350	—	—	63,050
1929年	6,200	14,240	16,870	1,680	—	39,000
1930年	20,000	20,222	14,768	—	—	54,990
1931年	23,730	13,660	20,230	—	12,780	70,400
1932年	15,820	14,560	19,073	—	10,870	60,323
1933年	8,527	19,086	19,193	1,682	15,584	64,472
1934年	14,346	21,056	23,008	4,366	23,782	86,558
1935年	15,147	17,186	15,387	3,356	14,114	65,190
計	175,570	180,980	222,129	14,214	77,130	674,023

出典：満鉄調査部産業紹介資料第七編『農事施設及農事業績』（1938年）66～68頁より作成。
注：孟家屯原種圃は1925年から大屯原種圃と改称する。鄭家屯農事試験場は1934年から銭家店農事試験場と改称する。

各地に改良大豆耕作組合を設置するとともに、組合員の篤農に第一次、第二次採種圃の経営を委託し、普及用の改良大豆の生産に携わらせた（表3―5を参照）。この民間委託採種圃設置とともに、農家生産種子の買い上げは中止となった[61]。

表3―4と表3―5は、満鉄関係試験場の年度別生産量と民間委託採種圃別年度別作付面積を表したものである。表3―4の数字をみると、公主嶺農事試験場の生産量は、一九二三年の二九〇〇キログラムから一九三一年の二万三七三〇キログラムまで大きく増加している。一九三二年、一九三三年には一時減少したが、一九三四年からまた増加に転じ、一九三五年に一万五一四七キログラムとなった。

孟家屯原種圃は、一九二三年の二一二〇キログラムから一九三〇年の二万〇二二二キログラムへと収量が大きく増加した。一九三一年には一時減少したが、翌年から増加しており、一九三四年はピーク値の二万一〇五六キログラムとなった。一九三五年にふたたび減少し、当年の生産は一万七一八六キログラムであった。

開原原種圃では、一九二三年の一万一八三〇キログラムから一九三一年の二万〇二三〇キログラムまで大きく増加している。一九三一年から多少減少の傾向をみせたが、一九三四年に増加して二万三〇〇八キログラムというピークを示した。一方、翌一九三五年には一万七一八六キロまで減少している。

鄭家屯農事試験場では、一九二六年の三一二〇キログラムから一九三五年の三三五六キログラムまで増加している。

四平街原種圃の場合は、一九三一年の一万二七八〇キログラムから一九三四年の二万三七八二キログラムまで増加しているが、一九三五年には激減し一万四一一四キログラムになっている。

農事試験場（原種圃）の合計生産量をみると、一九二三年の一万六八五〇キログラムから一九三五年には六万五一九〇キログラムまで増加しており、この一三年間の合計生産量は六七万四〇二三キログラムであった。しかし、鄭家屯農事試験場においては、一九二七から二八年、一九三〇年から一九三二年は生産を中止していたこと、四平街原種圃においては、設立・生産の開始が一九三一年だったことを考えると、満洲における改良大豆原種の生産は、おおむね一九三一年まで増加しているが、一九三二年から減少しつつあり、一九三四年から再び増加の傾向を示していることも窺われる。つまり、改良大豆原種の生産も、満洲における大豆全体と同じく世界恐慌、満洲事変、ドイツの経済統制政策、日本国内の硫安（肥料）の普及および満洲における自然災害(62)などの影響を受けていたと考えられる。

第一次委託採種圃は、限られた優良農家が満鉄の指導監督のもと、第二次委託採種圃への原種配布を目的としていて満鉄直営原種圃の補完機能を果たすものであった。満鉄は改良大豆原種を無料で配布するとともに、作付面積をもとに耕作手当を支給していた(63)。第二次採種圃は、第一次採種圃生産の原種と第一次採種圃に配布して残った満鉄原種圃生産原種の配布を受け、一般農家配布用の原種を生産する圃場であった。この配布は、一九三二年までは無料であったが、その後は現物交換あるいは有償となった(64)。

託採種圃別年度別作付面積　　　　（単位：ha）

1932年		1933年		1934年		1935年	
箇所	面積	箇所	面積	箇所	面積	箇所	面積
4	25	4	60	—	—	—	—
46	200	65	26	—	—	58	269
—	—	—	—	—	—	—	—
60	330	70	335	—	—	45	280
7	20	—	—	—	—	—	—
95	350	81	208	—	—	78	248
11	45	4	60	—	—	—	—
201	990	216	904	—	—	181	797

かるべきである。

表3—5からみると、第一次採種圃は、一九三〇年に一六ヶ所、七〇ヘクタールあったが、一九三一年に一二ヶ所、四二ヘクタールまで減少している。翌年一九三二年から圃場数は減少している一方で作付面積は増加しており、廃止される前の一九三三年時点では四ヶ所、六〇ヘクタールとなっており、一九三四年に第一次委託採種圃は廃止となった。

第二次採種圃は一九二八年に三二ヶ所であったが、一九三五年までの七年間に一八一ヶ所まで増加した。面積も一九二八年の二四〇ヘクタールから一九三五年の七九七ヘクタールと三倍以上になった。しかし、採種圃の面積は一九三一年に一〇三二ヘクタールのピークを示してから減少に転じている。

このように改良大豆原種採種圃の面積と生産量は一九二九年から一九三一年まで増加し、以後はやや減少するという推移を辿っ

表3－5　改良大豆原種民間委

管内別	採種圃別	1928年		1929年		1930年		1931年	
		箇所	面積	箇所	面積	箇所	面積	箇所	面積
新　京	第一次	—注	—	—	—	3	19	3	22
	第二次	32	240	55	250	69	357	67	388
公主嶺	第一次	—	—	—	—	1	18	—	—
	第二次	—	—	10	160	33	213	50	294
四平街	第一次	—	—	—	—	12	33	9	20
	第二次	—	—	6	120	21	117	60	350
計	第一次	—	—	—	—	16	70	12	42
	第二次	32	240	71	530	123	687	177	1,032

出典：満鉄調査部産業紹介資料第七編『農事施設及農事業績』（1938年）69～70頁より作成。
注：数値欠。しかし、第二次採種圃の数値が残っていることを鑑みれば、第一次採種圃での生産があってし

ている。総合的にいえば、改良大豆原種生産は、一九二八年から一九三五年までの間に大きく発展していたと考えることができよう。

第五節　改良大豆の奨励普及と実績

本節では、改良大豆の奨励・普及の実態と特徴について検討する。

1　当局（満鉄、満洲国）の普及方法（対策）

改良大豆の普及は、原種生産開始の翌年一九二四年に始まる。最初は、満鉄関係の農事試験場と原種圃が、鉄道附属地の農家や東北軍閥政権・地方官庁などへ無償配布を行い、関係箇所へ技術員を巡回させ、栽培の指導奨励に努めた[65]。普及に伴って栽培地域が拡大し栽培農家が増加してくると、改良大豆耕作組合が設置された。地方農家からの改良大豆種子の購入・粒選・再配布が委託採種圃で行われるようになってからは、農家への無償配布が有償配布（主に現物交換）に切り替わった[66]。

すなわち、当初、第一次委託採種圃の経営者は、無償で満鉄原

種圃・農事試験場から原種を配布されていた。[67]その後、第二次採種圃が、第一次採種圃生産の種と第一次採種圃に配布して残った満鉄原種圃生産原種の配布を受け、一般農家配布用の種を生産し、現地中国人農民に直接に配布していた。一九三四年に第一次採種圃が廃止されると、満鉄原種圃（第二次委託採圃用の原種の生産）から第二次委託採種圃（農家配布用の種の生産と配布）という形式となった。[68]

一九三三年三月、満洲国は政府、関東軍、満鉄経済調査会が立案した「満洲国経済建設綱要」を公表した。農産開発については「我国民経済は農を以て其根幹とす（中略）我農業経営の基幹を為す大豆、高粱、粟、玉蜀黍に付ては之が栽培に指導奨励を加へ品種の改良と其の増殖を図る」[69]と述べられており、大豆を含む満洲農産物の改良を初めて国家レベルで主張したものとなった。また、一九三四年二月に満洲国政府により、農業政策である「農業政策の根本方針」が決定されている。ここでは、「（前略）北満方面も大豆以外の農作物を転作するよう督励し大豆の品質向上に主力を注ぐこと」[70]として、より具体的な農業政策として大豆の品種改良を実施する方針が明示された。

さらに、各省、県においても、大豆を含む農事改良計画が立てられた。間島省の場合、一九三五年に『農村振興実施計画』（以下『振興計画』）が省公署により実施されている。『振興計画』には改良大豆普及に関する計画が含まれるが、以下その関連内容を示す。

〔史料三―二〕[71]

一　改良大豆普及実施計画

（イ）実施要領

(1) 普及区域内農家ノ栽培大豆ハ可成改良大豆一品種トシ改良種ヲ所持セザル農家ニハ在来種ト等量交換法ニ依リ普及ス

(2) 普及ハ大豆改良実行組合ヲ中心トシ最適地方ヨリ実施ス

(3) 毎年十二月末日迄ニ普及区域内各農家ノ次年度種子準備状況ヲ調査シ改良種ヲ所持セザル農家ニハ要交換量ニ相当スル在来種ヲ一月中ニ区又ハ社（郷）事務所ニ於テ取集メ之ヲ処分シ普及要改良大豆ヲ購入ス

(4) 普及要種子ハ可成其村内生産ノ優良品種ヲ購入スルコトトシ村内ニ適当ナルモノ無キ場合ハ隣接地方ヨリ購入ス

(5) 普及要改良種ノ配布ハ三月中ニ之ヲ行フ

(6) 輸出大豆ノ精選検査及共同販売ヲ実施ス

(7) 既普及地ニ対シ種子ノ粒選ヲ監励ス

（ロ）改良大豆普及五ヶ年計画表

県名	年次別更新面積				
	第一年	第二年	第三年	第四年	第五年
延吉	一、九三四陌	四、八三六陌	八、八九一陌	一三、七二六陌	一九、三四四陌
琿春	五八二	一、四五五	二、〇三七	三、四九二	五、八二〇
和龍	六八六	一、七一四	三、八四二	四、七九九	六、八五三
汪清	四〇九	一、〇二三	一、八四二	二、八六六	四、〇九四
安図	―	―	―	六〇	一五〇
計	三、六一一	九、〇二八	一五、八五五	二四、九四三	三六、二六一

二　改良大豆種子更新実施計画

（イ）　実施要領

系統的採種圃設置ニ依ル更新

第一次採種圃ハ改良大豆種子普及四年目ニ第二次採種圃ハ第五年目ニ設置シ第二次採種圃生産種子ハ一般更新ニ給ス

其ノ更新並更新方法左ノ如シ

(1)原種

第一次採種圃用原種ハ農事試験場ニ於テ育成シタル種子ヲ供用ス

(2)第一次採種圃

第一次採種圃ハ改良大豆普及第四年目ニ設置シ耕作担当者ニハ耕作手当ヲ交付ス

(3)第二次採種圃

第二次採種圃ハ第一次採種圃生産種子ノ交付ヲ受ケシメ改良大豆普及第五年目ニ設置シ担当者ニハ耕作手当ヲ支給ス

(4)種子ノ配布

第二採種圃生産種子ハ大豆改良実行組合ヲ中心トシ集団的ニ更新ス

(5)種子ノ交換方法

更新種子ノ交換ハ割増交換法ニ依リ之ヲ行フ

（ロ）ノ一　採種圃設置計画表

年次＼種子	第一次採種圃 所要種子	第一次採種圃 設置面積	第一次採種圃 生産種子	第二次採種圃 所要種子	第二次採種圃 設置面積	第二次採種圃 生産種子
改良大豆普及第四年目	一〇石	二〇陌	一〇〇石	—	—	—
同第五年目	—	—	—	一〇〇石	二〇〇陌	一、〇〇〇石

（ロ）ノ二　改良大豆更新五ヶ年計画表

県名	年次別更新面積 第一年	第二年	第三年	第四年	第五年
延吉	一、〇九二陌	二、七三〇陌	四、九一四陌	七、六四四陌	一〇、九二〇陌
琿春	二三四	五八五	一、〇五三	一、六三八	二、三四〇
和龍	三六〇	九〇〇	一、六二〇	二、五二〇	三、六〇〇
汪清	二五五	六三七	一、一四六	一、七八三	二、五四八
安図	三	八	一三	二〇	三〇
計	一、九四四	四、八六〇	八、七四六	一三、六〇五	一九、四三八

史料三―二は、間島省における改良大豆の普及、種子更新の要領、民間委託採種圃の設置と改良大豆種子の生産計画と普及、更新の計画を示している。ここからは、間島省の改良大豆普及、更新五年間の計画が窺われ、国家が政策を提唱するだけではなく、実際に省・県が改良大豆普及事業を徹底していたことがわかる。

委託採種圃に支給する改良大豆耕作補助金に関しては、満鉄原種圃、農事試験場が第一次委託採種圃を経営する農家に対して一ヘクタール当たり二〇円の範囲で耕作手当を支給していたものの、一九三二年から原種の配布は、現物交換、もしくは有償となり、耕作手当も一ヘクタール当たり一六円内までに減少した[72]。第二次採種圃を経営する農家に対しては、満鉄関係原種圃と農事試験場が現物交換により受ける大豆の品質不良に対する補償、種持越しに対する金利と手数料として百キログラム当たり配布手当一円を支給していたが、一九三年からは六〇銭となった[73]。

大豆品評会は、現地農民と地方官僚の改良大豆ならびに一般農事に関する知識を啓発する目的として、一九二五年から数回にわたり公主嶺農事試験場で開催されたものであった。第一回は一九二五年、第二回は一九二六年、第三回は一九二六年、第四回は一九二八年、第五回は一九三〇年にそれぞれ開催された[74]。そして、前述のように改良大豆普及事業の円滑な発展のために、一九二八年から各地に改良大豆耕作組合が設置された。

さらに、改良大豆の普及状況を考察することを目的として、一九二七年から各地において数回の立毛品評会を開催した[75]。品評会は長春地域においては一九二七年から一九三〇年にかけて毎年一回行われており、世界恐慌、満洲事変の影響を受けるまで、長春地域は大豆の主生産地として、改良大豆普及の重天が置かれていたことがわかる。なお、この品評会は四平地域においては一九二七年と一九三〇年に、開原地域においては、一九二七年と一九二八年に、公主嶺地域においては一九三〇年に開催されている[76]。

改良品種の普及事業の展開に伴い、従来通り地方農家より種を購入して粒選の上再配布する方策が継続するとともに、一九二六年二月に満鉄により『種苗配布規則』が制定された。満洲事変後、種苗配布が有償となると、一九三一年に『種苗配布規則』は改定の上公布され、満洲国発足後は同国における改良種子配布の方針となった[77]。以下はその抜粋である[78]。

〔史料三―二〕

第一条　本規則ニ依リ配布スヘキ種苗ハ大豆、粟、水稲及果樹ノ会社奨励品種トス
第二条　種苗ノ配布ヲ受クル者ハ満洲及東部内蒙古ニ於テ農業ニ従事シ其ノ改良発達ヲ目的トスル者トス
第三条　配布ハ有償トシ大豆、粟及水稲種子ニ限リ現物交換ヲ為スコトヲ得但シ中国官衙、地方自治団体、農会又ハ組合等ニシテ地方農業改良ニ供スル種苗生産ノ目的ヲ以テ種苗ノ配布ヲ願出テタル場合ハ減価又ハ無償配布ヲ為スコトアルヘシ
第四条　種苗ノ配布ヲ受ケムトスル者ハ第一号様式ニ依リ種苗配布願ヲ毎年一月二十日迄ニ最寄地方箇所長（地方事務所長、奉天事務所地方課長、撫順炭鉱庶務課長、吉林、鄭家屯及洮南公所長ヲ指ス以下同）ヲ経テ会社ニ提出スルモノトス
第五条　前条ノ出願アリタルトキハ会社ハ配布スヘキ種苗ノ品種、数量、配布ノ方法及価格ヲ定メ配布ノ期日、種苗受渡ノ場所、代金納入方法其ノ他必要ナル事項ヲ具シ第二号様式ノ種苗配布通知書ヲ出願人ニ送付スルモノトス
第六条　配布出願人前ノ通知ヲ受ケタルトキハ延滞ナク指定ノ場所ニ就キ有償譲受者ハ該通知書ニ種苗代金受領証ヲ添附シ、現物交換ヲ為ス者ハ現物ヲ添附シ、無償譲受者ハ単ニ該通知書ヲ提示シ第三号様式ノ種苗受領証ト引換ニ種苗ノ引渡ヲ受クルモノトス
第七条　会社ハ種苗ノ配布ヲ通知シタル後ト雖会社ノ都合ニ依リ通知ノ取消又ハ変更ヲ為スコトアルヘシ
　此ノ場合会社ハ損害賠償ノ責ヲ負ハス
　　配布出願人種苗引渡期限経過後十五日間以内ニ其ノ引渡ヲ受ケサルトキ亦同シ
第八条　種苗ノ配布ヲ受ケタル者ハ其ノ栽培竝養成ニ関シテハ会社ノ指示ニ従ヒ且会社カ臨時行フコトア

ルヘキ種苗ノ育成状況成績其ノ他ノ調査ヲ拒否スルコトヲ得サルモノトス

（第一号様式）

種苗配布願

種類	品種	数量

右ハ貴社ノ御規則ヲ遵守シ栽培（養成）致シ度ニ付払下（現物交換）（無償配布）相成度此段相願候也

年　月　日　　　　住所

南満洲鉄道株式会社総裁殿

附記

一. 農場所在地

二. 栽培予定面積

三. 種苗引渡方法ニ付希望条項

（第二号様式）

種類	品種	数量	価格	代金納入箇所

右何年何月何日附種苗配布願ニ対シ有償払下（現物交換）（無償配布）可致候ニ付左記各項御承知ノ上何年何月何日迄ニ「判明不可」ニ於テ御取引相成度及通知候也

年　月　日

南満洲鉄道株式会社

殿

附記

第六条、第七条、第八条列記

（第三号様式）

種類	品種	数量

右大豆（水稲）（果樹）改良増殖ノ為払下（現物交換）（無償配布）相成正ニ受領致候ニ就テハ貴会社種苗配

布規則ヲ遵守スルハ勿論御配布ノ目的ニ違背スルカ如キ行為致ス間敷候也

年　月　日　住　所

氏　名　印

南満洲鉄道株式会社総裁殿

右記の史料によると、改良品種の配布・普及範囲は、満洲および東内蒙古地域であり、ちょうどこの規則が発表された一年後の満洲国全域に相当する。第二条では配布の目的について述べられているが、政治的な要因が窺えず、文字の通り農業の改良発展のためということはいうまでもない。第三条では、改良種苗は有償あるいは現物交換で配布を行うものの、中国官衙、地方自治団体、農会からの配布願出の場合、減価あるいは無償配布を行うことがあるとされている。つまり、満洲事変の前から、当地域における官衙向けの満鉄の経済政策には、日本側による地域住民への宣撫的ニュアンスが含まれていたといえよう。

第四条によれば、種苗の配布を受けようとする農民は申請書（第一号様式）を最寄りの所長経由で満鉄に提出することとなっていた。第五条から第八条はその方法を明確にしており、特に配布を受けた農民が満鉄の指示に従って栽培を行い、育成状況成績その他の調査を拒否できないとされ、栽培に関して規制が加えられていた。この規則により配布された実績は、表３―６の通りである。

2　満洲国発足前後の普及状況

表３―６は、満鉄関係の農事試験場の一九二四年から一九三五年までの各管内地域における普及状況を表した

表３－６　満鉄農事試験場の改良大豆種子配布実績　　　(単位：kg)

年度＼地方	新京管内	公主嶺管内	四平街管内	開原管内その他	計	内訳		
						会社生産	農家購入	委託採種圃
1924	3,120	—	—	15,730	18,850	18,850	—	—
1925	10,140	2,340	1,040	9,230	22,750	22,750	—	—
1926	16,250	3,250	6,270	20,150	46,020	40,300	5,710	—
1927	59,280	4,290	5,590	30,680	99,840	38,740	61,100	—
1928	148,420	14,950	16,280	76,310	255,060	49,400	205,660	—
1929	295,100	97,850	134,030	233,870	760,890	63,050	623,350	74,490
1930	429,260	141,050	156,000	19,370	745,680	39,000	394,420	312,260
1931	638,560	288,080	282,750	22,490	1,231,880	54,990	201,110	975,780
1932	398,550	267,070	394,360	19,000	1,078,980	70,400	53,410	955,170
1933	379,727	257,850	24,505	1,340	663,422	50,947	58,542	553,933
1934	21,056	14,346	23,782	27,374	86,558	86,558	—	—
1935	206,688	297,035	24,032	—	527,755	75,190	4,825	447,740
計	2,605,151	1,388,151	1,068,839	475,544	5,537,685	610,175	1,608,137	3,319,373
配布率	47.1%	25.0%	19.3%	8.6%	100.0%	11.0%	29.0%	60.0%

出典：満鉄調査部産業紹介資料第七編『農事施設及農事業績』(1938年) 71頁より作成。

ものである。

これらを総合的に見ると、一九二四年の一万八八五〇キログラムから一九三一年の一二三万一八八〇キログラムへ大きく増大しており、改良大豆が好成績を残している様子が見られる。しかしながら、一九三二年から満洲事変と世界恐慌の影響を受けて、国際貿易における主要な輸出品となっていた満洲大豆の作付面積は減少し、それとともに改良大豆の普及も減速した[79]。特に「大豆は現在以上増作せしめないこと[80]」とした「農業政策の根本方針」が発表された一九三四年には、八六、五五八キログラムまで低下しており、農家購入配布と委託採種圃の運用は停止に追い込まれるほどであった。しかし、翌一九三五年には五二万七七五五キログラムと回復を示した。

そのうち、新京管内における配布量が最も多く、四七・一パーセントを占めており、その次は公主嶺管内、四平街管内、開原とその他がそれぞれ二五パーセント、一九・三パーセント、八・六パーセントであった。配布用種子については、満鉄関係原種圃産は最も少なく、六一万〇一七五キログラム、一一・〇パーセントに過ぎない。農家購入配布は一六〇万八一三七キログラム、二九・〇パーセントである。最も多いのは委託採種圃配布であり、三三二一万九三七三キログラムで、六〇・〇パーセントに達している。

長春地域（新京管内地）の事例からみてみると、この地域は、満洲国の経済と政治の中心地であるので、早くから普及事業が行われていた。土地が肥沃な上、早熟性改良大豆が主として配布され、さらに南部より北部にかけて栽培に好適する関係で品質、収量とともに優秀な実績を示したといわれる。改良大豆検査制が実施された一九二八年の当地域における改良大豆の「出廻」（史料原文の表記であるが、煩瑣となるので以下は「」を省略する）検査数は、七九一車[81]であったものの、一九三一年になると二一四二車となり、大幅な増加を示している。この数字は当年の満洲における出廻総数二五八八車の八三パーセント前後を占めており、高い実績を残した。この原因については、当地域において特産品取引が盛んであることも関係しているが、同地域における改良品種の栽培普及が他地域より進んでいたためであると分析されている[82]。

改良大豆の栽培に適し、普及の中心地であった公主嶺地域においては、満鉄が事業着手後五、六年間は種子の配布を長春と開原地域を中心に行ったため、多少進捗が遅れたものの、一九二八年の検査制度の開始にともなって普及に力が入れられるようになった。一九二八年度の当管内駅における改良大豆検査数は、二七車であったが、一九三一年に四一八車までに増加している[83]。

一九三二年の各地域における改良大豆の出廻り状況をみると、表3―6も示しているように四平街地域は、改良大豆の普及が長春、公主嶺地域に次いで重視された地域であった。しかし、出廻検査数は非常に低く、一九二八年にわずか一八車、一九三一年になっても二八車に過ぎなかった。これは、普及の実績が悪いわけではなく、商品化が進まない、つまり改良大豆の取り引きの中心が長春地域で、四平街地域が取引上不利であったためだとされる。また、当地域における改良大豆がほとんど混保大豆[84]として出荷されていたということも一つの要因であった[85]。

開原地域では、表3―6のように、長春地域とともに早くから改良大豆の普及に着手し、一九二四年から一九二九年までの六年間に、長春地域に匹敵するような実績を示している。しかし、地理的に当地域は南方に偏しているために気候風土が適合せず、また改良品種に虫喰が増加するという欠点があったことや、在来種との容量比差が他地域に比べて大きいことなどから、栽培の普及は難航した。一九二八年の検査制施行からの出廻り成績は甚だしく不良であり、結局一九三〇年には普及事業がほとんど中止された[86]。

鄭家屯、洮南地域においては、気候風土の関係により普及成績が悪く、途中で事業を中止したといわれる[87]。

各地域の満洲国発足前の実績をみると、改良大豆普及で好成績を示したのは、新京を中心に四平街以北窰門にいたるまでの満鉄および東支線沿線を中心として鉄道両側各一〇里（一里は約三・九二七キロメートル）の範囲内であった。特に鉄道沿線両側三、四里以内の地帯における大豆は全部改良大豆に置き換えられた[88]。

表3―7は、一九三三年と一九三五年における改良大豆が普及した主要地域内における県別大豆耕作面積、改良大豆普及面積、普及率、生産量の推定値を満鉄農林課が調べたものである。

一九三三年の各県における改良普及実績をみると、最も良好な実績を示しているのは、長春県と懐徳県である。

改良大豆普及面積は、それぞれ六万八二〇〇ヘクタール、一万八二六四ヘクタールであり、大豆耕作総面積

表3-7　1933年と1935年の改良大豆県別推定普及状況　（単位：ha、t）

県別＼年別	1933年				1935年			
	大豆耕作面積	改良大豆普及面積	普及率	改良大豆生産量	大豆耕作面積	改良大豆普及面積	普及率	改良大豆生産量
長春県	85,250	68,200	80%	95,480	74,290	70,707	95%	98,988
徳恵県	78,950	31,580	40%	44,212	40,390	35,120	87%	49,168
伊通県	76,800	38,400	50%	53,760	62,720	52,072	83%	72,900
懐徳県	26,090	18,264	70%	25,570	67,770	54,291	80%	76,007
梨樹県	44,760	23,800	50%	33,320	57,230	43,463	76%	60,848
九台県	不明	不明	不明	不明	59,400	31,256	53%	43,758
昌図県	60,940	24,376	40%	34,126	69,510	32,420	47%	45,388
永吉県	143,410	21,510	15%	30,114	129,210	40,611	31%	56,855
双陽県	42,700	8,540	20%	11,956	48,330	9,460	19%	13,244
農安県	75,190	7,560	10%	10,584	69,660	12,555	18%	17,577
扶余県	30,840	930	3%	1,302	73,700	12,369	17%	17,317
楡樹県	102,060	520	5%	728	152,130	5,692	4%	7,969
計	763,990	243,680	32%	341,152	904,340	400,015	45%	560,019

出典：満鉄調査部産業紹介資料第七編『農事施設及農事業績』（1938年）72～73頁、満鉄経済調査部『満洲農作物改良増殖方策（大豆）』（1935年）240頁、満鉄経済調査部『改良大豆の普及奨励事業』（1933年）13～14頁、満史会編『満州開発四十周年史　上巻』（満州開発四十年史刊行会、1961年）800頁より作成。

注：1933年と1935年の改良大豆普及面積は満鉄農務課の推定による。

に対する普及率も、それぞれ八〇パーセントと七〇パーセントであった。次いで梨樹県、伊通県、徳恵県、昌図県、雙陽県、水吉県、農安県、楡樹県、扶余県という順番であり、最も少ないのは、扶余県、楡樹県でそれぞれ、三パーセント、五パーセントであった。表の各県における改良大豆の平均普及率は三二パーセントであった。

一九三五年には、世界恐慌により不振となっていた満洲の大豆生産量が回復している。表3―7からみると、長春県における改良大豆の普及率は九五パーセントに達しており、徳恵、伊通、懐徳、梨樹の四県における普及率も八〇パーセント前後に及んでいることがわかる。これらの県における普及率から満洲国の経済、政治の中心地である新京地域の良好な普及実績が窺える。九台、昌図両県の普及率が五〇パーセント前後に達してこれに次いでおり、相当の普及実績を示している。前述の一九三三年の普及状況が低かった扶余、楡樹両県のような新京より北に離れた地域における普及率は、楡樹県が一パーセント下がり、扶余県が三パーセントから一七パーセントまで増加しているものの、新京を中心とする南満地域より遥かに低い。一九三五年改良大豆の平均普及率は四五パーセントであり、一九三三年の三二パーセントより一三パーセント増加しており、どちらも新京を中心に東と南の地域の普及率が高い。新京の北に位置し、普及率が高い他県と同じ吉林省に属する扶余、楡樹両県さえ低いことから、黒龍江省、浜江省などの北部の省における普及率はさらに低い、あるいは普及が進んでないことと考えられる。

改良大豆の出廻量をみると、一九三三年の推定生産量三四万一一五二トンに対し、一九三四年の検査出廻数量は、約三万二〇〇〇トンであり、わずか九・四パーセントに過ぎなかった。これは、取引関係上改良大豆として出廻ることなく、他種の大豆と混合し混保大豆として出廻るものが多かったからである。この時期の新京以南から四平街に至る地域各駅の出廻る混保大豆の大半は、ほとんど在来大豆に改良大豆を混入したものであり、割合の高いものでは八割から九割の改良大豆が混入されていたという(89)。その原因は、生産量が多い在来大豆に改良大豆を混入することによって商品価値を高め、単純に改良大豆として出廻る以上の利益を上げようとしたものと考えられる。

表3—8は、改良大豆普及奨励費について、満鉄が一九二三年から一九三五年までの一三年間に満洲地域へ投入した改良大豆普及事業に支出した経費を費目別合したものである。原種圃、採種圃経費、原種圃事業費と改良種子配布に投入している経費は、最大で合計六三万五六八五円であり、表の改良大豆普及奨励経費の合計金額の九四パーセントを占めており、種子の生産と配布に多くの資金が費やされていることがわかる。それに

表3－8　1923～1935年における改良大豆普及奨励経費　（単位：円）

費目別	総額	内　訳	
原種圃経費	257,232	大屯原種圃	94,355
		四平街原種圃	25,056
		開原原種圃	137,821
原種圃事業費	300,717	大屯原種圃	95,403
		四平街原種圃	81,117
		開原原種圃	124,197
採種圃費・配布費	77,736	委託採種圃費	4,272
		第二次採種圃配付手当	26,457
		無償及び減価配付種代	42,515
		雑費	4,474
農事試験場品評会費	12,035		12,035
立毛品評経費	4,700	新京	2,208
		開原	1,261
		四平街	810
		公主嶺	421
耕作組合指導員費・その他	23,833	指導員費（給料、住宅料、旅費、賞与）	20,097
		臨時儲入	1,600
		会議費	1,241
		雑費	895
合計	676,253		676,235

出典：満鉄調査部産業紹介資料第七編『農事施設及農事業績』（1938年）73～74頁より作成。
注：農事試験試験場の試験経費と本社及び各事務所における本部関係の奨励を除く。

続いて、農事試験場品評会費、立毛品評経費と改良大豆耕作組合指導費・その他となる。

以上のことから、満洲国発足前の一九二四年から一九三五年までの南満地域における改良大豆の普及状況は、毎年増加しつつあったことがわかる。また、普及の中心地である各県における一九三三年の普及率がわかる。そして、新京、公主嶺地域を中心に南になればなるほど普及率に対する生産・出廻量が低いという特徴があらわれる。その原因は、当時の資料が病虫害であると指摘しているが、これは改良大豆原種が主に長春から公主嶺付近産の在来種から選出されたことと、気候条件の異なる広い地域に適する優良原種の育成ができていなかったことによるものと考えられる。また、新京北部の県においても、北に離れるほど普及率が低くなっている傾向も見られる。また、普及状況に対して改良大豆の市場出廻率が非常に低くなっていることが窺われる。それは、利益のためには在来大豆に混入して混保大豆として市場に出すのが有利であるという販売者の判断によるものであった。

3　一九三七年以後の普及状況

一九三八年に満鉄調査部が作成した『農事施設及農事業績』においては、改良大豆の普及状態を四平街以北徳恵県に至る連京線と京浜線を中心として、その東西両側各々一〇邦里の範囲内における普及実績が顕著であり、特に沿線三から四里以内地帯における大豆は、ほぼすべてが改良大豆に置き替えられたようである。[90]このような評価から、一九三七年に改良大豆の普及が、四年前の「四平街以北窰門に至るまで[91]」から「四平街以北窰門（懐徳県）に連京線及京濵線を中心[92]」となり、普及の範囲がやや北に進展していることがわかる。

一方、新京を中心に南は四平街まで、北は哈爾浜までの鉄道沿線における改良大豆の普及は顕著であるものの、この地域は満洲国の中では伝統的に農業が発展していた先進地域であり、その他の広い地域では改良大豆の普及はそれほど進んでいなかったと考えられる。

分析にあたってまず一つの事実を述べておきたい。それは、一九三六年から、満洲大豆、特に改良大豆に関する資料が減少していくということである。一九四〇年一二月に出版された『満洲農業要覧[93]』では、一九三七年までの作付面積、一ヘクタール当たり収穫量が記されているのみであり、一九四四年に出版の公主嶺国立中央農事試験場が編纂した満洲農産物改良の総括的な著作『満洲農業研究三十年[94]』に至っては、大豆についての

大豆種子推定生産状況

図格営	哈爾浜	秦安	四平街	大屯	遼陽	合計
13.0	12.9	9.4	9.7	9.7	1.1	187.0
14,300	15,588	9,397	14,550	15,539	2,200	234,944
13,520	8,901	8,647	10,900	14,078	2,000	206,496

良大豆推定生産量 （単位：t）

線別	改良大豆生産量	大豆総生産量	線大豆総生産量に対する割合％	各線改良大豆総生産量に対する割合％
浜綏	33,000	113,897	29.0	3.40
平斉	20,000	157,101	12.7	2.06
浜洲	20,000	217,616	9.3	2.06
京浜	20,000	429,826	4.7	2.06
虎林	1,000	62,312	1.6	0.10
計	972,000	2,786,346	34.9	100.0

いて、拉浜線は、『満洲農産統計　昭和14年』248、349、350頁、連京、平梅、京白線は、238～240、
頁、浜洲線は253頁、京浜線は247頁、虎林線は257頁、浜北線は371～379頁と『満洲農業要覧』388

通化、柳河三県とした。浜北線は、おおむね龍江、依安、克山、龍鎮、嫩江、訥河、布西、甘南、

記述すら存在しなくなっていた。それは、一九三〇年代からの日本の国際社会での孤立、世界的な緊張の高まりと封鎖経済の深刻化、日中戦争、太平洋戦争の勃発といった情勢を受けて、日本の傀儡であると同時に、食糧生産基地としての役割を果たしていた満洲国の農業経済が戦時体制へ移行したことと関係していると思われる。日中戦争勃発直前の一九三七年四月から「満洲産業開発五ヶ年計画」が開始されると、戦時統制への道が開かれ、日中戦争勃発から一年後に、五ヶ年計画は大修正を加えられて実施された(95)。そこでは、農業増産の施策の重点が品種改良による単位面積当たり収量の増大から、農地拡大、土地改良および農法改良（肥料、農耕法など）に移っていた(96)。

表3－9　1939年採種場別改良

採種場	蛟河	海倫	銭家店	海林	義県	敦花	開原
栽培面積（ha）	25.6	21.9	20.0	18.0	16.0	14.9	14.8
生産量（kg）	34,820	26,280	22,000	18,000	17,600	19,070	26,600
配布見込量（kg）	30,500	26,280	19,800	16,900	16,600	15,200	22,970

出典：満鉄調査部『改良大豆ノ普及実績ニ就テ』（1939年）２～３頁より作成。

表3－10　1939年線別改

線別	改良大豆生産量	大豆総生産量	線大豆総生産量に対する割合％	各線改良大豆総生産量に対する割合％
拉浜	80,000	101,230	79.0	8.2
連京、平梅、京白	443,000	796,159	55.6	45.6
奉吉	100,000	242,999	41.1	10.3
浜北	150,000	368,072	40.8	15.4
京図	90,000	254,073	35.4	9.3
梅輯	15,000	43,061	34.8	1.5

出典：改良大豆生産量は、満鉄調査部『改良大豆ノ普及実績ニ就テ』（1939年）14～19頁、大豆総生産量につ
奉吉線は、243、309～318頁、京図線は245、梅輯線は290、291、315頁、浜綏線は250頁、平斉線は244
頁より作成。

注：連京、平梅、京白線をおおむね新京地域、開原地域、奉天以南地域とした。梅輯線は、おおむね輯安、
拝泉、克来、徳都、富裕の12県とした。

また、一九三九年の大豆と豆粕を対象として「重要特産物専管法」と「満洲特産専管公社法」の実施と、翌年に「特産物専管法(97)」の実施によって大豆集荷配給統制がさらに強化されたことも、記録が少なくなったもう一つの要因であると考えられる。これによって、大豆が重要な戦時統制品となったため、その生産量、改良事業などについての公開が控えられるようになったと考えられる。その意味では表3―9と表3―10、表3―11、表3―12は、当該期の大豆改良事業を示す数少ない史料といえよう。

表3―9は、採種場別改良大豆種推定生産状況を表したものである。表の通り満洲国の一九三九年の改良大豆種子推定栽培面積は、合計一八七ヘク

タールであり、生産量は、二三万四九四四キログラム、配布見込量は、二〇万六四九六キログラムであった。そのうち吉林省にある蛟河採種場の栽培面積と生産量が最も多く、海倫、銭家店、義県採種場がそれに続いている。

表3―10は、一九三九年における線別大豆生産量と改良大豆の生産量を表している。これは、満鉄調査部が一九三九年一二月に満鉄鉄道総局産業課、奉天鉄道局附業科および鉄道総局混保課作成の統計資料と聞き取り調査により作成した『改良大豆ノ普及実績ニ就テ』と『満洲農産統計・昭和一四年』より作成したものである。

改良大豆の生産量が最も多いのは、おおむね新京地域、開原地域、奉天以南地域を指す連京、平梅、京白線であり、その量は四四万三〇〇〇トン、各線改良大豆総生産量に対する割合は、四五・六パーセントとなっている。改良大豆の生産量において、連京、平梅、京白線に次ぐのは、浜北、奉吉、京図、拉浜、浜綏、平斉、浜洲、京浜、梅輯、虎林であり、各線の合計改良大豆生産量は、九七万二〇〇〇トンである。

改良大豆生産量の大豆総生産量に対する割合をみると、連京、浜梅、京白線が依然として普及率が高く五五・六パーセントであるものの、新京の少し東北に位置し、大豆の栽培がもっと盛んである北満南部の拉浜線における普及率が最も高く七九・〇パーセントとなっている。それに並ぶのは、奉吉、浜北、京図、梅輯、浜綏、平斉、浜洲、京浜、虎林の各線であり、全体の平均割合は、三四・九パーセントとなっている。

表3―7が表した一九三五年平均普及率四五パーセントより少ないものの、この時期になると、改良大豆の普及は、連京線のみならず、拉浜、京図線のような北満南部と、浜北、奉吉、浜綏、平斉、浜洲、京浜、梅輯、虎林のような北満中部から北部まで、西部から東部まで、一九三五年の時点で普及が進んでいなかった北

満全域に広がっており、この時期における改良大豆の普及は、日本人開拓民が北満への大量入植するに伴い広がっていったと考えられる。

表3―9と表3―10から具体的状況を推測すると、各県における改良大豆の普及は、拉浜線四県の一つの県である楡樹県の場合、(表3―7を参照) 一九三五年の普及面積は、五六九二ヘクタールだったのに対して、一九三九年の拉浜線四県[98]における生産量は八万トンとなっている。一九三九年の大豆の平均一ヘクタール当たり生産量は一〇〇一キログラムであり、八万トンを生産するには約八〇〇〇〇ヘクタールの作付面積が必要である。仮に、改良大豆黄宝珠とし、一ヘクタール当たり試験生産量二〇〇〇キログラムとしても、約四万〇〇〇〇ヘクタールの作付面積が必要である。このようなことから、特に中満や北満南における各県の改良大豆の普及事業は順調に進捗していたのではないだろうか。

一方、表3―10からは、満洲における改良大豆の普及は地域により不均等が著しいことと多くの地域においては普及率が比較的低いことが窺われる。

表3―11は、表3―10と同じく満鉄調査部が一九三九年一二月に満鉄鉄道総局産業科、奉天鉄道局附業科および鉄道総局混保課作成による資料と聞き取り調査により作成したものであり、一九三八年の各県における普及状況を示している。

配布面積について、海倫県は八九四ヘクタール、寧安県は七三一ヘクタール、克山県は七二三・六ヘクタール、清原県は六七〇ヘクタール、双城県は六六九ヘクタールであり、この五県における普及面積が最も広い。さらに、品種別の配布面積を順番的にみると、黄宝珠の配布面積について、清原県は六七〇・三ヘクタール、双城県は六六九ヘクタール、額穆県は二七〇・六ヘクタール、四粒黄の配布面積について、寧安県は六九七・

別改良大豆種子配布状況　(単位：kg)

彰武	承徳	寧城	建昌	通遼	永吉	梨樹	遼源
10	30	8	4	12	104	10	69
12.5	6.6	6.4	5.1	23.1	237.8	14	68.8
750	396	385	300	1,385	14,268	1,260	6,048
清原	撫順	瀋陽	延吉	寧安	勃利	膽楡	開通
896	170	4	32	331	103	14	75
670.3	128.9	4.2	42	731	212.4	23.9	73.6
40,218	7,735	250	2,950	51,639	15,085	1,680	6,068
綏化	海倫	通化	龍鎮	双城	五常	長春	前郭
40	166	58	9	40	15	75	20
237	894	230	65	669	203	95.7	19.2
20,145	75,990	28,050	5,500	58,075	17,360	8,232	1,680
秦東	鎮東	科右前	農安	布特哈	昌図	大賚	安廣
171	48	25	65	1	25	30	29
167.2	53.1	24	62.5	2.2	26.6	23.9	28.7
14,616	4,704	2,100	5,635	170	2,772	2,520	2,520

種の配布である。

別改良大豆出廻数量　(単位：t)

劉房子	虻牛屯	桓勾子	双廟子	満井	昌図	馬仲河	開原	中固	合計・平均
1,664	3,150	1,800	13,530	901	19,793	16,463	65,583	51,622	416,662
1,061	2,200	360	6,765	378	1,583	1,050	1,103	858	72,499
63.8	69.8	2.0	50.0	42.0	8.0	6.4	1.7	1.7	17.4

表３-11　1938年度県(旗)

県・旗別	新民	錦県	綏中	磐山	黒山	義県	朝陽	阜新
配布農家数	1	23	1	2	5	16	4	99
配布面積ha	5.7	16.4	4.0	17.6	14.6	15.8	7.8	45.8
配布量kg	340	990	240	1,055	875	936	470	2,750
県・旗別	九台	額穆	敦花	延吉	和龍	磐石	海龍	柳河
配布農家数	3	105	213	175	14	13	72	30
配布面積ha	16.3	270.6	276.1	233.1	19.8	37.0	145.6	39.2
配布量kg	1,080	16,234	16,569	13,982	1,189	2,218	8,736	2,350
県・旗市別	依蘭	樺川	密山	虎林	饒河	穆棱	東寧	汪清
配布農家数	5	32	151	16	55	26	47	48
配布面積ha	24	78	477.6	56.6	318	52.8	56.4	74,6
配布量kg	1,700	5,524	33,562	3,995	10,855	3,740	3,995	5,170
県・旗別	扶余	徳恵	阿城	富裕	訥河	克東	克山	龍江
配布農家数	14	1	1	85	380	55	507	459
配布面積ha	188	2.0	20.0	111.2	412.7	88.1	723.6	419
配布量kg	13,980	170	1,700	9,830	36,456	8,015	63,053	36,844

出典：満鉄調査部『改良大豆ノ普及実績ニ就テ』(1939年) 6 ～13頁より作成。
注：饒河、富裕、訥河、克東、克山、龍江、秦東、鎮東、科右前、布特哈などの県旗においては、在来

表３-12　1938年度駅

駅別	新京	公主嶺	大楡樹	郭家店	蔡家店	四平街	大屯	范家店
大豆出廻量	79,058	77,899	1,410	17,882	2,330	31,237	22,900	9,440
改良大豆出廻量	13,373	24,744	605	1,353	250	5,058	7,912	3,846
総出廻量対％	16.9	31.7	42.9	7.6	1.1	1.6	3.5	40.7

出典：満鉄調査部『改良大豆ノ普及実績ニ就テ』(1939年) 20～21頁より作成。
注：十家屯・泉頭・鉄嶺駅の改良大豆出廻量が不明のため、本表に入れなかった。

二ヘクタール、密山県は四六三・二ヘクタール、勃利県は二一二・四ヘクタールであり、西比瓦の配布面積について、海倫県は八九四ヘクタール、通化県は二三〇ヘクタール、綏化県は二三七ヘクタールであった(99)。

しかし、各県における改良大豆の普及面積、生産量、普及率を示した表3―7と比較すると甚だ少ない。この点については、調査自体が特定品種または農家に限られて実施された可能性が高い(100)。

表3―12は、一九三八年度の満洲大豆の主な集積地である連京線奉天から長春間における各駅別の大豆出廻量と改良大豆出廻量を表したものである。ここでは、改良大豆の出廻割合が虻牛哨、劉房子、双廟子、大楡樹、范家店、公主嶺のように三割から七割弱というやや高い地域があるものの、新京、昌図、郭家店、馬仲河、大屯、桓勾子、開原、中固、四平街、蔡家店のように二割未満、一割未満の地域も少なくない。大豆総出廻量に対する改良大豆の出廻割合はわずかに一七・四パーセントであり、前述の一九三四年の割合より高いが、一九三三年、一九三五年、一九三九年の大豆総生産量に対する改良大豆生産量の割合より少ない。その原因は、前述の一九三二年の改良大豆の出廻りの特徴のように、新京、公主嶺地域におけるその総出廻量に対する割合が最も高く、南になればなるほど普及率に対する生産・出廻量の割合が低いということにあった。

このような生産量と出廻量との差を発生させたのは、前述のように改良大豆と在来大豆の価格差が少ないため、改良大豆として出荷するより、在来大豆に改良大豆を混入して出荷することで、黄大豆の商品価値を高め、有利に処理できることも要因となっていたと考えられる(101)。また、このような地域的な出廻割合の差を発生させていたのは、前述のように、改良大豆原種が主に長春から公主嶺付近産の在来種から選出されたことによるものであった。このためその出廻量は、地域による改良大豆の生産との正比となっていたのである。また、政治中枢である長春地域では集荷制度が比較的厳密に運用されていたために、集荷の成果が表れやすいことも関係していると考えられる。

4　一九四〇年以後の普及状況

一九四〇年以後における改良大豆普及状況に関する史料は、前述のように限られているが、一九四三年五月に日満農政研究会により出された『満洲農村における技術浸透実績の研究』には、以下のように記されている。

〔史料三―四[102]〕

大正十三年黄宝珠が、改良大豆の名の下に公主嶺を中心とする中満地区奨励品種として世に出るや、急速な普及を見、南は昌図付近から、北は陶頼昭付近迄満鉄沿線を中心とする一帯の地に栽培され普及面積四〇万陌、普及率四四％、生産額六〇万瓲と稱せられ、海外市場に名音を博したのは周知の事である。其他の大豆奨励品種に於ては今回の各調査地中西比瓦が綏化県に於て約一〇％の作付をみてゐる以外殆んど普及を見てゐない。同上西比瓦は康徳八年合作社支社より配布を受けたもので農民間に好評を博してゐるが、本品種は当地方では熟期稍早きに過ぎて最適品種と謂ひ難く、満倉金に置換ふれば尚一層の好成績を示し得るものと云はれてゐる。

史料三―四は、一九四〇年代初頭において、黄宝珠の普及率が中満地域に四〇パーセントの普及率を示しており、綏化県において西比瓦が約一〇パーセントの普及率を示しているものの、そのほかの改良大豆の普及が見られないことを述べている。また、『満洲農村における技術浸透実績の研究』が作成される際の調査地と

大豆の作付、生産状況

1934	1935	1936	1937	1938	1939	1940	1941	1942	1943	1944
3,599,530	3,822,287	4,175,453	4,128,923	4,433,035	3,746,785	3,425,214	3,191,006	2,387,164	3,066,110	3,414,468
104	111	121	120	128	109	99	93	82	89	99
3,273,220	3,249,068	3,415,958	3,540,013	3,789,130	3,877,493	3,533,473	3,221,219	3,183,588	2,931,114	3,195,013
151	150	158	163	175	179	163	149	147	135	147
1,100	1,176	1,222	1,166	1,170	966	969	991	891	1,041	1,068
69	74	77	73	74	61	61	62	56	64	67

なった南満の興城、復県、蓋平、海城、遼陽の諸県、中満の開原、梨樹の両県、北満の綏化県において、康徳八年（一九四一）に同上西比瓦が配布されたが当地域の気候に合わず熟期が早すぎるため、満倉金に換えることが好成績を得ると記されている。

5　改良大豆の普及による単位当たり生産量の変化

表3―13は、年度別大豆の作付面積、生産量と一ヘクタール当たり生産量を表したものである。一ヘクタール当たり生産量は、一九二四年にピークとなっており、その後、一九三三年に多少増加したが、以後も減少を続け、二〇年間で一五九三キログラムから一〇六八キログラムまで、指数では一〇〇から六七と、約三分の一にまで低下した。特に一九三二年と一九三四年の一ヘクタール当たり生産量は急減している。その原因は一九三二年の松花江の氾濫による「北満ハ稀有ノ大水害ヲ招来シ其ノ他気候不順ノ為前年ニ比シ七―一八％減収[103]」という北満の凶作と、一九三四年の「水害、天候不順ニヨリ前年ニ比シ二〇％ノ減少[104]」という全満洲地域における大規模な凶作からであると思われる。

改良大豆の普及事業の展開については、事業を実施した地域において、一九三三年に三二パーセント、一九三五年に四五パーセントの普及率を示

表3-13　満洲の年度別

年度	1924	1925	1926	1927	1928	1929	1930	1931	1932	1933
生産量	3,451,000	4,178,000	4,781,000	4,822,000	4,839,000	4,854,000	5,360,000	5,227,000	4,439,400	4,601,000
指数	100	121	139	140	140	141	155	151	129	133
耕作面積	2,167,000	2,698,000	3,337,000	3,542,000	3,743,000	3,993,000	4,190,000	4,202,000	3,878,614	3,247,000
指数	100	123	154	163	174	184	193	194	179	150
ha当り生産量	1,593	1,560	1,433	1,361	1,293	1,216	1,279	1,244	1,145	1,417
指数	100	98	90	85	81	76	80	78	72	89

出典：東北物資調節委員会『東北経済小叢書・農産（生産編）』（1948年）40～42頁より作成。
注：生産量の単位はトン、耕作面積の単位はha、1ha当り生産量の単位はkgである。

している。なお、一九三九年の改良大豆の普及率は三四・八八パーセントと下がっているようにみえるが、これは前述のようにこの時期に改良大豆の普及は満洲国全域に広がった結果、母数が増加したことによるものであって、普及そのものが後退したとは考えにくい。このような約三〇から五〇パーセントの普及率と前述の改良大豆の特性からすると、改良大豆の普及は、満洲大豆の単位面積当たり生産量を増加させ、当初の大豆改良普及奨励事業の目的を達するはずであった。しかし結論からいえば、表3—13にみるように逆に減少し、単位面積当たりの生産量の増加に繋がっていない。満洲の農業生産は毎年の気候に大きく影響されると一般的に指摘されている[105]ものの、品種の改良とその普及が農産物の単位面積当たりの生産量の増加に繋がっていない原因については第四章にて、棉花の改良とあわせて地力の減退の要因から検討する。

6　戦後への影響

一九四八年一一月東北全域が解放され、中国共産党当局は全国解放を支援する目的で農産物増産を図った。その一つが満洲国時代に日本人により育成された改良大豆の積極的な適性検定と普及であった。

一九四九年二月に東北行政委員会農業部で決議された一九四九年の「各

級農事試験場工作任務及業務計画」では、前述の満洲国時代日本人により育成された黄宝珠、紫花一号、紫花二号、紫花三号、紫花紫花四号、西比瓦、克霜、満倉金、元宝金、金元一号など改良品種の普及が計画されている。(106) 一九五一年一二月二五日の「東北区農業試験研究耕作調査報告」において、前述のこれらの改良大豆の普及状況が報告されている。(107)

満倉金の場合は、旧松江省全域、黒龍江省南部および吉林省北部を中心に普及し、一九四九年一年の普及面積は二万五三四六ヘクタールであった。(108) 一九五〇年にその普及量は大きく増加し、三省において普及量は三六〇八トン、松江省のみの普及面積は三万ヘクタールを超えた。(109) さらに、一九五三年になると約六六万七〇〇〇ヘクタールに飛躍的に増加している。(110)

他の品種も一九五三年までは、黒龍江省克山地域を中心に普及し、紫花四号は六万六七〇〇ヘクタール以上となり、吉林省大部と遼西省北部地域を中心に普及した小黄金一号の作付面積も増加しつつあった。西比瓦は海倫地域を中心に普及が進められた。(111)

以上のような経過からも、満洲国時代日本人により育成されたこれらの改良大豆の多収、含油量の多さなどの品質が確認されており、農民の大豆生産量は一〇から二〇パーセント増加したのである。また、これらの改良種を原種として豊地黄、小白豆という遼北地域に適する新たな品種の開発に成功したのである。(112)

おわりに

本章において、満洲における大豆の品種改良、その普及状況と実績、戦後の影響などを分析してきた。また、その前提となる満洲における農業行政機構、農事試験研究機構の変遷も検討した。農事試験研究機構は日露戦争後の日本の満洲経営開始と共に設立され、満洲における農事の試験、改良、普及を担った。さらに終戦後も中国共産党に施設と研究蓄積が継承されていくのである。

大豆の改良とその普及は、一九一三年の公主嶺農事試験場の設立により開始され、一九二三年の黄宝珠の開発と育成の成功によって広く展開された。品種の改良は各地域の自然状況に応じて進み、生産量・含油量が高いという特徴を持つ品種を生み出した。

普及事業開始当初は、原種の大部分は満鉄関係農事試験場・原種圃により生産され、不足分は一九二六年から改良大豆栽培農家より優良種子を購入し、粒選の上再配布を行っていた。しかし、普及が進むにつれて、一九二八年から改良大豆耕作組合を設置するとともに第一次・第二次採種圃という委託採種圃を設置して、農家生産種子の買い上げは中止された。

改良大豆種子の配布は、一九二四年に開始された当時は無償であったが、栽培地域の拡大に伴い有償配布（現物交換）となった。普及実績については、主に長春地域を中心に一九三一年までは増加しつつあったが、一九三二年には世界恐慌のあおりを受けて一時的に減少へ転じた。しかし、翌年以降は復調して、一九三五年には数字上のピークを示した。一九三九年においては、新京以北の地域さらに北満南部においても改良大豆の普及がみられ、この時期には新京地域のみではなく、普及が北部にも進んでいた。

しかし、これら満洲における大豆の改良普及奨励事業は、必ずしも当初の目的である単位面積当たり生産量の増加に結びつくことはなかった。その原因について後章において地力の減退の面から分析する。

満洲国時代に日本人技術者たちにより育成された改良大豆が、戦後、東北全域が解放された後も共産党当局にその特性が確認、継承、発展され、農民の大豆生産量の増加に繋がった。このように、満洲における日本人主導の大豆改良事業は、一定以上の成果を挙げたといえよう。

〔注〕

（1）江頭恒治「満州大豆の発展」（京都帝国大学経済学会『経済論叢』五一巻三号、一九四〇年）。

（2）同前。

（3）同前。満洲大豆輸出量については、東洋協会調査部編『満洲国林業の現勢』（一九三六年）五二～五三頁、ドイツ向けの輸出量変化については、満鉄調査部編『満洲経済年報（一九三五年版）』（改造社、一九三五年）一六三頁を参照。

（4）一九三一年の満洲事変を受けて、一九三二年の中国内地への大豆の輸出は前年の六〇〇万〇四四一トンから一三万二七一七トンに、豆粕の輸出は前年の五〇万八六八三トンから二三万四七三七トンと大幅減となった。また、ヨーロッパ、日本国内への輸出も一九二八年以降はやや減少しつつあった。詳細データは東洋協会調査部編『満洲国林業の現勢』（一九三六年）五二～五三頁を参照。

（5）前掲満鉄調査部編『満洲経済年報（一九三七年版）』一八頁、前掲江頭恒治「満州大豆の発展」、安冨歩『「満洲国」の金融』（創文社、一九九七年）一五四～一五五頁などを参照。

（6）五十子巻三『満洲帝国経済全集10　農政篇前篇』（満洲国通信社出版部、一九三九年）一四〇頁。

（7）満洲の気候については第二章第三節を参照。

（8）中本保三「満洲改良大豆」（『農業の満洲』八巻九号、一九三六年）五八～六二頁、前掲五十子巻三『満洲帝国経済全集10　農政篇前篇』一三七～一三八頁。

（9）前掲江頭恒治「満州大豆の発展」。

（10）佐藤義胤「満洲大豆の生産に関する将来の対策」（『工業化学雑誌』三七巻一〇号、一九三四年）。

（11）岡野公次、別府巌「大豆油滓の成分研究（第二報）：遊離アミノ酸類―アルギニン、アスパラギン酸、グルタミン酸、及オキシグルタミン酸、其他―の分離」（『日本農芸化学会誌』一四巻三号、一九三八年）。
(12) 栢植利久「大豆の生育収量に及す「ホルモン」及び「ビタミン」の影響」（『日本土壌肥料學雜誌』一八巻二号・三号、一九四四年）。
(13) 山本晴彦『満洲の農業試験研究史』（農林統計出版、二〇一三年）。
(14) 満史会編『満州開発四十周年史　上巻』（満州開発四十年史刊行会、一九六一年）七七〇頁。
(15) 同前。
(16) 国立熊岳城農事試験場『「満洲帝国」国立熊岳城農事試験場要覧』（一九三八年）一頁。
(17) 満鉄農事試験場『農事試験場業績・創立二十周年記念・熊岳城分場篇』（一九三五年）一頁。
(18) 前掲国立熊岳城農事試験場『「満洲帝国」国立熊岳城農事試験場要覧』一頁。
(19) 詳細内容について、前掲山本晴彦『満洲の農業試験研究史』三四頁を参照。
(20) 前掲五十子巻三『満洲帝国経済全集10　農政篇前篇』一三八～一三九頁。
(21) 前掲山本晴彦『満洲の農業試験研究史』四六頁。
(22) 前掲五十子巻三『満洲帝国経済全集10　農政篇前篇』一三九頁。
(23) 満洲事情案内所編『満洲事情（上）農・畜産篇』（一九三五年）三七頁。
(24) 前掲山本晴彦『満洲の農業試験研究史』一六三頁。
(25) 东北区科学技术发展史资料编纂委員会『东北区科学技术发展史资料　解放战争时期和建国初期3 农业巻』（中国学術出版社、一九八五年）二三三～二三四頁、二五八頁。
(26) 同前、二二九～二三一頁、二五八頁、黒龍江省農業科学院克山分院ＨＰ（http://www.keshansuo.com/ 閲覧日二〇一六年一〇月一六日）。
(27) 前掲东北区科学技术发展史资料编纂委員会『东北区科学技术发展史资料　解放战争时期和建国初期3 农业巻』五七～五八頁、一九六～二四九頁。
　熊岳城農事試験場については一九六～二〇二頁、五龍背蚕業試験場については二〇七頁、遼西省錦州農事試験場については二〇三～二〇六頁、遼陽棉花試作場については二一五～二二一頁、興城園芸試験場については二一九～二二一頁、哈爾浜家畜防疫所については二四三～二四九頁、鳳城煙草試験場については二一一頁をそれぞれ参照。

(28) 同前、三頁。

(29) 同前、八五～八六頁。

(30) 前掲山本晴彦『満洲の農業試験研究史』一六三頁。

(31) 黒龍江省農業科学院克山分院ＨＰ（http://www.keshansuo.com/　閲覧日二〇一六年一〇月一六日）。

(32) 前掲东北区科学技术发展史资料编纂委员会『东北区科学技术发展史资料　解放战争时期和建国初期３　农业卷』五八～六二頁、前掲山本晴彦『満洲の農業試験研究史』一七七～一八三頁。

(33) 佐藤義胤「満洲大豆の生産関係対策参考史料其の一」（満鉄経済調査部『満洲農作物改良増殖方策（大豆）』（一九三五年）一二一五頁。

(34) 同前および満鉄農事試験場『農事試験場報告第三九号・満洲に於ける農林植物品種の解説』（南満洲鉄道農事試験場、一九三六～一九三七年）六九頁。

(35) 前掲中本保三「満洲改良大豆」五八～六二頁。

(36) 前掲五十子巻三『満洲帝国経済全集10　農政篇前篇』一四〇～一四一頁、前掲満鉄経済調査部『満洲農作物改良増殖方策（大豆）』一二一五頁。

(37) 満倉金と元宝金は一九三五年に黄金四―一、黄金一三―三という系統名で普及されたが、一九四一年四月に興農部農作物奨励品種決定委員会において満倉金、元宝金という品種名を付けられた。満洲国立農事試験場農事試験場報告第四三号『大豆新品種育成報告大豆・満倉金・元宝金及満地金に就て』（一九四二年）一頁を参照。

(38) 前掲五十子巻三『満洲帝国経済全集10　農政篇前篇』一四〇～一四一頁、前掲満鉄農事試験場『農事試験場報告第三九号　満洲に於ける農林植物品種の解説』六九～七三頁、前掲満史会編『満州開発四十周年史　上巻』七九八～七九九頁。

(39) 前掲五十子巻三『満洲帝国経済全集10　農政篇前篇』一四一頁。

(40) 同前、克山農事試験場編『満洲国立克山農事試験場概要』（一九三六年）四～五頁、一四一頁。
(41) 前掲五十子巻三『満洲帝国経済全集10　農政篇前篇』一四一頁。
(42) 同前。
(43) 同前。
(44) 前掲満鉄農事試験場『農事試験場報告第三九号 満洲に於ける農林植物品種の解説』六九頁。
(45) 前掲満鉄農事試験場『農事試験場報告第三九号 満洲に於ける農林植物品種の解説』六九頁、満鉄調査部『改良大豆ノ普及実績ニ就テ』（一九三九年）二二頁および前掲満史会編『満洲開発四十周年史　上巻』七九八～七九九頁。
(46) 前掲満鉄農事試験場『農事試験場報告第三九号 満洲に於ける農林植物品種の解説』七二頁、前掲満史会編『満洲開発四十周年史　上巻』七九九頁。
(47) 前掲満鉄調査部『改良大豆ノ普及実績ニ就テ』二六頁および前掲満鉄農事試験場『農事試験場報告第三九号 満洲に於ける農林植物品種の解説』七三頁。
(48) 前掲満鉄農事試験場『農事試験場報告第三九号 満洲に於ける農林植物品種の解説』七二頁、前掲満鉄調査部『改良大豆ノ普及実績ニ就テ』二二～二三頁、前掲満史会編『満洲開発四十周年史　上巻』七九九頁。
(49) 前掲満鉄農事試験場『農事試験場報告第三九号 満洲に於ける農林植物品種の解説』七二～七三頁。
(50) 前掲満史会編『満洲開発四十周年史　上巻』七九八～七九九頁。
(51) 同前および前掲満鉄農事試験場『農事試験場報告第三九号 満洲に於ける農林植物品種の解説』七一頁。
(52) 満洲国立農事試験場『大豆新品種育成報告』（一九四二年）二～三頁、前掲満鉄調査部『改良大豆ノ普及実績ニ就テ』二四頁、前掲満史会編『満洲開発四十周年史　上巻』七九九頁。
(53) 前掲満洲国立農事試験場『大豆新品種育成報告』二～三頁。
(54) 同前、二三頁。
(55) 前掲満鉄農事試験場『農事試験場報告第三九号 満洲に於ける農林植物品種の解説』七二頁および前掲満鉄調査部『改良大豆ノ普及実績ニ就テ』二五頁。

(56)前掲佐藤義胤「満洲大豆の生産関係対策参考史料其の一」二九〇頁。
(57)同前、二二七～二七八、二九二、三〇四頁。
(58)同前、二二五頁。
(59)同前、二二八頁。
(60)同前、二二六頁。
(61)満鉄調査部産業紹介資料第七編『農事施設及農事業績』(一九三八年)六六～六七頁。
(62)日満農政研究会新京事務局編『満洲農業要覧』(一九四〇年)三六九～三七〇頁。
(63)前掲佐藤義胤「満洲大豆の生産関係対策参考史料其の二」二三二頁。原種の交付は一九三二年までは無償であったが、その後は現物交換あるいは有償となった。耕作手当も一ヘクタール当たり二〇円であったが一九三二年から一ヘクタール当たり一六円まで減額した。
(64)同前、二三一頁。
(65)一九三一年の満洲事変が勃発する前、満洲地域の支配権は名義上中華民国(北洋政府・国民政府)、実際は張作霖・張学良軍閥集団にあり、改良品種の満鉄管内以外の奨励普及活動は地方官庁との交渉が必要であったと思われる。同前、二二六頁を参照。
(66)前掲佐藤義胤「満洲大豆の生産関係対策参考史料其の一」二三四頁および前掲満鉄調査部産業紹介資料第七編『農事施設及農事業績』七〇頁。
(67)満鉄関係原種圃、農事試験場の第一次採種圃経営者(一九三四からは第二次原種圃経営者)に対する原種交付について、一九三九年の時点では無償であったことが関連資料からわかる。前掲満鉄調査部『改良大豆ノ普及実績ニ就テ』四頁を参照。
(68)前掲鉄調査部産業紹介資料第七編『農事施設及農事業績』六六～六七頁。
(69)陸軍省軍事調査部『陸軍パンフレット』(一九三四年)七頁。
(70)「農産救済恒久策に大豆減段案採用　低資貸出の応急策に次いで満洲国政府の方針」(『満洲日報』一九三四年二月一〇日付、神戸大学新聞記事文庫)。

(71) 間島省公署編『農村振興実施計画』(一九三五年)三～六頁。
(72) 前掲佐藤義胤「満洲大豆の生産関係対策参考史料其の一」二三〇頁。
(73) 現物交換は、第二次採種圃経営農家が改良大豆の種子を同じ量の在来大豆の種子と交換するというものであり、両者に品質上の差があることは明確であった。前掲佐藤義胤「満洲大豆の生産関係対策参考史料其の一」二三一頁および前掲満鉄調査部『改良大豆ノ普及実績ニ就テ』四頁を参照。
(74) 満鉄経済調査部『改良大豆の普及奨励事業』(一九三三年)二頁。
(75) 同前、三頁。
(76) 同前。
(77) 前掲佐藤義胤「満洲大豆の生産関係対策参考史料其の一」二三二～二三三頁。
(78) 満鉄地方部農務科編『農業施設概要』附録「種苗、種畜配布規制、種畜貸付規則及造林奨励規則」(一九三一年)。
(79) 世界恐慌は、満洲の農村社会にも大打撃となり、主な輸出農産物である大豆価格の暴落によるダメージは特に大きかった。満洲の大豆は、主にドイツ、日本、中国内地に輸出されていたが、恐慌によりこれらの大豆消費量が減少し、同時に購買量も減少したからである。また、日本本土へ農業肥料として輸出していた豆粕も、恐慌と化学肥料の普及により需要が減少した。さらに、満洲事変後以後は中国内地における排斥運動の結果満洲大豆の価格が暴落し、作付面積の減少に拍車をかけた。
　一九三四年二月に満洲国初の農業政策である「農業政策の根本方針」が決定された。これによれば、①南満地域における大豆の作付を現在以上増やさない、②北満においては大豆の品質を向上しつつそれ以外の作物への転作を督励するという二つの方針が示された。つまり、大豆作付の抑制は農業生産の大きな目的となっていたのである。これに伴い一九三四年における大豆の作付面積は、一九三三年の四〇〇万〇六七〇ヘクタールから三二七万三二二〇ヘクタールへと大きく減少している。満鉄調査部『昭和一五年　満洲農産統計』(一九四一年)二四一頁を参照。
(80) 前掲「農産救済恒久策に大豆減段案採用　低資貸出の応急策に次いで満洲国政府の方針」。

(81) 一車は約三〇トン。前掲満鉄経済調査部『改良大豆の普及奨励事業』七三頁。
(82) 前掲満鉄経済調査部『改良大豆の普及奨励事業』一二頁。
(83) 同前、一二～一三頁。
(84) 混合保管大豆のことである。前掲鉄調査部産業紹介資料第七編『農事施設及農事業績』七三頁によれば、改良大豆を「他種の大豆と混合して出廻るもの」とされており、改良大豆が単独で市場に出回ることは少なかったという。特に新京以南の各駅で出回る混保大豆はかなり改良大豆が混ぜられており、「その多きは八〇％乃至九〇％を占め」るとされている。なお、岡部牧夫編『南満洲鉄道会社の研究』（日本経済評論社、二〇〇八年）三九～四〇頁を参照のこと。
(85) 前掲満鉄経済調査部『改良大豆の普及奨励事業』一三頁。
(86) 同前。
(87) 同前、一三～一四頁。
(88) 同前、一四頁。
(89) 前掲鉄調査部産業紹介資料第七編『農事施設及農事業績』七三頁。
(90) 同前、七一～七二頁。
(91) 前掲満鉄経済調査部『改良大豆の普及奨励事業』一四頁。
(92) 前掲鉄調査部産業紹介資料第七編『農事施設及農事業績』七〇頁。
(93) 前掲日満農政研究会新京事務局編『満洲農業要覧』を参照。
(94) 満田隆一監修『満洲農業研究三十年』（一九四四年、建国印書館）。
(95) 横山敏男『満洲国農業政策』（東海堂、一九四二年）七六～七八頁。
(96) 同前、八四～八五頁および東亜研究所『満洲国産業開発五箇年計畫の資料的調査研究―農業部門―（昭和十五年度年度報告）』（一九四一年）（解学詩監修『満洲国機密経済資料　第九巻　産業五ヶ年計画（下）』復刻版・本の友社、二〇〇〇年）を参照。
(97) 満洲興業銀行調査課『満洲に於ける農業統制』（一九四一年）八六～九三頁。

(98) 拉浜線四県は五常・阿城・双城、楡樹県である。前掲日満農政研究会新京事務局編『満洲農業要覧』三八八頁を参照。

(99) 各県の品種別配布面積については、前掲満鉄調査部『改良大豆ノ普及実績ニ就テ』六〜一三頁における表「昭和十三年度県別優良種子配付状況」を参照。

(100) 表3―10の出所である満鉄調査部『改良大豆ノ普及実績ニ就テ』（一九三九年）のはしがきは「所謂改良大豆（黄宝珠）の普及状態」を明らかに示しているが、一六頁からの表には康徳、公五五五、在来種などの品種も含まれている。これらは、調査員の調査不十分や特定のいくつかの品種に限られながら調査したために発生したのではないかと考えられる。

(101) 前掲満鉄調査部『改良大豆ノ普及実績ニ就テ』二一頁。

(102) 島内満男『満洲農農村における技術浸透実績の研究』（日満農政研究会新京事務局、一九四三年）一一〜一三頁。

(103) 前掲日満農政研究会新京事務局編『満洲農業要覧』三六九頁。

(104) 同前、三七〇頁。

(105) 前述のように農業気候により特に一九三二年と一九三四年の一ヘクタール当たり生産量が急減しているが、当然のことながら一九二四年から一九四四年までの二〇年間が常に天候不順であったわけではないため、農業気候による単位面積当たりの生産量の減少は考えられない。

(106) 前掲东北区科学技术发展史资料编纂委員会『东北区科学技术发展史资料　解放战争时期和建国初期3　农业巻』六三〜六九頁。

各農事試験場の計画普及品種はそれぞれ黒龍江省克山農事試験場が紫花一号、紫花二号、紫花四号、西比瓦、克霜、松江呼藍農事試験場は満倉金、元宝金、紫花三号、合江佳木斯農事試験場は満倉金、元宝金、紫花一号、紫花四号、西比瓦、吉林九站農事試験場は黄宝珠、満倉金、金元一号など、安東通化農事試験場は金元一号、嫩江斉斉哈爾農事試験場は満倉金であった。

(107) 前掲东北区科学技术发展史资料编纂委員会『东北区科学技术发展史资料　解放战争时期和建国初期3　农业巻』七三頁。

(108) 同前、五頁。
(109) 同前、一五七〜一五八頁。
(110) 同前、九一頁。
(111) 同前、九一〜九二。
(112) 同前。

第四章　棉花の増殖・品種改良と普及をめぐって

はじめに

棉花は、満洲地域において、古くから栽培されていた。二〇世紀前半の当地域においては、主に鄭家屯白種、赤木黒種および赤木白種という三種の早熟性の在来東洋棉が栽培されていた[1]。また、軍閥政権や満鉄附属農事試験場により、アメリカや朝鮮半島から導入された少量の陸地棉が、比較的高温小雨で、日照時間と無霜期間が長い棉作に適した遼陽、蓋平、海城の諸地域を中心に栽培されるようになった[2]。

満洲における主な繊維作物である棉花の作付面積の拡大と新品種の導入による増殖政策は、一九二〇年代の軍閥支配時代からはじまっていた。一九二〇年に、張作霖は「査棉一种、衣被群生、利賴至溥、在農產物中占最有價值之位……個該縣知事自奉此次通令后、應即督警察按戶勸令中棉……[3]」という棉作奨励の訓令を発した。このような軍閥政権の棉作奨励により、満洲地域における棉作面積は少しずつ増加した。さらに、品種においても、アメリカから陸地棉が導入、配布され、農民は各品種の作付を試すようになっていった[4]。

日本人による棉花の栽培試験は、一九一五年に関東庁農事試験場によってはじめられ、さらに満鉄関係の公主嶺農事試験場、熊岳城農事試験場などにおいて、各品種の比較試作、品種の改良と育成、栽培法の改善、改良品種の奨励と普及などが行われていた。

満洲国が発足すると、日本人の指導により棉花だけが一般の農作物から切り離され、政策的な増殖政策が取られるようになった。その後は、国家レベルの棉花増殖計画が立てられ、終戦までに二回にわたり改訂された。

本章では、満洲国の農政実権を握っていた日本人当局者によって行われた、満洲における棉花増殖政策による棉作面積の変遷とその要因、品種の改良、普及とその実績、さらに戦後への継承などについて社会経済史の視点から検討する。なぜなら、植民地政策にせよ、日本内地の資源確保にせよ、どのような政策により、どのような結果になったことを明らかにすることそのものが歴史的な意義をもち、その後の中華人民共和国時代における当地域の農業の発展方向とも大きな関係があると考えられるからである。

満洲国における棉花増殖、改良普及に関する先行研究は非常に少ない。そのうち代表的研究としては、以下の二者の研究が挙げられる。

衣保中の『中国東北農業史』[5]、張健の「中国東北地域における農業技術の進歩と農業の発展―一九一〇―一九五〇年代を中心に―」[6]においては、東北地域の軍閥時代から満洲国時代にかけての棉作の変遷に触れられているが、その内容は概説的なものに留まっている。特に満洲国時代の棉花増殖政策、棉の改良普及事業の背景、具体的な内容、実績、戦後への継承などについての検討や数量的な分析は全くなされていない。

満洲国における日本人当局者の棉花増殖政策には、二つの方向があった。一つは棉作面積の拡大であり、いま一つは単位面積当たり生産量の増加、繰棉歩合[7]および繊維品質の向上を目的とする品種・栽培法の改良と普及である。本章においてはこれらの政策について、それぞれの背景、特徴、実績などを明らかにする。

第一節　満洲国の棉花増殖政策と実績

一九三二年一一月に満鉄経済調査部により『満洲農業対案ノ内　棉花ノ改良増殖計画案（改訂）』[8]（以下増殖計画と略する）が発表される。これは、満洲国初の棉花増殖政策であり、その基調は、優良品種の育成と普及を図り、栽培可能地域の拡大により新作付面積の増加と在来棉の更新を図るものであった。しかし、改良品種の選出育成、さらに普及は相当な時間がかかるものであるから、その間は、在来品種の栽培と販売にできる限り改善統制を図り、自然増加を促進するとともに満洲棉作地域を拡大させるということであった。つまり、満洲における棉花の増殖政策は、単位面積当たり生産量の増加、繰棉歩合と繊維品質の向上を図る改良品種のみならず、在来棉を含む棉作作付総面積を増加させる棉作全般に関わるものだった。

本節では、満洲国の棉花増殖政策とその実績を総作付面積の拡大の面から検討する。

1　棉花増殖政策の要因

第一に、需給関係である。「満洲国三千万民衆の一ケ年に需要する棉花は、約九千万斤であります。善隣日本国の棉花輸入数量は、一ケ年十億斤でありまして、之等の綿花を朝鮮、満洲に於いて充たされる[9]」ことを目標とした。

一九二〇年代後半の日本国内[10]における繰棉生産量はわずかに二〇〇トン前後、朝鮮半島の生産も三〜四万トンに過ぎず、原棉輸入高六〇～七〇万トンに比べ、「九牛が（ママ）一毛に当たらない」といわれていた。[11] 一九三〇年における輸入量は、インド棉が二八万トン、アメリカ棉が二三万トン、それに加えて中国内地からも四万二〇〇〇トン、埃及《エジプト》棉が一万トン、合計五六・二万トンであった。[12] 一九三二年になると、その量がさらに増加し、七六万トンを突破し、金額も四億四七四〇万円の巨額となり、輸入高がさらに増加している。[13]

　金額をみると、一九三〇年前後の日本国内の年間農産物輸入平均額は約九億円で、輸入総額の四割前後を占めていた。[14] そして、各種輸入農産物のうちで金額が最も大きいのは繰棉であり、農産物輸入総額の約七割を占め、六億円に達していた。棉工業の原料として、毎年繰棉は一〇億斤が輸入消費されており、国内消費のみならず、日本国内で加工され、輸出製品にもなっていたのである。[15] この時期の日本における紡績の原料棉花は、ほとんどが海外輸入に依存していたのであった。

　このような「本邦の紡績がその原料棉花を海外からの輸入に俟たなければならぬ」ことは、当時の日本にとっては一つの「大きな弱点」であり、さらに「経済帝国主義傾向著しき現代の国際情勢」においては、いつか棉花の輸入ができなくなると危惧されていた。[16] 特に一九三三年に発生した、インドの日本に対する平織生地棉布の関税引き上げ、日本のインドに対する「印棉不買」[17] など一連の日英印通商問題は、その見方を一層強くさせたのである。このように、イギリスのように広い植民地を持つ国々によるブロック経済政策によって海外での経済活動の制限を受けた日本は、大きく動揺し、満洲事変とそれに続く傀儡満洲国の建設、国際連盟脱退などの一連の事件を経て日満経済ブロック（一九三六年は日満支経済ブロック）の形成に着手したのであった。このような背景から、棉花は国内向け、海外向けの需要が共に大きい紡績業の原料として、さらには軍需品の原料として欠くことができないものであった。

当時の棉花需要は、平時において約五〇〇〇万斤であるが、戦時にはさらに膨大な量が必要となると考えられた。前述のように日本国内と朝鮮の棉花生産量では、非常時における消費量の供給はおろか、日本国内の国民生活、紡績業の輸出品製造用棉花の供給もままならないと考えられていた。そうした中で、満洲からの棉花輸入は棉花供給不足の主要な解決策の一つであった。一方、当時の満洲地域における棉花生産量は、繰棉二〇〇〇万斤以上に達しているものの、当地域内の需要を満たすことはできず、毎年中国内地やインドから二〇〇〇万斤を輸入している状態であった(18)。このような状況下で、まだ増殖の余地があると判断されていた満洲の棉花増殖が政策的に図られるようになっていった。

つまり、満洲における棉花増殖政策の第一の要因は、平時における紡績業の需要に応えるのみならず、満洲事変、国連脱退などの日本の国際的孤立を背景に、「唇歯輔車」の関係にある満洲国の国民生活と戦時における紡績原料として「国防」上必需品である棉花の輸出を確保させる狙いであった。

第二に、世界恐慌により満洲の第一の輸出商品作物だった大豆の価格が下落したことが挙げられる。世界恐慌により、世界的商品であった満洲大豆は、ヨーロッパの最大の輸入国であるドイツの需要量が減少するとともに関税率が上がり、さらに満洲事変により中国内地からも民族感情的な輸入抵抗を受けた。このため、一九三二年から大豆作付面積を減少させるとともに、大豆の代わりに棉花作付が奨励されるようになった(19)。

しかし、棉花栽培は奉天省と熱河省の一部に限られ、その上これらの地域は、一九三〇年代に可耕未耕地がほとんどなくなっていた。したがって、棉花増殖のための耕地拡大を未耕地に期待することができず、他の作物の作付地を一部棉作に転換するしかなかった。この時期の満洲における主要な農産物は大豆、高粱、粟、トウモロコシであったが、これらの作付を減らして棉花作付面積を拡大しようとするとき、高粱、粟、トウモロ

表4－1　満洲における1晌当棉作と他作物の収益　（単位：円）

種類	試験栽培期間	平均収入	平均支出	平均収益
大豆	4年	40.7	29.6	11.1
高粱	4年	40.2	28.0	12.2
粟	4年	46.1	30.3	15.7
赤木黒種	2年	119.8	77.3	42.5
陸地棉	2年	134.0	79.1	54.9

出典：阿部久次『満洲国に於ける棉花並に羊毛に就いて』16頁より作成。
注：1晌（シャン）は約6.7反。6670平方メートル。満鉄農事試験場の試験結果によるデータである。

コシは食糧であって作付を減らすことは難しかった。他にも水稲と煙草、落花生なども特用作物として栽培されていたが、地域の事情や作付面積の狭さから転作は困難であった。このような背景に、大豆の作付面積の五割を棉作に置き換えることが計画された[20]。

第三に、表4—1に示したように、当時の満洲における棉作と他作物との収支比較をみると、棉の単位面積当たりの収益が比較的高くなっている。これは満洲国の農民にとっても、当局の棉花増殖政策を受け入れやすい要因となったと考えられる。つまり、普及奨励増産政策とは無関係に、自発的、投機的に農民たちが棉作へ転換していったことは十分に考えられる。

2　棉花増殖に携わる機関

満洲国における棉花増殖に関する機関は、試験研究機関、指導奨励機関および棉花処理機関の三種類があった。

棉花試験研究機関は棉花の品種・耕種法改良に携わる機関である。満洲国発足前は満鉄農事試験場熊岳城分場が先駆的な研究を行っていた。満洲国成立後は、満鉄農事試験場遼陽棉花試験地、関東庁金州農事試験場、満洲国錦州農事試験場が設置された。その内容については、第三章第一節において少し触れているが、本章第三節において詳しく述べる。

棉花増殖の指導奨励機関としては、満洲棉花協会（以下、棉花協会と略す）とそれに所属する棉花耕作組合であった。棉花協会は、満洲国における棉花増殖の指導機関として一九三三年に設立され、棉花栽培の指導奨励普及の役割を果たしていく。[21]協会は満洲国政府が主催したが、ほかにも関東庁、満鉄などの日本側の機関も参与していた。そして、満洲における棉作の奨励、改良棉花の普及などは、政策、財政および技術面から棉花協会が満洲国に代わって実施したのである。棉花協会は一九三七年に解散し、産業部農務司（後の興農部農産司）が奨励事業のすべてを担うこととなり、省公署、県公署、県農事合作社が現地実行機関となり、棉花協会の事業は満洲国政府および農事合作社に継承された。[22]

棉花協会は、棉作の中心地である奉天省の公署実業庁内に設置された。棉花協会幹部の顔触れは、会長に奉天省長兼民生部大臣臧式毅、副会長に奉天省公署実業庁長徐紹卿、理事に関東軍特務部岸良一、関東庁農林課長田中稔、満鉄農務課長香村岱二、実業部農産科長横瀬花兄七、奉天省公署実業庁総務科長升巴倉吉、同農務科長范垂紳、監事に実業部農鉱司長松島鑑、奉天省公署総務庁長金井章次となっていた。一九三三年一二月に、棉花協会の会則が改定され、会長は実業部大臣となり、本部を新京実業部内に移した。[23]以上のようなことからは、棉花協会は政府の一部門として機能したことといえる。

その事業内容は次の通りである。[24]

（ア）棉花栽培の指導奨励
（イ）原種圃の経営
（ウ）採種圃（兼模範農作圃）の経営
（エ）棉花に関する調査

（オ）棉花の共同販売斡旋
（カ）農耕用品の共同購入斡旋
（キ）棉花農耕資金の融通斡旋
（ク）棉花耕作組合の指導及補助
（ケ）その他必要なる事業（立毛品評会、講習会など）

棉花協会の設立とともに、棉花協会との連絡を容易にして直接指導奨励を徹底し、事業を一層効果的に進めることを目的に、一区あるいは数村を単位に棉花の生産に従事する自小作農と棉作地を所有して小作料を収受する地主を構成員とする棉花耕作組合が、一九三三年から遼陽、黒山、義県、錦県、蓋平、海城、遼中の七県の一五ヶ所に設置された（図4—1を参照）。事業経費は棉花協会の補助金によった。組合の最大目的は、改良品種の奨励普及とその前提となる棉作総面積の増加（改良棉、在来棉を含む）であり、その事業内容は以下のようであった(25)。

（ア）棉花栽培の普及改善
（イ）採種圃の委託経営
（ウ）棉花の共同販売
（エ）肥料、種子、農具の共同購入
（オ）棉作資金の共同借入および共同償還の斡旋
（カ）その他棉作奨励上必要なる事項

棉花処理機関としては、満洲棉花株式会社があげられる。一九三三年の棉花協会と棉花耕作組合の設立にな

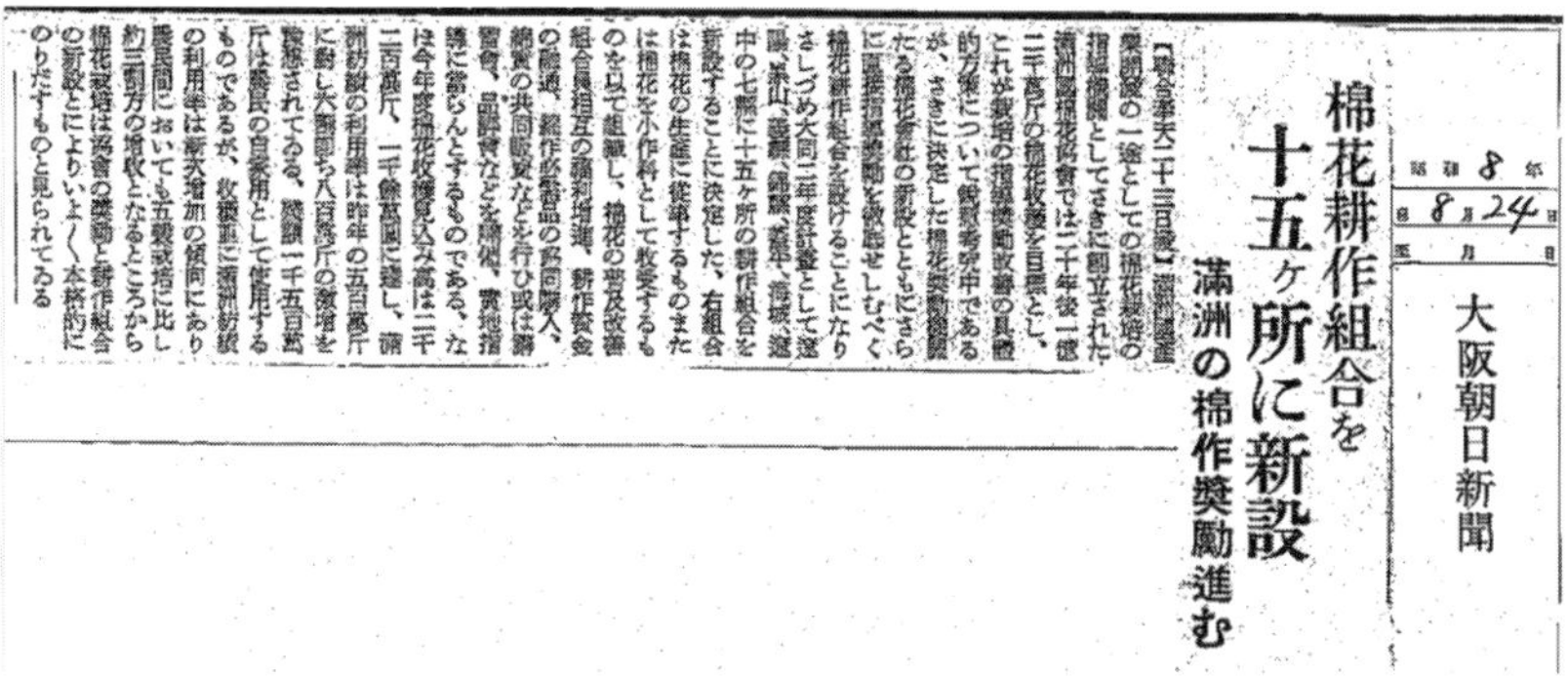

大阪朝日新聞

昭和8年 8月24日

棉花耕作組合を十五ヶ所に新設

満洲の棉作奨勵進む

【奉天二十三日發】満洲國産業開發の一途としての棉花栽培の指導機關としてさきに創立された満洲國棉花協會では二十年後一億二千萬斤の棉花収獲を目標とし、これが栽培の指導奨勵改善の具體的方策について鋭意考究中であるが、さきに決定した棉花奨勵機關たる棉花會社の新設とともにさらに直接指導奨勵を徹底せしむべく棉花耕作組合を設けることになりさしづめ大同三年度計畫として遼陽、黑山、蓋平、錦縣、義縣、海城、遼中の七縣に十五ヶ所の耕作組合を新設することに決定した、右組合は棉花の生産に從事するものまたは棉花を小作料として收受するものを以て組織し、棉花の普及改善組合員相互の福利増進、耕作資金の融通、耕作必需品の共同購入、綿實の共同販賣などを行ひ或は講習會、品評會などを開催、實地指導に努らんとするものである、なほ今年度棉花收穫見込み高は二千二百萬斤、一千餘萬圓に達し、満洲紡績の利用率は昨年の五百萬斤に對し六割即ち八百萬斤の激増を豫想されてゐる、残額一千五百萬斤は農民の自家用として使用するものであるが、收穫量に満洲紡績の利用率は漸次増加の傾向にあり農民間においても五穀栽培に比し約三割方の増收となるところから棉花栽培は協會の奨勵と耕作組合の新設とによりいよ〳〵本格的にのりだすものと見られてゐる

図４－１　満洲棉花耕作組合の設立

出典：『大阪朝日新聞』（1933年８月24日付、神戸大学新聞記事文庫）。

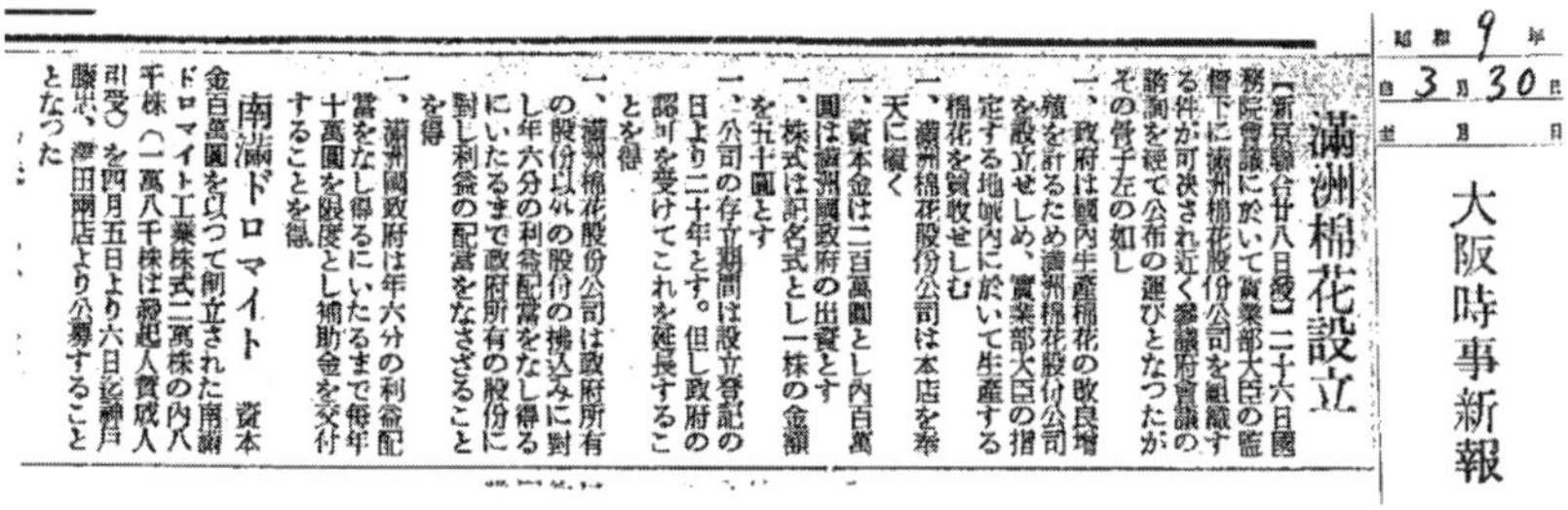

大阪時事新報

昭和9年 3月30日

満洲棉花設立

【新京聯合廿八日發】二十六日國務院會議において實業部大臣の監督下に満洲棉花股份公司を組織する件が可決され近く參議府會議の諮詢を經て公布の運びとなつたがその骨子左の如し

一、政府は國内生産棉花の改良增殖を計るため満洲棉花股份公司を設立せしめ、實業部大臣の指定する地域内において生産する棉花を買收せしむ

一、満洲棉花股份公司は本店を奉天に置く

一、資本金は二百萬圓とし内百萬圓は満洲國政府の出資とす

一、株式は記名式とし一株の金額を五十圓とす

一、公司の存立期間は設立登記の日より二十年とす。但し政府の認可を受けてこれを延長することを得

一、満洲棉花股份公司は政府所有の股份以外の股份の拂込みに對し年六分の利益配當をなし得るにいたるまで政府所有の股份に對し利益の配當をなさざることを得

一、満洲國政府は年六分の利益配當をなし得るにいたるまで毎年十萬圓を限度とし補助金を交付することを得

南満ドロマイト　資本金百萬圓を以つて創立された南満ドロマイト工業株式二萬株の内八千株（一萬八千株は發起人賛成人引受）を四月五日より六日迄神戸勝忠、津田兩店より公募することとなつた

図４－２　満洲棉花股份有限会社の設立

出典：『大阪朝日新聞』（1934年３月30日付、神戸大学新聞記事文庫）。

らんで、満洲国により生産棉花の商品化助成とその統制を図り、実棉の収買および繰棉処理機関として棉花収買総処が設立された。翌年四月に、日満合資の満洲棉花股份有限会社と改組され、同会社は満洲主要な棉作地二九ヶ所に収買所を設け、打虎山、遼陽、大石橋、錦州に繰棉工場を建設した。一九三七年に棉花統制法の実施とともに、満洲棉花股份有限会社が満洲棉花株式会社と改組される(26)（以下、棉花会社と略する。図4—2を参照）。

棉花会社は、満洲国政府から棉花の売買特権を与えられるとともに、棉作農家に実棉を棉花会社に売るように法令を出すなどの便宜を満洲国から得ており、棉花会社にとっては、棉花の買入が容易となり、仲買人を排除することで流通経費も抑えることができたといわれる。また、棉花会社は金融事業も行い、棉作農民が必要とする農耕資金を前貸し、収穫期に棉花購入代金と相殺する形で回収していた。

一九四一年、満洲国政府により「繊維作物増産指導に関する件」が発表された。棉花増殖計画実施の円滑を図るため、計画監督部門は行政機関、実践部門は棉花会社と決定されたことで、新たな指導体制が確立された(27)。そして、同年に農事合作社から指導奨励機関が移され、終戦まで棉花の買収、繰棉作業、生産指導など満洲棉花の統制を担う(28)。棉花会社常務理事であった岩尾精一の回想録によると、一九四四年、一九四五年という終戦の直前に、棉花会社は棉花売買のみならず、作付と栽培指導も行っていたことがわかっている(29)。このような事情から、終戦前の満洲国における棉花増殖事業は、興農部農産司、棉花会社という二つの機関により実施されていたのである。

以上、満洲国における棉作増殖機関をみると、棉花試験研究機関として満洲国発足前は、満鉄農事試験場熊岳嶺分場、満洲国発足後は、満鉄農事試験場遼陽棉花試験地、関東庁金州農事試験場、満洲国錦州農事試験場が存在していた。また、棉花協会は、満洲国の行政機能を代行する棉作増殖全体事業を統制する機関であり、一九三七年に解散されると産業部農務司（後の興農部農産司）吸収され、奨励事業のすべてがここで行われるようになった。満洲棉花耕作組合は、直接棉作農民に指導や支援する棉花協会の政策を実施する機関であった。棉花会社は、満洲国政府から特権を与えられて棉花の売買を行う棉花処理機関であり、満洲国後期になると棉花栽培指導を含むすべての棉花増殖事業の担当機関となった。以上、三種類の機関は、総合的に連動しながら、いずれも満洲国の実権を握っている日本人当局者の意向を受けて活動していた。そしてこれらは前述の通り、日本の戦略資源としての棉花を確保することを目的としたものであった。

3　棉花増殖政策

前述の国民生活と「国防」、および世界恐慌による満洲農業の極度な動揺、農産物（特に輸出品であった大豆）価格の下落と作付面積の減少、農民の貧困化、さらに一九三〇年代最初の数年の水害は、農本主義に立つ満洲国の経済に深刻な影響を与えていた。そうした中で、満洲国政府は、農業経営の集約化と栽培作物の作付転換による自給的多角経営を樹立するために一連の農業政策を実施していった。

先にも挙げた一九三二年一一月の満鉄経済調査部立案の増殖計画案によれば、満洲棉作中心地において第一期、第二期の二〇年以内に棉花作付面積を三〇万一〇六八町、実棉を四億二二〇〇万斤とする計画であった。(30)この増産計画は、一九三三年三月に「満洲国経済建設綱要」に正式に取り上げられ、「満洲棉花増殖二十ヶ年計画」（以下二十ヶ年計画と略す）（表4―2を参照）が満洲国政府により樹立された。(31)その方針は史料四―一のようであった。

表4－2　満洲国の棉花増殖計画の変遷

計画＼目標	作付面積	繰棉生産量	ha当り繰棉生産量
1933年　20ヶ年計画	300,000町歩	150,000,000斤	500斤
1937年　第1回5ヶ年計画	183,000ha	8,000万斤	437斤
1942年　第2回5ヶ年計画	204,000ha	8,000万斤	392斤

出典：満田隆一監修『満洲農業研究三十年』（建国印書館、1944年）92頁、『あゝ満洲：国づくり産業開発者の手記』（1965年）352～353頁より作成。

〔史料四―一〕[32]

(1)二十年間に面積を三〇万町歩、繰棉百五十万擔（一擔入百斤）の生産をなす。
(2)在来棉を品質優良にして繰棉歩合高く単位収量多き改良陸地棉（関農一号）に置き換へつゝ逐年面積を増加せしめる。
(3)棉作面積の追加は主として大豆の作付転換による。
(4)日本側の協力を仰ぎ満洲棉花栽培協会を設立、之れを政府の代行機関として指導奨励に当らしめ別に処理機関として満洲棉花有限会社を設立す。

ここからは、前年の棉作面積四万二〇〇〇ヘクタールを、二〇年以内に三〇万町歩に約七倍に拡大し、繰棉生産量を一億五〇〇〇万斤（満洲国斤は〇・五キログラム）に増加させることを目標とし、「関農一号」（以下、煩を避けるため「　」をとる）を中心とした普及奨励を行うことと、これの実施機関と棉花処理機関を設置しようとしたことがわかる。

このような満洲国による正式な計画は、前述の満鉄経済調査部の増殖計画とおおむね一致していることから、棉花増殖事業は、表面的に満洲国政府のものとはいえ、実際に主導しているのは満鉄であったと考えられる。

棉花協会と棉花耕作組合が設立された一九三三年度の棉作面積は五万二〇〇〇ヘクタールとなり、収穫見込み繰棉高は、二二〇〇万斤、一〇〇〇万円に達し、満洲

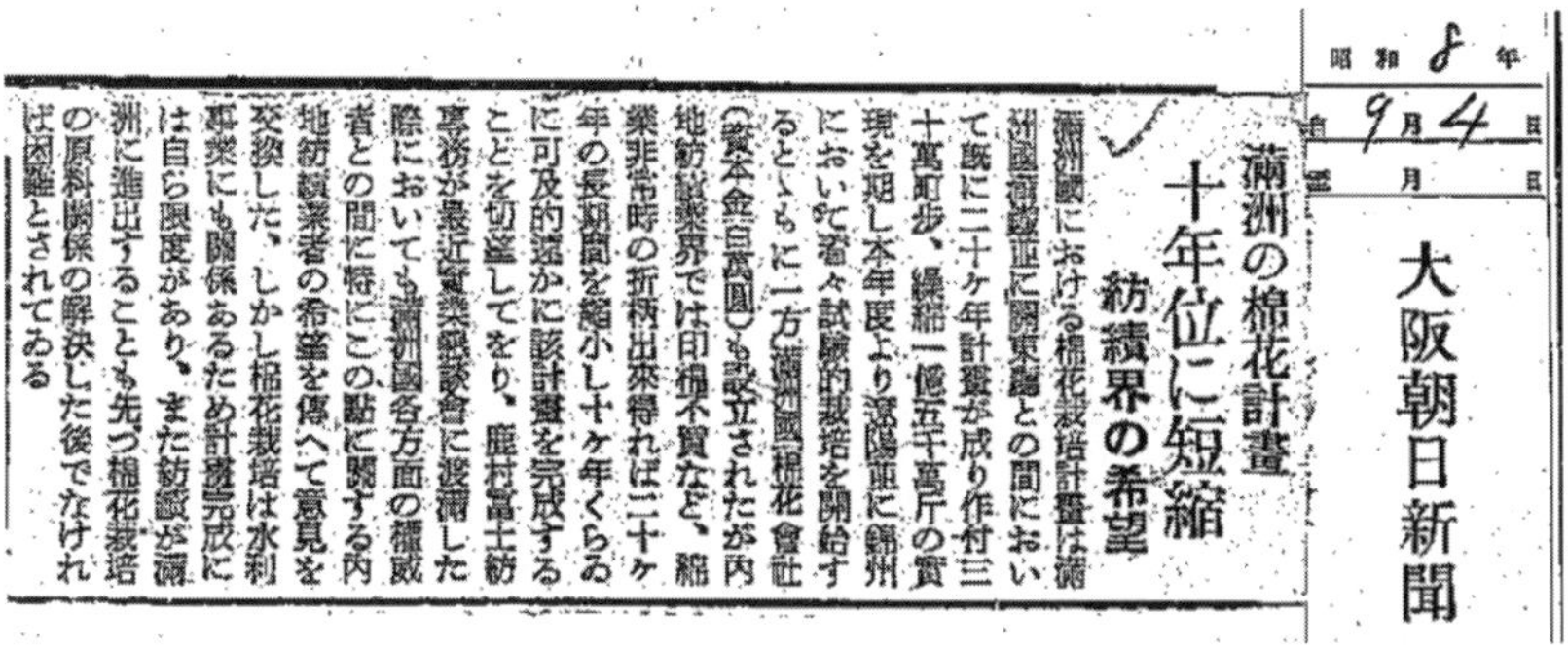
昭和8年9月4日
大阪朝日新聞
滿洲の棉花計畫
十年位に短縮
紡績界の希望
滿洲國における棉花栽培計畫は滿洲國當局並に關東廳との間において既に二十ヶ年計畫が成り作付三十萬町歩、繰綿一億五千萬斤の實現を期し本年度より遼陽並に錦州において着々試驗的栽培を開始するとゝもに一方滿洲國棉花會社(資本金百萬圓)も設立されたが内地紡績業界では印棉不買など、綿業非常時の折柄出來得れば二十ヶ年の長期間を縮小し十ヶ年くらゐに可及的速かに該計畫を完成することを切望してをり、鹿村富士紡專務が最近實業視察會に渡滿した際においても滿洲國各方面の權威者との間に特にこの點に關する内地紡績業者の希望を傳へて意見を交換した、しかし棉花栽培は水利事業にも關係あるため計畫完成には自ら限度があり、また紡績が滿洲に進出することも先づ棉花栽培の原料關係の解決した後でなければ困難とされてゐる

図4－3　満洲の棉花計画十年位に短縮　紡績界の希望
出典：『大阪朝日新聞』（1933年９月４日付、神戸大学新聞記事文庫）。

紡績の利用は、昨年の五〇〇〇万斤に対し六割増、すなわち八〇〇〇万斤の激増が予想されていた。残りの一四〇〇〇万斤は、農民の自家用として使用するものであるが、収穫高と満洲紡績の利用はそれまでも漸次増加の傾向にあり、農民においても五穀栽培に比べ約三割の増収となることから、棉花栽培は棉花協会の奨励と耕作組合の新設により、いよいよ本格的にのりだすものと見られていた[33]。

二十ヶ年計画が樹立された一九三三年に発生した前述の「印棉不買」に影響され、「印棉不買など、棉業非常時の折柄[34]」を理由として、内地紡績業に短縮することが求められた（図4―3）。

翌一九三四年に、さらに棉作状況は驚くべき増産を示した。その原因は、前年度の棉作に絶好な天気による高い収穫量と栽培奨励の成果とされた[35]（後掲、表4―5を参照）。また、その後も二十ヶ年計画は、その後の国際関係、国内事情の変化を予測できていない計画とされ、日中戦争と太平洋戦争により、世界第三位の棉産国である中国内地をはじめビルマ、タイ、フィリピン、ジャワ、ボルネオ、スマトラなどを占領したことで前述の棉作計画に再検討がくわえられる[36]。そして、本章「はじめに」において述べたように、結局棉花増殖計画は終戦までに二回にわたり改定され、棉花増殖計画は変更を余儀なくされるのである（表4―2を参照）。表4―2は、スタート時の計画であり、後掲の表4―5に示した計画の値は、実施に伴い多少変更された数値であるから、二つの表の数値には多少の差がある。

一九三四年二月には、満洲国初の農業政策であるといわれる「農業政策の根本方針」が発表された。その第一項には、「南満方面は極力棉花および麻などの栽培を督励し、大豆は現在以上増作せしめないこと」[37]としており、大豆の耕作面積拡大を抑止し、その代わりに棉をはじめとするほかの作物を作るという国家レベルで棉花増殖を図る方向性が示された。その意図は、満洲、関東州、朝鮮、台湾などの棉によって、日満両国の需要をまかなうことであったことはいうまでもない[38]。つまり、この時期における棉花増産指導奨励は、満洲農村経済発展の一助と日本国内棉花供給のためという二つの側面が含まれていた。

そうした中で、一九三七年に、産業五ヶ年計画の実施と共に、その一分野として農業開発五ヶ年計画が樹立された。前述の棉作二十ヶ年計画が変更され、新に棉作五ヶ年計画（一九三七年から一九四一年）が立案される。作付面積は一八万ヘクタール、実棉生産は二億五〇〇〇万斤、繰棉生産は八〇〇〇万斤を目標とし、最も多収の改良陸地棉の栽培に主力を注いだ[39]。同年に、棉花統制法も公布され、棉は戦時統制経済に巻き込まれ、棉花栽培、売買および消費が国家によって統制されるようになった。前述のように棉花協会は一九三七年に解散し、産業部農務司（後の興農部農産司）において奨励事業のすべてを実行することとなり、省公署、県公署、県農事合作社が現地実行機関として、棉花栽培の指導（各県に指導員一名を置く）、採種圃の経営、棉花の共同販売斡旋、棉に関する調査、農耕用品の共同購入および農資金の融通などを行った[40]。

一九三八年の状況をみると、産業部を最高機関とし、遼陽棉花試験地、錦州農事試験所、金州農事試験場の三ヶ所の試験場、六県に一二〇町歩の原種圃、一七県に八六四〇町歩の採種圃を有していた。指定された棉作奨励四省（奉天、錦州、熱河、安東）の三二県の農事合作社を通して、一三二万二〇〇〇円の巨費を投じ、改良棉種の無料配布、耕作指導を行ったのである。さらに、棉花会社により改良棉種の配布、打棉機の貸付（約六〇〇〇台）、および指定相場による棉花の買上げなど、生産から買上げまで、生産者農家から政府当局にいたるまで、統一された組織の下でその増産、普及活動に取り込んでいた(41)。

一九四一年末に太平洋戦争が勃発すると、日本と満洲国の経済状況が悪化したことから、より厳格な農産物統制策が取られるようになった。棉花増殖は、政府部門と興農合作社で二元的に行っていたが、これらを実際担当していたのは棉花会社であった。一九四二年には、棉作第二次五ヶ年計画（一九四二から一九四六年）が策定され、作付面積が二〇万四〇〇〇ヘクタール、繰棉生産量が八〇〇〇万斤を目標とした(42)。しかし、この計画は再び改定され、一九四三年と一九四四年の生産計画は大幅減となり、終戦の一九四五年に大幅増となっている（表4―5を参照）。

棉花協会は、棉の増産、改良棉の普及奨励に関して、一九三五年までに、県支部一九ヶ所と協会経営採種園を四ヶ所（計六〇ヘクタール）設立した。また、満洲国政府は、棉花特に改良陸地棉の栽培は高粱、大豆、粟などの他作物より集約経営を必要とする作物であるために相当濃密な技術指導が必要と認識しており、技術員を各支部に派遣した。一九三五年に技術員一七七人を各地の支部に送り、委託採種園が五〇〇〇ヘクタール、配布棉種が二四〇万斤、組織した棉花協同組合が五五ヶ所という実績を示した。さらに、満洲と華北における棉花調査と棉花品評会、収穫競賽会、播棉講習会および刊行物の発行なども行っていた(43)。

一九三七年には、技術員数は一九九名とやや増加した。一九四〇年には、各県旗における技術員が六四名、各農事合作社における技術員が二九五名、合計三五九名までに増加している。太平洋戦争勃発後の一九四三年

表４－３　棉作指導技術員数の変遷　（単位：人）

年次	1935年	1937年	1940年	1943
技術員数	177	199	359	1,158

出典：東北物資調節委員会『東北経済小叢書・農産（生産篇）』118～119頁より作成。

表４－４　棉花増殖措置

	種子配布	耕種資金	噴霧器	灌漑施設	災害慰問	採種圃経営	委託採種圃	収穫競賽会
1938年	2,700万斤	2,240万円	不明	不明	600,000円	110ha	不明	各県別に行った
1939年	3,470万斤	573万円	不明	不明	500,000円	135ha	不明	各県別に行った
1940年	3,630万斤	836万円	56,000台	300円	不明	150ha	9,493ha	第一回全国総会
備考	棉花会社負担、農事合作社実施	棉花会社準備、農事合作実施	棉花会社準備、農事合作実施	満洲国政府と棉花会社負担	棉花会社が立て替え	満洲国政府が直接経営	農事合作社委託、日本棉花栽培協会の補助金	各機関共同で負担、実施

出典：東北物資調節委員会『東北経済小叢書　農産（生産篇）』118～119頁より作成。

一二月の状況をみると、棉作関係の技術員一一五八名と大きく増加している（表４―３を参照）。このような棉花増産の初期、中期における技術員の徐々増加と後期における大幅増員は、棉花増殖政策の戦局と連動していると考えられる。しかし、前述の岩尾精一の回想録によれば、棉と洋麻の大増産に際して最も問題となっていたのは技術員の養成であった。年々の急速な増産要求により、技術員の養成に時間を費やす余裕がなくなり、普通の農業学校を卒業した人々を募集し短期の講習を受けさせて、作付けや栽培管理の指導に当たらせざるを得ないことになっていたのである。(44)このような事情から、太平洋戦争期になると技術員の人数は増加したが、技術員としての質は連動していなかったことが考えられる。

満洲国政府は、一九四一年二月七日興農部訓令第六号をもって「繊維作物増産指導に関する件」を発した。これにより、棉花増殖計画実施の円滑化を図り、計画監督部門は行政機関、実践部門は棉花会社であることが決定され、新たな指導体制が確立された(45)。この時期における棉花増産対策の重点は作付面積の確保、耕作の安全性確立、あるいは集荷対策の実施などであった。それのみならず単位面積当たり収穫量の増加を図るそのほかの事業を満鉄・満洲国関係の技術員らが行った。たとえば、品種改良と普及（後節で詳述）、種子の配布、耕作資金の貸付、噴霧器の普及、種子消毒の提唱、薬剤の紹介、灌漑施設の設備、採種圃の経営と委託、災害慰問などの増殖に必要な様々事業も行われたのである（表4―4を参照）。

当時棉花協会の技術員であった本田昌孝の話に以下の内容がある。五、六月の棉アブラムシの退治は、新農機であった噴霧器と薬剤を棉作村に配布するとともに、薬剤の調合と噴霧器の使い方を技術員の実演で農民たちに教えたり、種子の消毒とアブラムシの防除なども技術員が指導をしたりしていた(46)。

戦局が悪化した一九四三年一月、満洲国政府は食糧作物の増産を目的とした「戦時緊急農産増産方策要綱」を発表した。これを受けて、同一月一五日に、興農部が「康徳十年度繊維作物増産蒐荷工作要領」を布告した。この要領は「繊維作物ノ増産ハ原則トシテ面積ノ拡張ヲ行ハズ適地集中ニ重点ヲ置キ之ガ割当面積ノ確保ト単位面積収量ノ増大(47)」を二大目標とし、目標達成の方策として「耕作資金ノ貸付、優良種子ノ配付、施肥ノ奨励、病虫害防除、灌漑施設ノ増設、改善農機具ノ普及(48)」などが提唱されていた。これは、これまで実施してきた作付面積の拡張を停止し、現状の作付面積を確保した上で、単位面積当たりの生産量を増大させることを主眼に置いたものであった。

ところが、一二月になると興農部は「康徳十一年度繊維作物増産蒐荷方策」において前年の面積拡大を行わない方針を転換して、「決戦下繊維需給ノ状況ハ極度ニ逼迫ノ度ヲ加ヘツツアル現状」において「必要ニ応ジ面積拡張ヲ図ルモノトス(49)」と作付面積の拡張を主張した。

る棉花作付の推移

（単位：ha、千斤）

1937	1938	1939	1940	1941	1942	1943	1944	1945
101,124	122,257	142,570	162,865	185,160	164,146	204,500 163,300	204,500 166,000	204,500 240,000
130,960	147,967	190,586	265,060	298,033	214,800	263,200	277,200	292,400
1.295	1.210	1.337	1.627	1.610	1.309	1.287 1.612	1.356 1.670	1.430 1.218
101,127	85,237	105,020	124,768	119,075	129,607	123,495	161,648	222,367
136,749	88,594	113,908	153,702	142,456	143,601	106,923	183,807	249,324
116,363	68,557	82,623	88,080	123,047	89,881	不明	不明	不明
1.352	1.039	1.085	1.232	1.196	1.107	865	1.137	1.121
27.7%	29.3%	29.1%	32.8%	33.5%	33.0%	不明	不明	不明
第1次 五ヶ年計画					第2次 五ヶ年計画			

年のデータは『東北経済小叢書』120頁、日本棉花栽培協会編『満州国の棉花』（1944年）3頁に、繰棉につい

下段のものは改定計画値を示す。斤は満洲国斤であり、1斤＝500ｇである。

4　棉花増殖政策の実績

図4―4は、一九三八年の棉作分布、表4―5は、一九三〇年から一九四五年にかけての棉作状況を表したものである。

表4―5をみるとこの一五年間は、おおむね増加傾向にあり、特に満洲国建国直後、二十ヶ年計画が樹立された一九三三から三四年と、戦局が悪化した一九四四年から一九四五年において大幅に増加していることがわかる。また、日中戦争が勃発した一九三七年以降の生産実績をみると、一九三八年に一度生産量が減少して、それから一九四二年まで漸増となっているものの、増加率は一九三〇年から三七年までの増加率よりはるかに低いことがわかる。そこからは、作付計画に連動するようにして一九四三年に一時減少に転じ、翌年には回復を示している。

棉花増殖が以上のような推移をたどった背景には、複数の要因があった。一九三七年から四二年の漸増（増加率の低下）については、大豆や他の作物の作付面

表４－５　満洲におけ

項目	年度	1930	1931	1932	1933	1934	1935	1936
生産計画	面積	—	—	—	—	—	—	—
	実棉	—	—	—	—	—	—	—
	ha当たり実棉生産量	—	—	—	—	—	—	—
生産成績	面積	34,161	39,052	42,418	52,489	92,870	56,516	81,761
	実棉	不明	不明	不明	97,448	138,844	76,219	114,637
	繰棉	不明	不明	不明	不明	不明	不明	84,545
	ha当たり実棉生産量	不明	不明	不明	1.857	1.495	1.349	1.402
	繰棉歩合	不明	不明	不明	不明	不明	不明	24.6%
備考					20ヶ年計画			

出典：繰棉以外に、1930～1934年のデータは中富貞夫「満洲における棉花の改良と其の将来」に、1935～1945
　　　ては、日本棉花栽培協会編『満州国の棉花』（1944年）３頁より作成。
注：1943～1945年における生産計画面積、１ha当たり実棉生産量に関して、上段のものは初期計画値であり、

積が増加し、棉作面積が漸増したことが挙げられる。

一九三七年の春に樹立された「農業五ヶ年計画」は、特用作物を普通作物より重要な点に置いたが、日中戦争の勃発とその長期化によって日本国内の食糧不足問題、飼料不足問題が表面化した。その結果満洲国に対しては食糧用農産物と大豆（豆粕）の輸出がさらに要求され、その作付面積の増大が図られた[50]ことで、棉作面積の減少または増加率の低下を招くこととなったと考えられる[51]。

また、日本の華北支配によって、満洲における普通作物の地位が高まり、棉花の地位が相対的に低下したという可能性も考えられる[52]。華北地域は食糧自給が困難であるものの、東アジア最大規模の棉作地帯であったからである。つまり満洲農業は華北農業を考慮に入れなければならなかった。

次に、一九四三年の一時的減少と翌年以後の回復という推移がみられることについては、戦局悪化によって一九四三年の食糧増産を至上とする農業政策が、翌

図４－４　1938年における満洲国棉作分布図
出典：『満洲日日新聞』（1938年８月９日～８月12日付、神戸大学新聞記事文庫）。

年には「決戦下繊維需給ノ状況ハ極度ニ逼迫ノ度ヲ加ヘツツアル現状[53]」にあるとして、転換を余儀なくされたことが考えられる。

第一次五ヶ年計画の期間である一九三七年から一九四一年の生産実績をみると、増加傾向を示してこそいるものの計画数値を達成することができていない。その原因は、「諸種事由に起因するも就中栽培指導の不徹底に[54]」あると考えられていた。第二次五ヶ年計画が行われた一九四二年からの実績に至っては、作付面積、実棉生産、単位面積当たり生産量のすべてが計画値を下回る結果に終わった。

以上、本節の内容をまとめると、満洲国における棉花増殖政策は、日本国内と満洲における棉花の需給関係と「国防」上の必要、世界恐慌による大豆価格の暴落による作付け転換、棉作収益の高さなどの総合的な要因により実施された。主な政策としては、一九三三年に「満洲棉花増殖二十ヶ年計画」が策定され、その実施機関として満洲棉花協会、満洲棉花耕作組合と商品化助成機関として棉花会社が設立された。その後、一九三七年に棉花協会が解散されると、棉花増殖事業は興農部と棉花会社によって実施されるようになった。

二十ヶ年計画は、一九三七年と一九四二年に二度改定されながらも、満洲における棉花増殖の中心的政策として機能した。棉花増殖の具体的な事業としては後述するが、品種改良・普及と種子の配布、耕作資金の貸付、噴霧器の普及、種子消毒の提唱、薬剤の紹介、灌漑施設の設備、採種圃の経営と委託、災害慰問などであった。これらの事業の総合的な実績をみると表4―5のように終戦時点における棉作面積が一九三〇年の約六倍と大幅な増加を見せた一方、生産実績は生産計画を大きく下回る結果に終わった。その原因は、表4―5からもわかるように単位面積当たりの生産量の減少である。この点については次節以降で詳述する。

第二節　海城県における棉花の増殖

本節では、満洲国における棉花増殖改良を海城県の事例から見ることにする。

海城県は、土質や気温が棉作に適するため、古くから満洲の棉作中心地であった。海城県の栽培品種は、東洋棉系に属する満洲在来棉である在来黒種、白種、鄭家屯白種が混合歩合で栽培されていたものの、旧軍閥時代の棉花奨励によって、アメリカからの陸地棉の導入と奉山線地域や朝鮮、関東州から移入がなされ、県内における陸地棉の栽培が増加したとされる(55)。

1　満洲国時代の棉花増殖政策

満洲国発足後、棉花増殖の実行機関としての棉花協会が設立されると共に、棉花協会の支部が設置され、海城県に駐在技術員の派遣が行われた。棉花支部には、支部規則が規定され、海城県における棉花増殖と改良の指導要綱となった。以下はその抜粋である。

〔史料四―二〕(56)

(1)支部規則

第一條　当支部ハ満洲棉花協会会則第三條ニ基キ設置ス

第二條　当支部ハ満洲棉花協会海城県支部ト称ス

第三條　当支部事務所ハ海城県公署内ニ置ク

第四條　当支部ハ海城県内ニ於ケル棉作ノ普及改良ヲ図シ栽培者ノ福利ヲ増進スル目的ヲ以テ左ニ揚ゲル事業ヲ行ウ

一、棉花栽培ノ指導及奨励

二、採種圃ノ経営

三、棉花耕作組合ノ指導

四、棉花ノ共同販売斡旋

五、農耕用品共同購入

六、棉花ニ関スル調査
七、其他必要ナル事業

第一條　当支部支部長及主事一名、評議員及技術員若干名ヲ置ク支部長、主事及評議員ハ各名誉職トス
第二條　支部長及主事ハ会長ノ委嘱ニ依り支部長ハ県長、主事ハ参事官之ニ当ル
評議員ハ支部長之ヲ委嘱ス
技術員ハ本部ヨリ配嘱ヲ受ク
第三條　支部長ハ会長ノ監督ヲ受ケ支部ノ事務ヲ掌理シ支部ヲ代表ス
主事ハ支部長ノ命ヲ受ケ支部ノ事務ヲ處理シ支部長事故アルトキハ之ヲ代理ス
第四條　評議員ハ支部ノ重要事項ニ関シ支部長ノ諮問アルトキハ之ヲ審議ス
第五條　技術員ハ支部長ノ命ヲ受ケ支部ノ事務及県内棉作指導ニ従事ス

附則

本規則ハ会長認可ノ日ヨリ之ヲ施行ス

(2)支部役員及職員（康徳三年二月末現在）

支部長	海城県長	陳蔭剅
主事	海城県参事官	鎌倉　巌
評議員	同副参事官	安藤　道夫
同	同総務課長	郭乃畊
同	同経理官	松環

同　同内務局長　韓連昌
同　同財務局長　趙立英
同　同警務局長　張世英
同　同警務局主席指導者　小岩井　諫衛
同　同實業股張　張乃山
技術員　本部派遣技術員　笠井　幸篤
同　同　倉田　勇治
同　同　浦重徳
同　同　宋香寛
同　同　呂世沢

史料四―二によれば、棉花協会海城県支部においては、支部長に県長を、支部主事に参事官を依嘱し、そのもとに棉花協会本部から派遣した技術員を所属させ、棉花栽培の指導及奨励、採種圃の経営、棉花耕作組合の指導、棉花の共同販売斡旋、農耕用品共同購入、棉花に関する調査などの棉花増殖改良事業を行っていたようである。この機構の役割の顔ぶれから県公署と密接な関係を持つことで、増殖事業の指導奨励を容易なものとしようとしていたことが想定できる。

また、棉花協会は、棉花の改良普及の円滑を図るために、棉花耕作農家をもって棉花耕作組合を組織した。一九三三年九月に、海城県第一区に区を単位とする棉花耕作組合を組織し、次いで一九三四年一二月に、第三区、第四区、第八区にも棉花耕作組合を組織した。棉花協会はそれに対して、補助金の交付や指導員の配置をし、県支部の指導監督のもとで各管内における棉花の増殖、改良普及を行った[57]。また、海城県棉花耕作組合規則[58]が公布され、組合の棉花増殖、改良奨励の指針となった。

一九三四年には、棉花協会は海城銭西に原種圃を設置した。この原種圃は総面積二三町、耕作面積二〇町の規模を持ち、事務所、倉庫、繰棉場その他の施設が完備された満洲国で初めての棉花原種圃であった[59]。その後、蓋平、黒山、朝陽三県にも原種圃を設立し、棉花の改良増殖を行った。

採種圃経営については、一九三四年に棉花協会は、奨励品種となる改良陸地棉関農一号の種を配布することを目的に、海城県第一区験軍堡村の土地三一天地（約一九町）を選定し、棉花県支部の指導監督のもとで篤農家に委託耕作をさせた[60]。

具体的には、現地農民が棉花協会会長宛に県支部経由で、耕作場所、面積などを記載した委託採種圃耕作請書を提出し、審査をうけて委託耕作資格を得る形で行われていた。棉花協会からの耕作手当は、一九三四年には、一天地（約六・七反）に六円を支給する規定がなされた。耕作農民は、栽培には棉花協会県支部の指揮監督に従い、生産した実棉をすべて棉花協会に売渡すという規定であった。また、耕作農民が「故意ニ採種条件ヲ怠リ又ハ採種量ヲ減シ損害ヲ生セシメタル」場合は、「当方ニ於テ賠償ノ責ニ可任候也」と賠償責任を明確に定めていた[61]。

左の史料は一九三四年の海城県における委託採種圃耕作状況を詳細に表したものである。

〔史料四―三〕[62]

康徳元年度委託採種圃耕種概況

位置　海城県第一区験軍堡村

耕作面積　三十一天地四畝（十八町歩八反六畝歩）

耕作者数　十六名

整地　二回（秋耕一回、春耕一回）

畦幅　二尺

播種期　自五月一日至五月九日

播種法　満洲在来播種法に依る條播

播種量　一天地当一〇七・五八斤（反当日本斤一六・四五斤）

施肥　土糞一天地当一万二千二百五十二斤を播種又は播種前に之を施したり。

間引　二回（第一回　六月九日　第二回　七月五日）

幼苗の炭疽病に罹り枯死するもの多く、為に第一回の間引時期を延ばし、六月に入り本葉二、三枚発生し側根の生せるを見て之を行へり。

除草　四回（第一回　五月二十二日　第二回　六月九日　第三回　七月五日　第四回　八月三日）

中耕　四回（第一回　五月二十二日　第二回　六月九日　第三回　七月六日　第四回　八月三日）

培土　三回（第一回　六月九日　第二回　七月六日　第三回　八月三日）

病虫害駆除　五月下旬曇天降雨相続き且又気温低下し、為に幼苗に炭疽病発生し、生育稍遅延したるも被害僅小に過ぎず。尚五月十日前後より部分的に蚜虫発生し盛に繁殖せるも、極力之が駆除に努めし為、被害僅小なるを得たり。之が為に要せし経費次の如し（円）。

噴霧器購入費　一〇六、五四
薬剤購入費　六六・四六
計　一七三・〇〇

但し右経費の中、協会竝耕作組合より国幣百四十円の補助せり。

摘心摘梢及除贅芽　二回（第一回八月三日　第二回八月十三日）

収穫　八回、始九月下旬、終十一月中旬

選棉　収穫期に於ける早冷と、急激なる降霜の為、蒴の損害せるものの夥しく、収納品の品質下落せるを以て、収穫後之を選別せり。

抜茎　十一月中旬

収穫高及販売価格（円）

等級	数量	単価	価格	備考
一等棉	三、二五三	一、六二九	五三、〇〇三	単価は一〇〇斤当とす
二等棉	四〇三	一、五八五	六、三八九	
三等棉	一四、五八四	一、三八三	二〇一、七五五	
四等棉	二、八〇〇	九五〇	二六、五九九	
等外棉	二、一八五	七二三	一五、八〇三	
計又は平均	二三、二二五	一、三〇七	三〇三、五四九	

表４－６　海城県棉種配布および回収　（単位：斤）

年度 区別	1934年				1935年	
	貸与戸数	貸与数量	回収数量	免除数量	貸与戸数	貸与数量
第一区	595	34,989	32,979	2,010	274	11,118
第二区	86	5,777	5,226	551	—	—
第三区	—	—	—	—	57	5,450
第四区	89	11,554	10,440	1,114	—	—
第五区	245	19,511	16,322	3,190	14	164
第六区	—	—	—	—	87	1,308
第七区	—	—	—	—	283	5,668
第八区	—	—	—	—	—	—
第九区	199	14,279	13,454	825	15	2,834
第十区	—	—	—	—	29	872
計	1,213	86,110	78,420	7,690	759	27,414

出典：満洲棉花協会海城県支部『海城県の棉花』附録25～26頁より作成。

表４－７　海城県模範指導棉圃

組合名	設置村名	作付面積	摘要
第一区	响堂村	10畝	陸地棉、在来棉各５畝
第三区	上八里河子村	10畝	
第四区	西廟山子村	10畝	
第八区	勝驚堡村	10畝	
計		40畝	

出典：満洲棉花協会海城県支部『海城県の棉花』19頁より作成。

史料四―三は、一九三四年に設立された海城県第一区験軍堡村における委託採種圃の面積や耕作者名から施肥、除草、選棉などの耕作法が詳細に記している。当時の棉花協会県支部の委託、指導監督のもとで、現地篤農による委託採種圃の経営状況を窺い知ることができる。

その実績については、一九三四年の委託採種圃での栽培結果は、天候不順と病虫害により、総収量は二万三二二五斤であり、成績不振に終わったという。しかし、翌年は、同地で約五三天地（約三二町）を前年と同様の経法により篤農に栽培させ、所期の成果を収めたという。[63]

棉花種子貸与は、棉作面積の拡張を目指して棉花協会支部が春季棉種の貸与を行い、天災のようなやむを得ない場合を除き、収穫後同質・同量の種を返済させるものであった。[64]表4―6は、一九三四年と一九三五年の棉種配布と返済状況を表している。これをみると、一九三四年においては、貸与戸数が一二一三戸、貸与数量が八万六一一〇斤で、そのうち七万八四二〇斤の回収ができており、残りの七六九〇斤は免除され、回収率は九一・一パーセントであった。翌年には貸与戸数が七五九戸、貸与数量が二万七四一四斤となって総量、一戸当たり量の双方で大幅に減少している。その原因について、前述のように一九三四年の前年度の棉作に絶好な天気による高い収穫量と栽培奨励の成果、棉作面積は驚くべき増加を示したものの、その年に全満に及ぶ自然災害による農産物の単位面積当たり収穫量が激減したからであると思われる。[65]表4―5の全満の事例と後述する海城県の事例[66]（表4―9）からもわかるように、特に一九三四年の棉花単位面積当たりの収穫量は激減し、次年度の農民の棉作意欲を影響したと考えられる。したがって、棉花協会支部は第三区、第六区、第七区、第十区のような棉作が比較的少ない地域への棉種配布に力を注いだと思われる。

棉花耕作指導員の養成と配置に関しては、一九三四年五月に海城県各主要棉作区より県委託実習生として五名を選抜し、棉花協会海城県原種圃において棉花の栽培技術を修得させた。同年一一月に彼らは各区棉花耕作組合に配置されている。[67]また、棉花協会からは、海城県の農業は粗放農業であって改良を加えるべきこと、農民の知識不足から栽培法の研究が行われていないことが指摘された。これを受けて、県支部は、農民の指導啓蒙の見地から、土地を選定し模範指導棉圃兼棉花豊凶考照試験圃を設置し、棉花協会海城県支部の指導監督の下に篤農家に栽培を委託して、農家の実地指導の資料に供すると同時に、その地域における棉花の豊凶を参照することとした（表4―7を参照）。

さらに、一九三四年には、棉花栽培の改良増殖を目的に、県支部主催で主要棉作地となる第一区、第三区、第四区において棉花多収穫品評会が開催された。その概況を示すのが以下の史料四―四である。

〔史料四―四〕(68)

（一）主催　海城県支部。

（二）出品の区域、資格及方法。

1　一耕作組合を区とし、一天地以上を耕作せるものに就き、村公所を経由し出品棉圃の申込をなさしむ。

2　出品棉圃の面積は各耕作者一天地宛とし、一天地以上を耕作するものは其の圃中より一天地を選定し、之を区画して出品せしむること。

3　一天地の出品棉圃は、数ヶ所に散在することなく、一集団地をなせるものなること。

4　出品棉圃には「棉花多収穫品評会出品棉圃」の標木を建つこと。

（三）審査方法及時期　審査は出品申込の棉圃に就き、九月下旬より十月上旬迄の間に於て予選及本審査を行ふこと。

（四）審査標準　予選審査及本審査の標準は次の通りとす。

予選及本審査採点表

出品人住所	海城県第　区　村		出品人氏名		
区別	項目		採点	摘要	
予選審査	一坪本数 管理 生育 計				
本審査	結莢数 品質 開絮 計				
順位		等級		等	賞金　円

以上の審査は、支部技術員及耕作組合指導員之に当ること。

予選審査基準

項目	満点数	採点標準
一坪本数	二〇	一坪本数五十本を以て満点とし、増減一本ある毎に一点を減じ零点に止む（畦幅一・八尺　株間〇・四尺）
管理	三〇	除草、中耕培土、除贅芽の適当に行はれたるもの
生育及成熟	五〇	育成良好にして成熟促進せられ病中害其他の被害なきもの
計	一〇〇	

本審査標準

項目	満点数	採点標準
結蒴数	六〇	一坪結蒴数最多のものを以て満点とし以下二個を減ずる毎に得点一点を減じ零点に止む
品質	二〇	病虫害の被害少なく品質良好なるもの
開絮	二〇	成熟促進し摘採歩合見込八以上のものを以て満点とし歩合一割減ずる毎に得点五点を減じ零点に止む
計	一〇〇	

(五) 審査成績

区名	出品点数	予選審査点数	本審査点数	合格点数		
				一等	二等	三等
第一区	二八〇	二八〇	二一一	二	五	二〇
第三区	一七〇	一七〇	一五〇	二	五	二〇
第四区	三三〇	三三〇	一三九	二	五	二〇
計	七八〇	七八〇	五〇〇	六	一五	六〇

(六) 賞状と賞金

(1) 賞状

海城県第何区何村

何等賞

今據海城県支部主催棉花多収穫品評会審査結果其成績優秀茲授与賞状

棉花多収穫品評会会長

康徳　年　月　日

⑵賞金

一等五円　二等三円　三等一円

史料四―四には、海城県における棉花多収穫品評会の参加の地区、資格および方法など、そして、審査の方法、基準などが記されている。また、一九三四年の棉花多収穫品評会への参加耕作者が七八〇農家で、その中でも第四区からの参加者が最も多いことも読取れる。当年の審査結果をみると、参加者七八〇のうち、合格者が八〇農家であり、そのうち一等となったのが六農家、二等となったのは一五農家、三等となったのは六〇農家であった。

その作柄については、播種後において例年より低温と加湿のため生育が遅延し、特に開花初期の降雨により有効開花に悪影響があり、結蒴数がやや悪化した(69)。しかしながら、出品者のその後の管理により、開絮状況と品質はおおむね良好で、品評会は、初期の試みにもかかわらずほぼ所期の目的を達したとされた(70)。

以上のような棉花増殖対策は、海城県にある棉作中心地で強制的に進められた。たとえば、海城県における大河沿屯、大甲屯、金家屯の三つの村の状況をみると、農家の経営面積の大小、労働力の多少、農家の経済力、農家の技術などを考慮することなく、もっぱら棉作適地か否かの県棉花協会の判定によって、棉作地と指定された耕地にほかの作物の栽培が厳禁された（作付地指定制）のである(71)。このような強制的棉花栽培政策は、農家の作付の裁量権を無視した強権的な政策であった。

2　棉花増殖政策の実績

以上のような棉花増殖政策による海城県における棉作の変化を見ていくこととする。

表4—8は、県内の主要棉作地である八ヶ村の一九三〇年から一九三四年までの変化を表したものである。一九三〇年に陸地棉の作付割合はわずか三パーセントに過ぎず、在来棉の割合は九七パーセントとなっており、在来棉が圧倒的であった。しかし、一九三一年から、特に満洲国発足後の一九三二年から、陸地棉の割合が明らかに増加しており、棉花多収穫品評会が開催された一九三四年には、陸地棉の作付割合は八〇パーセントに達し、四年間で二六五倍に激増している。

表4—9は、県全体における一九三二年から一九四〇年までの棉作状況の変化を表したものである。棉作面積をみると、一九三二年に約八〇〇ヘクタールであったが、一九四〇年に一万六七一三ヘクタールになり、約二〇倍の増加となっている。全作付面積に対する棉作割合は、一九三二年にわずか〇・八パーセントであったが、一九三七年には一〇・四パーセントのピークとなった。翌年に多少下がっているが、一九三九年からまた上昇傾向を回復している。公主嶺農事試験場に調査された一九三九年には、棉花の作付面積比率が七・一パーセントになっているものの、図4—5と図4—6のように海城県における棉花栽培地域は連京線を中心とする東西に跨る一帯に限られているため、当地域の棉花の作付比率ははるかに高く、棉花を栽培する四二の街村の平均比率は一六・八パーセントで、一九四〇年の栽培予定は二一・四パーセントとなっていた[72]。

在来棉と陸地棉の作付割合をみてみると、一九三二年において陸地棉の作付面積はわずかであったが、一九三四年になると在来棉とほぼ同じ作付面積となった。その後、陸地棉作付割合はさらに高くなり、一九四〇年

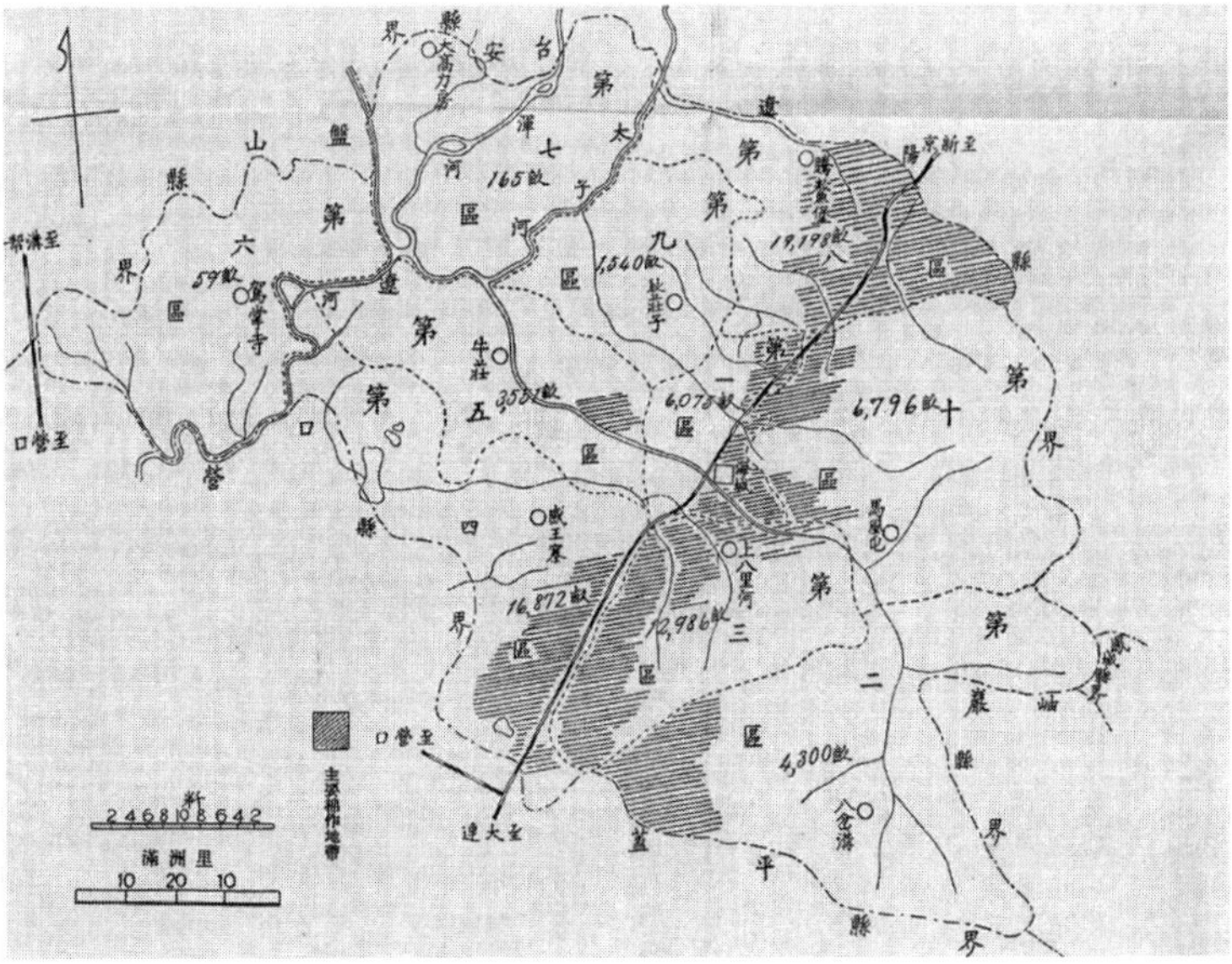

図４－５　海城県の棉作分布図（1934年）

出典：満洲棉花協会海城県支部『海城県の棉花』９頁。

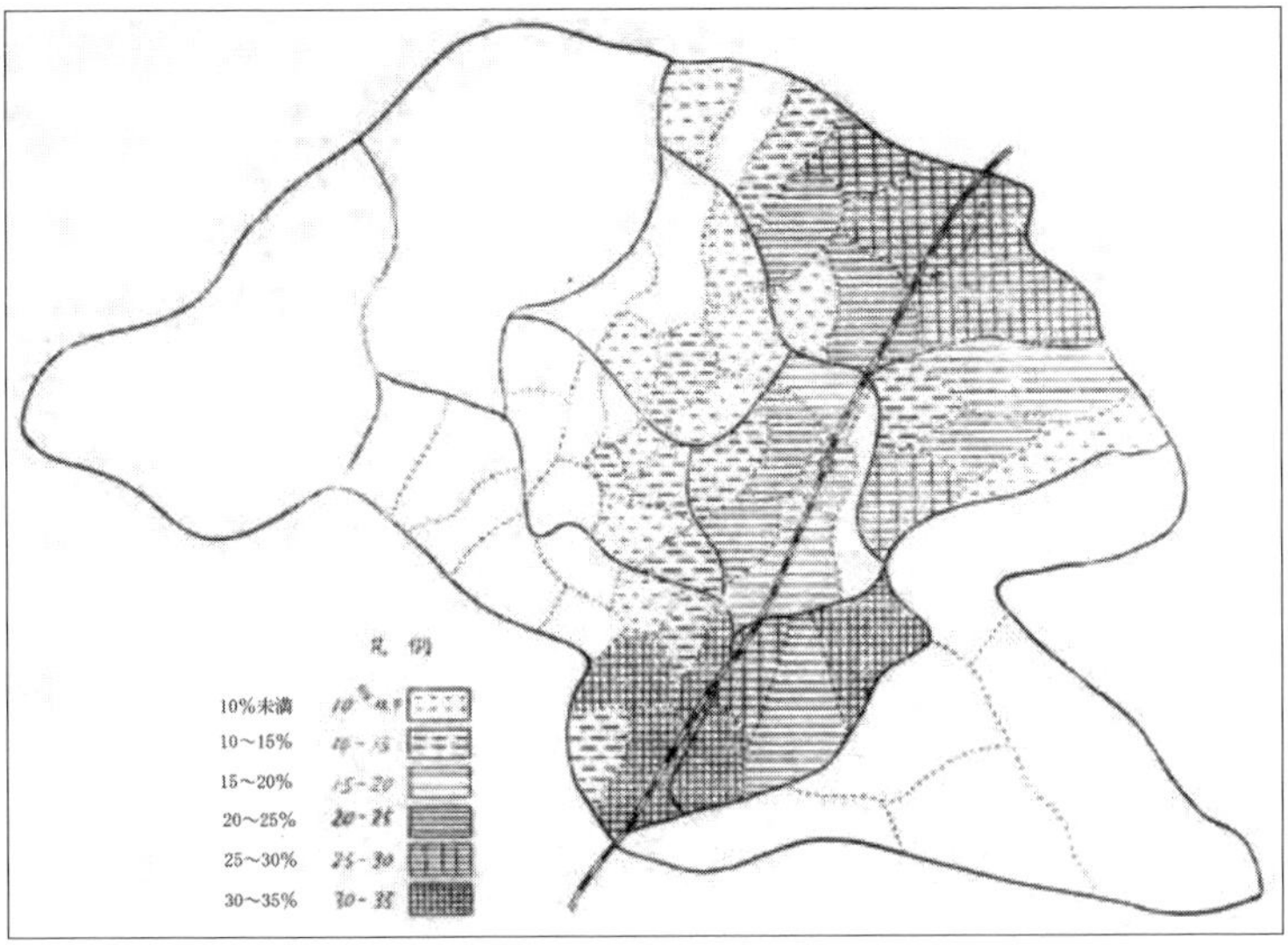

図４－６　海城県の耕作面積に対する棉作面積の割合（1939年）

出典：満洲国立公主嶺農事試験場『棉作地の農村及農家経済』（1941年）５頁より作成。

棉花作付面積の推移　(単位：ha)

1933年		1934年	
123.70	40.3%	779.48	80.4%
182.97	59.7%	189.57	19.6%
306.67	100　%	969.05	100　%

花作付面積と収穫量の推移　(単位：ha、kg)

1937	1938			1939			1940		
作付面積	作付面積	収穫高	ha当り収穫量	作付面積	収穫高	ha当り収穫量	作付面積	収穫高	ha当り収穫量
4,600	2,200	1,300,000	600	600	410,000	683	0	0	0
10,400	6,400	8,138,000	806	6,300	1,1310,000	814	16,713	12,351,000	739
700	3,700			7,600					
15,600	12,300	9,438,000	767	14,500	1,1720,000	808	16,713	12,351,00	739
10.4%	7.1%	—	—	7.1%	—		7.8%	—	—

54頁、満洲棉花協会海城県支部『海城県の棉花』(1936年) 附録2頁、満鉄調査部『満洲経済提要』(1938

参照資料の数値のまま引用した。

当たり生産量が相対的に少ない。当年は、水害により1000haが無収穫となり、総作付面積に対するha当り

表４－８　海城県における

品種＼年度	1930年		1931年		1932年	
陸地棉	2.98	2.9%	11.31	8.4%	48.79	25.7%
在来棉	101.15	97.1%	122.57	91.6%	141.02	74.3%
合計	104.13	100　%	133.88	100　%	189.81	100　%

出典：満洲棉花協会海城県支部『海城県の棉花』（1936年）10頁より作成。

表４－９　海城県における棉

年度	1932	1933			1934			1935	1936		
項目	作付面積	作付面積	収穫高	ha当り収穫量	作付面積	収穫高	ha当り収穫量	作付面積	作付面積	収穫高	ha当り収穫量
在来棉	800	不明	不明	不明	2,144	1,486,173	869	800	不明	不明	不明
在来陸地棉	僅か	不明	不明	不明	2,113	2,097,753	625	900	不明	不明	不明
改良陸地棉	—	—	—	—	—	—	—	—	—	—	—
合計平均	800	1,897	2,390,976	1,260	4,257	3,583,926	842	1,700	8,430	6,400,444	759
棉作面積割合	0.8	0.8%	—	—	4.6%	—		2.0%	5.4%	—	—

出典：満鉄調査部『満洲農産統計　昭和13、14年』（1940年）49頁、267頁、『満洲農産統計　昭和15年』（1940年）
年）387頁、満洲国立公主嶺農事試験場報告第四十二号『棉作地の農村及農家経済』（1940年）３頁より作成。
注：在来棉は、在来東洋棉と在来改良棉を指し、陸地棉は在来陸地棉と改良陸地棉を指す。
1932年、1937年の収穫量は不明である。1937年の在来棉と陸地棉の作付面積の合計は100haの差があるのは、1938年のha当たり生産量は災害による無収穫面積を除いた収穫面積に対するものであり、総作付面積のha収穫量は在来棉が600kg、陸地棉が803kgであった。

にはほとんど陸地棉のみの作付となっている。海城県の大河沿屯、大甲屯、金家屯の三つの村における一九三九年の状況をみると、棉作戸数の全農家戸数に対する割合はそれぞれ六六パーセント、五五パーセント、八四パーセントとなっており、作付面積に対する棉作面積は、金家屯が約五割、大河沿屯が三割以上であった。大甲屯の棉作戸数比率が相対的に低いのは、屯の自然条件により農家の棉花栽培意欲が消極的であったからだという[73]。

義県の場合は、一九三三年の棉作面積を一〇〇とすると、一九三九年に二四八まで増加している[74]。

以上のことから、海城県における棉花増殖政策は、陸地棉の普及奨励が中心で、その結果として、棉作面積におけるその割合は増加した。一九四〇年代には、棉作総面積が一九三〇年代初期の約二〇倍となり、作付面積に対する棉作面積の割合も上昇していった。そして、棉作面積中の陸地棉の作付割合も増加し、一九四〇年になると棉作はほとんど陸地棉になった。

第三節　棉花の改良と普及

本節では、棉花改良と普及について検討する。

1　棉花試験改良

本項では、満鉄農事試験場編『農事試験場業績・創立二十周年記念・熊岳城分場篇』[75]、満田隆一監修『満洲農業研究三十年』[76]、満洲国立公主嶺農事試験場編『満洲国立公主嶺農事試験場報告』[77]、および中富貞夫『満洲に

おける棉花の改良と其の将来』[78]などに基づき満洲における棉花試験改良の実相を明らかにする。

満洲における棉花品種改良は三段階に分けることができる。

第一期は、満鉄が発足した明治の末期から大正末期における栽培試験である。この時期は品種の育成ではなく、在来品種（東洋棉）と外来陸地棉などのさまざまな品種の比較試作が行われた。

明治末期に関東庁農事試験場が、米国ヘンダーソン協会から、若干のアメリカ棉種を輸入し、大連で試作したのが日本人による満洲における最初の棉花改良活動であった。この試作は農事試験場首脳部の更迭により中止となったといわれる[79]。

本格的な棉花試験は、一九一四年の満鉄農事試験場熊岳城農事試験の設立により着手される。同年には、朝鮮の木浦の勧業棉作支場から種子を取り寄せて栽培試験を行った。その主な内容は、陸地棉（Kings improved と Simpkins improved）と朝鮮と中国で古くから栽培されてきた在来東洋棉との単位面積当たり収穫量の比較であった。その結果、上記の二つの陸地棉品種が、成熟期における降雨により、収穫不良であったため、一九一八年に試験中止となった。また、満洲棉作地域は高緯度地域であるために、熊岳城附近には陸地棉の栽培が適しないという結論が出されたのである[80]。

そして、一九一九年から満洲在来棉の各品種の単位面積当たり収穫量比較試験に重点を置き、試験結果により在来赤木黒種が赤木白種より優良であることが証明された[81]。この試験結果は、一九三二年の満洲国建国後の棉花増殖の際に、在来棉では赤木黒種を中心に普及が進められたことと関係すると考えられる。

一九二一年には、熊岳城農事試験場において再び陸地棉種の試作が行われ、若干の開花を見せたため翌年から陸地棉の試験が再開された。この試験によって、南満地域の気候が米国系陸地棉の栽培に適していることが明らかになったので、満鉄と関東庁は管轄地域においてこの品種の普及奨励を開始した。なお、この時普及が進められた品種は満洲国成立後には、軍閥政権が導入した米国系陸地棉と合わせて在来陸地棉と呼称された。

また、同年には鳥取県、栃木県からの日本種の試作・灌水試験が行われた。この試験では、満洲においては棉花の生育旺盛期に灌水が必要であることが提唱され、数年間の試験を経て実証された。以後棉作における灌水は、満洲国時代の主要な棉花増殖対策の一つとなった。

一九二二年以後は、鳥取県農事試験場、中国内地、トルコ、エジプト（史料四—五を参照）、インドおよび北アメリカなどから、さまざまな品種を輸入し、比較栽培を行った。大正末期までに百数十以上の品種を試作し、優良と思われるものは、さらなる品種試験、耕作試験が実施された。

〔史料四—五〕(82)

公信第七〇号

大正十五年二月二十三日

在坡西土領事代理　黒木時太郎

外務大臣男爵幣原喜重郎殿

棉種送付ノ件

本件ニ関シ客年十二月十六日附ヲ以テ南満洲熊岳城満鉄農事試験場ヨリ埃及棉種送附方申越セラレシニ付不取敢在亜港日本棉花株式会社支店長ヲ通シ埃及農務省ヨリ必要ナル種子ノ入手ヲシ会社ヨリ直接前記試験場宛本月十九日送附済ニシテソレカ説明等ハ同会社ヨリ申進シタリ就テハ種子ハ埃及政府ヨリ寄贈セ

ラシモ之ニ要セシ送埃及貨三十八「ヒヤスター」半（英貨八志）当館ニテ立替置キシテ付本件同農事試験所ニ御移牒ノ節直接当方ニ送金方申添置相成度右御依頼申進ム

これら海外品種の入手経路については、史料四―五のように領事館を通して手に入れることもあるものの、熊岳嶺農事試験場の堀尾省三のようにタシケント農事試験場から手紙に各品種の種子を同封して送付して貰うという技術員個人の人脈を利用する場合もあった(83)。

このように、明治末期から大正末期までの第一期における棉の試験は、主に比較試作を中心にして行われた。

第二期は、大正末期から満洲事変までである。

一九二六年に、金州の関東州農事試験は、朝鮮の木浦から取り寄せた陸地種であるキングス・イムプルーヴドを原種として、純系分離試験を開始した。その結果、一九三〇年に陸地棉優良品種である関農一号が完成した。関農一号はその後政策によって広く普及し、満洲棉作史上画期的な品種であるといわれることとなった。

満鉄関係の農事試験場においては、一九二八年に農事試験場熊岳城分場が遼陽棉花試作場と改称され、翌年以降、満洲在来棉の純系分離、在来棉と日本棉との交配などを実施して、熟期が在来棉程度の早熟、繰棉歩合が高い早熟豊産種の育成を試みた。また、改良品種の試験のほか、播種期間試験、土壌試験、肥料試験などの栽培試験も行われていた。

つまり、この時期は、単なる品種の比較試験や在来品種の改良ではなく、新たな改良品種の育成試験とそれにともなうさまざまな栽培試験を実施する段階に入っていた時期であった。

第三期は、満洲国発足の一九三二年から終戦までである。

一九三二年には、満洲国政府により棉花の改良増殖二十ヶ年計画が樹立され、翌年に満洲棉花協会も設立され、棉花の指導奨励普及の役割を果たした。その実態について、後節で検討する。前述の関農一号とキングス113―4が奨励品種となったものの、熟期、収穫量、樹型などにおいては、後者が前者と大差がなかったことから、中途で廃止され、関農一号のみとなった。

一九三三年には、奉天省農事試験場（後の国立農事試験場錦州支場）が設立され、棉花の品種改良および栽培法試験が実施される。関農一号に「ゴーチ」を交配して育成した早熟性かつ繰棉歩合が高い優良品種である錦育五号の育成に成功した。

一九三四年には、満鉄は満洲棉花生産地の中心である遼陽に、新たに遼陽棉花試験場（後の国立農事試験場遼陽支場）（図4―7を参照）を設立し、熊岳城分場から棉花部門を移行した上で、機能を拡大し、公主嶺本場の直轄機関とした。そして、一九三五年に、康平県を中心とする棉作地帯に適した早熟豊産である在来改良棉「遼陽一号」の育成に成功した。また、奨励品である前述の関農一号、遼陽一号の播種期、播種量、間引、畦幅株間、除草中耕培土、摘心、施肥などの栽培法の改善にも力を注ぎ、所期の成果を挙げた。苗立枯病、棉蚜虫などの棉花の病中害防除に関する試験は、公主嶺農事試験場において行われた。

第三期における棉花農試験は、第二期よりさらに発展し、錦育五号と遼陽一号が育成された。特に関農一号の試験栽培が重点的に実施され、満洲国棉花増殖事業において最も広く奨励された奨励品種となった。

以上、満洲における棉花品種改良事業を明治末期から大正末期まで、大正末期から満洲事変まで、満洲国発足の一九三二年から終戦までの三時期に分けることができる。それぞれの特徴は、品種の比較試作、新たな改

図4－7　遼陽棉花試験場の設立
出典：「満洲日報」（1934年11月28日付、神戸大学新聞記事文庫）。

良品種の育成試験とそれにともなうさまざまな栽培試験、さらなる改良品種の育成と関農一号の試験栽培と奨励・普及であった。

2　品種の特性

本項では、満洲における棉花の在来種と改良品種の特性を紹介する（図4—8～10、表4—10を参照）。

まず、在来棉東洋棉について紹介する。鄭家屯白種は北緯四三度の鄭家屯附近に古くから栽培されてきた在来種であり、熊岳城農事試験場の堀尾省三により命名された[84]。極めて早熟種であるため、満洲棉作地の最北部に適し、繰棉歩合は二三パーセント前後である。好適な地域としては、康平県を中心とする遼河の西岸地域であり、北は鄭家屯附近まで栽培可能とされた[85]。熊岳城農事試験場の品種試験においては、六年間の平均ヘクタール

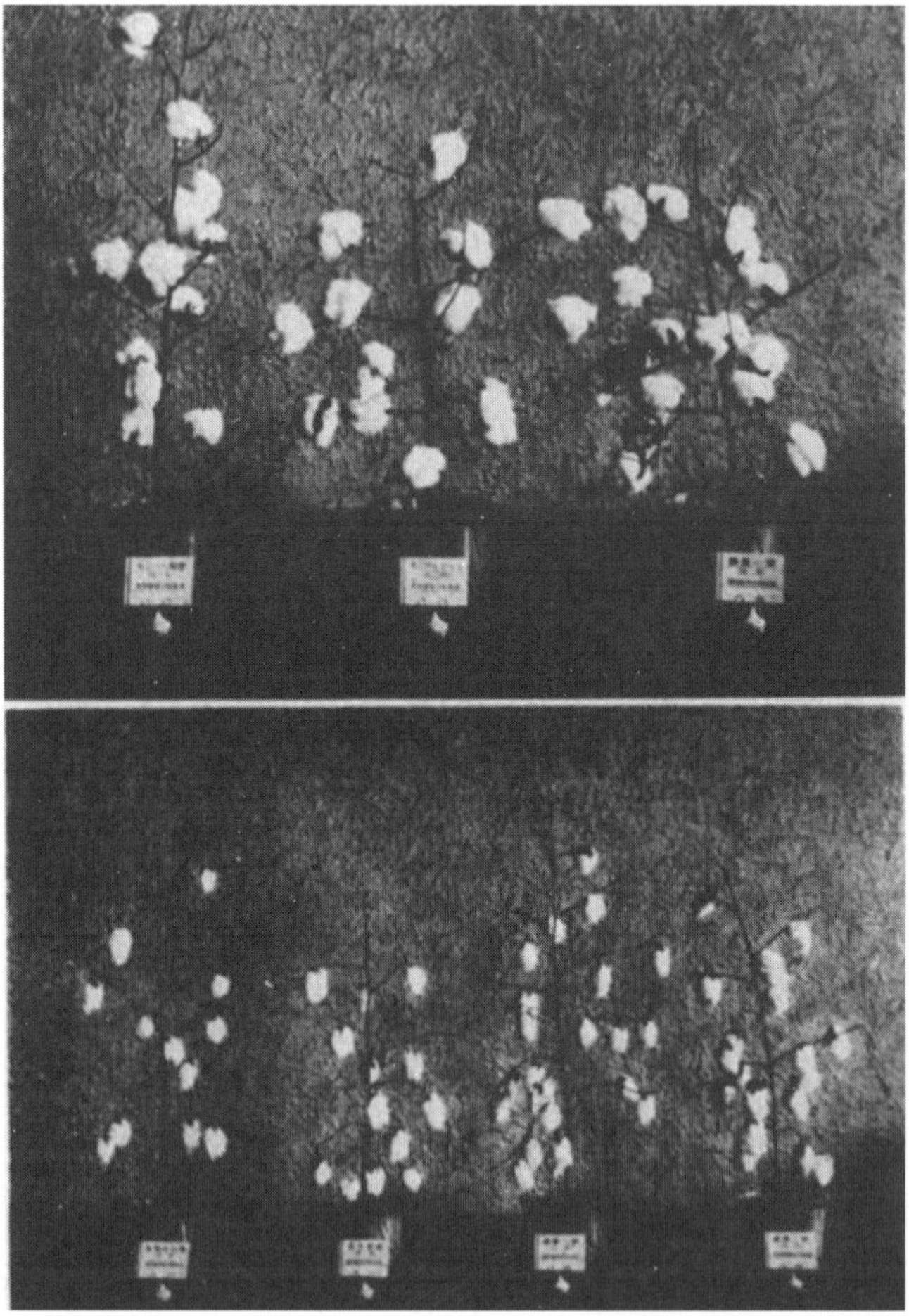

陸地棉（右より）
関農一号（改良棉）
キングス一一三号—四
キングス短節

在来棉（右より）
遼陽二号（改良種）
遼陽一号（改良種）
赤木黒種
鄭家屯白種

図4－8　満洲における主要棉花品種

出典：満鉄広報課編『満洲農業図誌』（非凡閣、1941年）71頁。

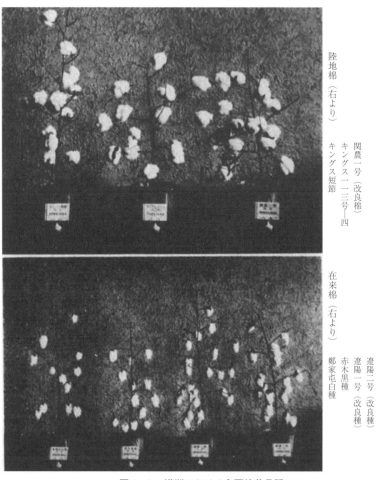

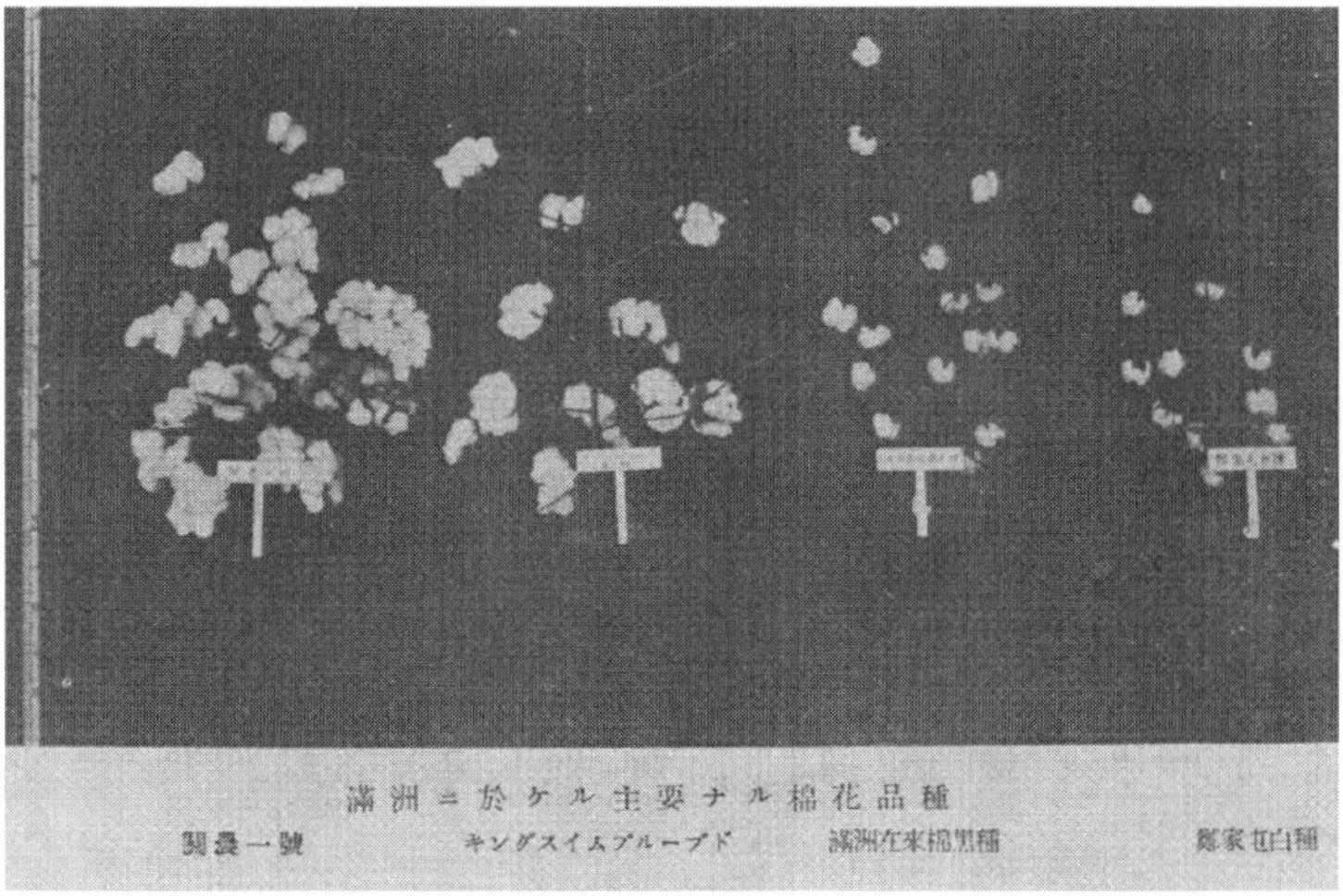

図 4－9　満洲における主要棉花品種
出典：関東庁内務局『関東州に於ける棉作奨励』（1934年）扉頁。

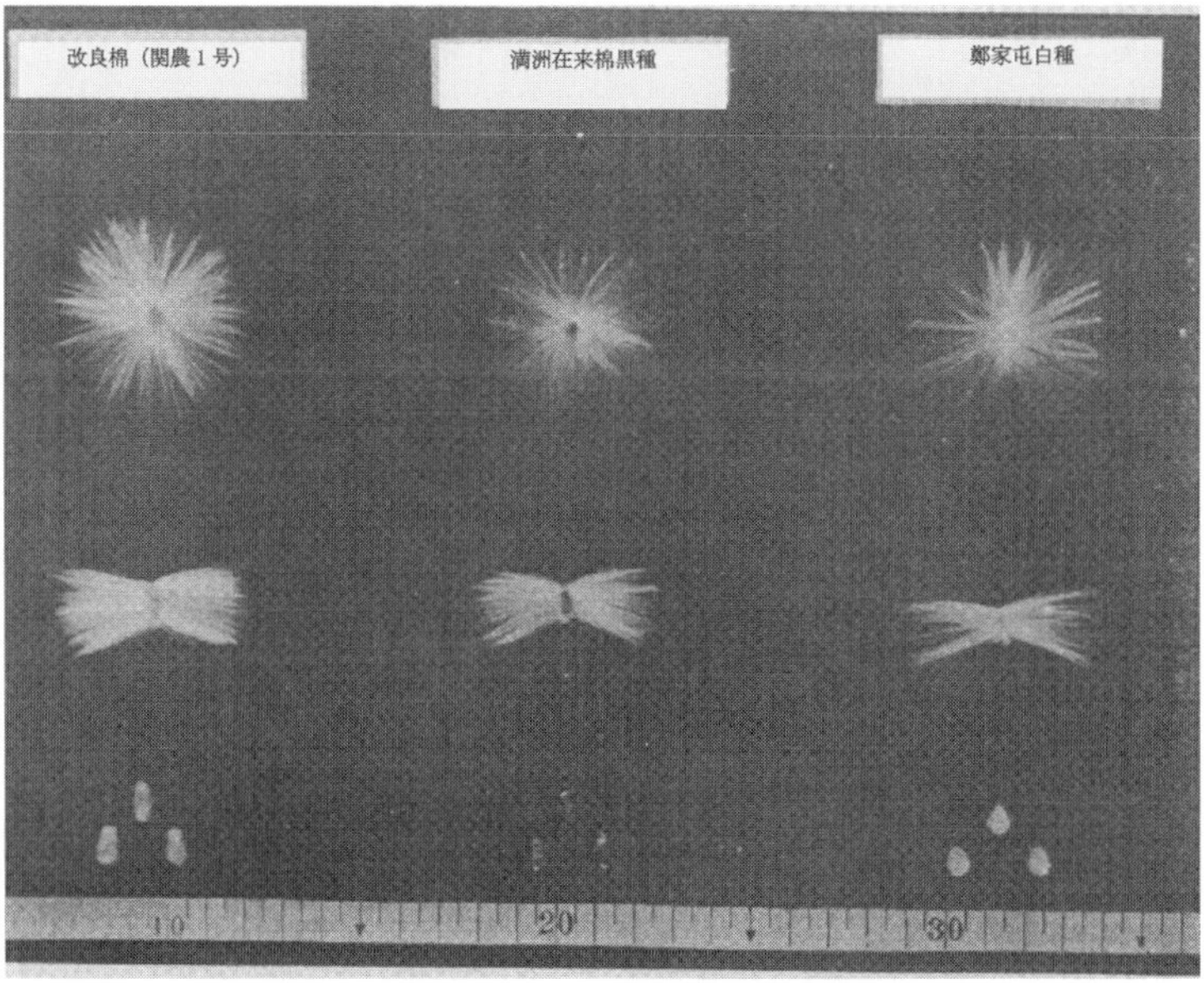

図 4－10　関農一号と満洲在来棉の繊維長比較
出典：関東庁内務局『関東州に於ける棉作奨励』（1934年）扉頁。

表4-10　満洲における棉花品種の特性

品　種	開花期 月　日	開絮期 月　日	繰　棉 生産量 (kg/ha)	繰　棉 生産量 比較	繰棉歩合 (%)	繊維長 (粍)	張力 (瓦)	備　考
赤木黒種	7/20	9/4	316.0	100	25.7	24	8.4	在来東洋種早熟
鄭家屯白　種	7/18	8/29	269.3	94	23.4	28	6.9	在来東洋種早熟
木浦113-4	7/23	9/19	390.0	124	35.0	25	5.9	
森　岡	7/22	9/11	431.5	136	31.3	26	7.7	日本棉
紫蘇2号	7/29	9/19	380.5	122	33.8	25	8.8	
龍　岡	7/24	9/12	395.5	118	27.9	27	7.8	
キングス113-4	7/25	9/19	395.5	132	35.3	27	5.5	
関農1号	7/19	9/10	597.6	138	38.3	29	8.0	陸地棉早熟改良種
遼陽1号	7/25	9/12	388	123	28.9	29	7.0	在来棉早熟改良種

出典：遼陽1号、木浦113-4以外は、『農事試験場報告　第三九号　満洲に於ける農林植物品種の解説』（1936～1937年）53～54頁、『満洲経済提要』（1938年）390～391頁による。遼陽1号は、『遼陽一号の育成報告』（1937年）5頁により、熊岳城における1931～1933年の試験平均値をとった。木浦113-4は『満洲の棉花問題』（1935年）10～11頁により、熊岳城地方における1929～1933年の平均値をとった。

当たり繰棉収穫量が二六九キログラム、種実収量が八九〇キログラム、棉茎風乾量が一二〇〇キログラムであった(86)。満洲在来種の中、繊維が最も柔軟かつ細いといわれた。また、撚曲が多く、毛足も長く、平均二五・七ミリを有し、長いものは三〇ミリを越える(87)。

赤木系品種(88)は二種あり、黒種、白種ともに中熟性であり、奉天以南の連京線、奉山線および錦承線沿線の諸県での栽培に適していた。赤木黒種は、繰棉歩合が二五パーセント前後、赤木白種は、繰棉歩合が二三パーセント前後である。繊維長は白種が黒種に比べて長く、二四・七ミリを有している。しかし、繊維張力においては黒種のほうが優良であり、紡績原料としては黒種の方が優良である。熊岳城試験場の試験におけるヘクタール当たり収穫量は、黒種、白種とともに繰棉が三一六キログラム、種実が九一〇キログラム、棉茎風乾量が一二〇〇キログラムである。

次に、在来陸地棉に関して紹介する。

在来陸地棉は、改良陸地棉の育成が完成する前の陸地棉（主に米国棉アップランド系の棉）であり、改良陸地棉と区別するために在来陸地棉といわれていた。一九〇七年からの関東州農事試験場におけるアメリカからの陸地棉の試作とその後の管内地における普及、および旧軍閥時代の棉花奨励の当時アメリカから陸地棉の導入と朝鮮、関東州からの移入によるものである。主に、陸地棉キングス・イムプルーヴド、陸地棉ウェッバー、陸地棉ライトニングエッキスプレスなどの品種からなっていた。特に早熟系のキングス・イムプルーヴド種は最も多く栽培され、この品種の繰棉歩合は三三から三五パーセントに及び、一蒴の棉重は在来棉の約四倍に達する。繰棉歩合、一蒴棉量において、品質優良の長所があるが、気候の影響を受けやすく、病虫害に対し在来東洋棉に比べて弱いという短所がある。また、生育期間が割合長いため満洲のような無霜期間の短い地域では、霜害をうけやすく、年により豊凶の差が大きい弱点もあった[89]。

さらに、改良棉について紹介する。

関農一号[90]は前述のように関東庁農事試験場において、一九二八年に朝鮮産キングス・イムプルーヴドより純系分離により育成した早熟豊産改良陸地棉品種であり、一九三三年に満洲国奨励品種となった。前述の在来二種より比較的晩熟であるものの、在来陸地棉より二週間ほど早熟である。海城県と黒山県以南の連京線、奉山線沿線、錦県以南の義県、朝陽県、凌県などの満洲棉作地の中でも気候条件のよい南方地域に適した品種である。繰棉歩合は三三から三五パーセント程度であり、在来種より二〇から三〇パーセント程度の増収を示す。

繊維は鄭家白種より多少劣るものの、長繊細であった。関東庁農事試験場の一九二八年、二九年、三〇年における一ヘクタール当たり平均収穫量試験をみると、実棉が一五二二キログラム、繰棉が五六〇から五九〇キログラム前後に達しており、在来東洋棉より六六パーセントの増加を示している。

関農一号は、満洲国の主な奨励普及品種となり、その栽培方法も棉花協会の技術員により改善され、棉作農家への指導も行われた。一九四〇年に興農部農産司により『満洲ニ於ケル陸地棉奨励品種「関農一号」ノ栽培法ニ就テ』[91]（以下『栽培法』と略する）が作成された。『栽培法』は、満洲の気候を分析した上、関農一号を栽培する時の整地と畦立、播種（播種期、播種量、種子の予措、播種法、覆土、鎮圧）、肥培管理（施肥、栽植密度）、間引、追播、移植、除草、倍土、摘心、間作と混作、連輪作、病虫害などに関して詳述しており、棉作農家の関農一号栽培の指導的な役割を果たしていった。

遼陽一号[92]は、一九三五年に遼陽棉花試験場（後の国立農事試験場遼陽支場）が来棉鄭家屯白種の純系分離により育成した早熟豊産改良在来品種であり、一九四四年に満洲国奨励品種となって普及が開始された。その育成に当たったのは、当試験場の技術員寺田慎一と伊東隆雄であった。その優秀な特性は当時史料四—六のようにいわれていた。

〔史料四—六[93]〕

（イ）極めて早熟にて、熟期は満洲在来種の鄭家屯白種より二、三日早く、同じ赤木黒種より一週間乃至一〇日間、陸地棉早熟種の「関農一号」、「キングス一一三号」等より二〇日以上早い。

（ロ）遼陽以北の適地にては極めて豊産にて、遼陽、開原等に於ける試験結果は何れも地方在来種の七割以上の増収を示して居る。

（八）纎維長く品質優秀にて、経済上適当と認められる。単独紡番手は三〇―三二番手で、陸地棉キングス系統より稍細手を又赤木黒種より遥かに高級な系を紡出し得る。

遼陽一号の主な適地は、遼陽以北に位置する棉作地帯とそれ以南の平坦で地下水位が高く排水不良となる地域である。熊岳城、遼陽、開原の三つの地域における一九三一年から一九三五年の試験成績をみると、繰棉歩合は二五から二六パーセントであった。ヘクタール当たりの生産量は、繰棉が三八八・三キログラム（一九三一年から一九三三年の平均）であり、在来東洋棉よりよい実績を示している。遼陽地域における試験をみると、一九三四年から一九三五年のヘクタール当たりの繰棉生産量は一九三四年に発芽不良のためわずか一八一・七キログラムであるものの、翌年には三三四・七キログラムに達している。開原地域における試験では、一九三三年にヘクタール当たりの繰棉生産量が二五一・一キログラムであり、一九三四年、一九三五年には発芽不良のためわずか七四・六キログラムと一五三・七キログラムであった。

遼陽一号の諸特性のうち、本品種の最大の特性は熟成の早いことと生産量の多さである。しかし、前述の発芽不良による収穫不良からもわかるようにその収穫は育成段階において不安定であった。これも本種の育成成功は一九三五年であったものの、栽培法の改良・定型のため、奨励品種として正式に定められたのは九年後の一九四四年であったことと関係があると考える。

以上まとめると、在来東洋品種である鄭家屯白種、赤木白種、黒種の特性は、気候に適し、病虫害に対する対抗力が強く、早熟性である一方、単位面積当たり生産量と繰棉歩合が比較的低くなっていた。その反面、在来陸地棉は、単位面積当たりの生産量と繰棉歩合が比較的高い一方、育成生育期間割合が長く満洲気候に適さない特性があった。また、朝鮮や日本から導入した木浦一一三―四や森岡などの陸地棉も、同じような特性を持っていた。

棉作（1936～1939年）

<table>
<tr><td rowspan="3"></td><td colspan="5">ha当り収穫量（実棉）(kg)</td></tr>
<tr><td colspan="2">在来棉</td><td colspan="2">改良棉</td><td rowspan="2">平均</td></tr>
<tr><td>在来東洋</td><td>在来陸地</td><td>改良陸地</td><td>改良在来</td></tr>
<tr><td>合計</td><td></td><td></td><td></td><td></td><td></td></tr>
<tr><td>57,318,847</td><td>700</td><td>692</td><td colspan="2">977</td><td>701</td></tr>
<tr><td>68,374,883</td><td>660</td><td>678</td><td colspan="2">851</td><td>676</td></tr>
<tr><td>44,324,355</td><td>412</td><td>564</td><td colspan="2">747</td><td>520</td></tr>
<tr><td rowspan="2">56,943,101</td><td rowspan="2">387</td><td rowspan="2">529</td><td>692</td><td>621</td><td rowspan="2">542</td></tr>
<tr><td colspan="2">692</td></tr>
</table>

農事試験場により育成された新たな品種である関農一号（改良陸地）、遼陽一号（改良在来）の特性をみると、早熟特性をもち、繰棉単位当たり生産量、繰棉歩合などが在来品種より高く、栽培適地も狭くないことがわかる。このような特性も、この二つの品種が満洲国の普及奨励品種になったことと無関係ではないであろう。

3　改良品種の普及奨励

棉花増産奨励開始に当たって、最初に奨励品種に選定されたのは、米国系の外来陸地棉であった。その後に改良品種の育成成功により、前述のように関農一号と遼陽一号が主な奨励品種となった。そして、繰り返しの試験により関農一号、遼陽一号の栽培上の諸問題（播種期、間引、畦幅、株間、除草、中耕、培土、摘心など）を解決し、普及奨励の円滑化を図った。(94)

まずは、棉花増殖第一次五ヶ年計画が終わった一九四一年までの状況を確認する。

関農一号に関して、前述のように一九三三年に二十ヶ年計画が立てられた

表4-11　満洲国における

年度＼項目	作付面積（ha）					収穫量（実棉）（kg）			
	在来棉		改良棉		合計	在来棉		改良棉	
	在来東洋	在来陸地	改良陸地	改良在来		在来東洋	在来陸地	改良陸地	改良在来
1936年	52,888	27,852	1,021		81,761	37,043,728	19,277,585	997,534	
1937年	57,100	39,211	4,816		101,127	37,701,526	26,577,047	4,096,310	
1938年	45,677	22,037	17,523		85,237	18,808,089	12,426,606	13,089,660	
1939年	36,409	28,207	40,318	73	105,007	14,089,108	14,911,051	27,897,633	45,309
			40,391					27,942,942	

出典：日満農政研究会新京事務局編『満洲農業要覧』（1940年）343、347、357、425～427頁より作成。

時に普及品種として定められる。一九三三年四月に、棉花協会が関東庁農事試験場から原種五ヘクタール分の分割を受け、蓋平原種圃において作付した。同年、天候に恵まれたこともあって、ヘクタール当たり実棉が二五七〇キログラムに達し一躍脚光をあびた。原種圃で生産された原種が一般農民用に配布され、作付が一九三四年に五一ヘクタール、一九三五年に二〇〇ヘクタール、一九三六年には一〇一七ヘクタール、さらに一九三七年に五〇〇〇ヘクタールとなり、飛躍的に増加した。このような状態において、棉花協会の原種圃生産の原種が不足し、民間委託採圃の設置が余儀なくされた。大面積の民間委託採種圃が設置されるにあたり、技術員たちの努力のみならず、新たに育成された関農一号が満洲在来棉や中国内地からの在来陸地棉に比べて、著しく生産量が多く高い収益をもたらしたため、順調に進捗した[95]。

前述のように一九三七年になると棉花統制法により、棉花の栽培、売買と消費が国家によって統制されるようになった。満洲国政府は、改良棉花種子の確保を改良増産計画に関する根本問題と認識し、一九四一年までに計画面積の八五パーセントを改良棉花に置き換える方針の下で、改良棉花の原種圃を経営し、生産を行った。そして、その生産した原種の純系を守る目的で、農民間の繰棉による種子の混入を防止するために、農民に実棉のまま棉花会社に販売するように統制し、繰棉作業を棉花会社以外が行うことを禁止

した。(96)

また、県レベルでは、県が興農合作社と協議して村別に栽培面積の割り当てを決定し、棉花会社はそれに基づいて種子を配布することとした。棉花会社の繰棉作業により選別された改良品種種子は、原種圃―採種圃―採種圃を経て育成された改良品種種子とともに、前年度の種子を更新するのである。そして、他品種との交雑を防ぐため棉花会社以外の棉種の播種は禁止されていた。(97)このような棉作農民に対する統制の狙いは、戦時における特用作物の供給であることはもちろん、改良棉花の普及促進政策の徹底という側面も存在していた。

表4―11は一九三六年から一九三九年の満洲国における棉作を表したものである。表からみると、在来東洋棉の作付面積とその割合が減少しつつある一方、改良棉の作付面積と割合が増加しつつあったことがわかる。その増加の状況をみると、計画第一年の一〇二一ヘクタールから第二年に四八一六ヘクタールとなり、第三年には一万七五二三ヘクタール、さらに第四年には四万ヘクタールを超えており、わずか四年間で約四〇倍と、目覚ましく増加した。その増加しつつある改良棉のうち、改良陸地棉である関農一号の割合が最も高く、一九三九年時点で、改良棉作付面積の九九・八パーセント、全棉作面積に対する割合も三八・四パーセントとなっている。収穫量における割合でみると、それぞれ九九・八パーセント、四九パーセントとなっている。一九四〇年時点の状況は、資料不足で詳しく検討できないが、作付総面積に対する陸地棉（在来陸地棉、改良陸地棉）作付面積割合は、八八パーセントと高い割合を示している。(98)それは、前年の一九三九年における陸地棉作付面積の全棉花作付面積に対する割合六五パーセントと比べても明らかに増加している。増加分における改良陸地棉と在来陸地棉の割合について、確認できないが、改良陸地棉（関農一号）の普及が強力になされ、その作付割合も大きく伸びているこの時期の背景から判断すれば、その増加分における改良陸地棉の割合が高いと推測

表４-12　第二次五ヶ年計画の棉作目標　（単位：ha、t）

品種 ＼ 年度		1942	1943	1944	1945	1946
関農１号	作付面積	167,700	194,100	194,100	194,100	194,100
	生産量	105,060	126,742	133,365	139,988	145,011
	ha当り生産量	0.624	0.653	0.687	0.721	0.747
遼陽１号	作付面積	1,500	3,000	6,000	10,400	10,400
	生産量	720	1,530	3,360	6,240	6,656
	ha当り生産量	0.480	0.510	0.560	0.600	0.640
在来陸地棉	作付面積	0	0	0	0	0
	生産量	0	0	0	0	0
	ha当り生産量	—	—	—	—	—
在来東洋棉	作付面積	3,800	7,400	4,400	0	0
	生産量	1,606	3,330	2,091	0	0
	ha当り生産量	0.423	0.450	0.475	—	—
合計	作付面積	173,000	204,500	204,500	204,500	204,500
	生産量	107,386	131,602	138,816	164,228	151,667
平均	ha当り生産量	0.621	0.644	0.679	0.803	0.742

出典：日本棉花栽培協会編『満州国の棉花』（1944年）４～５頁より作成。

したい。このようなことから、一九四〇年における改良陸地棉（関農一号）の普及奨励は、一層強化されたことが推測できる。

次に、一九四二年から開始された棉花増殖第二次五ヶ年計画について検討する。

一九四二年にはじまる第二次五ヶ年計画においては、前述の「繊維作物増産指導に関する件」により、特に棉作指導機構の設備拡充に重点を置きながら、改良品種の普及奨励に注力した。また、当局は肥料費、病虫害防除薬剤費などの使途で、棉作農民に低利無担保で貸付を実施した。その内容は、関農一号がヘクタール当たり六五円、遼陽一号が五〇円、在来棉が三五円であることから、棉作面積全体の確保を図りながら、改良棉の普及に重点を置いている様子が窺える[99]。

表４—12は、第二次五ヶ年計画を表したものである。ここでの数値は、表４—５とわずかな

差があるが、おおむね合致している。一九四二年から一九四六年までの棉花増産計画をみると、在来陸地棉はほとんど栽培が計画されておらず、在来東洋棉の栽培計画もわずかであり、表4—11に比べ作付面積、生産量が、一〇パーセント前後に過ぎない。一方、この生産計画において、関農一号は第一次五ヶ年計画よりもさらに重視されており、それだけで九〇パーセント以上を占めている。その上、遼陽一号の作付面積も徐々に増加する傾向がみられ、この時期の満洲における棉作増殖は、改良棉が圧倒的に中心であったといえよう。

三つ目に、各県の事例からみてみる。

蓋平県の場合、改良棉（関農一号）委託採種圃を、一九三四年には一三町歩、一九三五年には八〇町歩、一九三六年には三四五町歩、一九三七年にはさらに増加して六五〇町歩を設立し、他県より多くなっていた。このように年々作付面積が増加し、好成績を収めていた海城県では、委託採種圃の経営を希望する農家が多かったとされる[100]。第一区の紅花峪村の採種圃は、海城県に設けられた最初の採種圃であるが、一九三四年の設置当時、村の有力者から理解が得られなかったことから、受け入れの主体は中農以下、特に小作農であったという。このため、採種圃も地域内に分散したものとならざるを得なかったようである[101]。それでもなお、ヘクタール当たりの実棉収穫量が二二六六斤前後、収支差引の収益が自作農でヘクタール当たり二四八円前後、小作農においてもヘクタール当たり一七二円に達した[102]。当時、高粱の一ヘクタール当たり収益は二五円であり、粟はわずか六・五円であったことから[103]、棉花採種圃経営の高い経済収益が見て取れる。

これを見て、翌一九三五年以後は、村の有力者たちの態度も一変し、積極的に採種圃経営に参加するようになった。その結果、近隣の部落を含む七三の農家が委託対象となった。この年のヘクタール当たりの実棉収穫量は一二七九キログラムとなり、前年度よりも一四六キログラムの増加を示した。また、この年には棉の価格も上昇し、ヘクタール当たりの収益も増え、自作農では四〇〇円前後、小作農においても三二〇円になった[104]。一九三六年には、海城県に三四五町歩の採種圃を設置し、第一区のみならず、第二区、第四区、第五区までに広まり、各村から採種圃設置の要望が続出し、さらに前年度の八〇町歩での生産種を他県に新設の採種圃に送らず、海城県内に配布してほしいという要請もあった。その結果、一九三六年には、四ヶ村、二五二農家に三四五町歩の委託採種圃を設置し、一九三七年には六五〇町歩まで増加した[105]。ここからも、蓋平県における改良棉の普及奨励の発展がわかる。

海城県の場合、棉作は当初在来東洋棉のみであったが、一九三〇年前後から陸地棉が入れられ、さらに一九三四年から改良棉（関農一号）が普及奨励され、「其の成績頗る良好して、農民は之が配布を熱望しつ、あり[106]」、品種別作付割合が急速に変化した。公主嶺農事試験場が海城県の棉作について調査した一九三九年の状況をみると、作付されている品種の割合は、改良陸地棉が最も多く五四パーセント、在来陸地棉が四二パーセント、在来東洋棉が四パーセントで、改良棉の普及奨励が強く進められていることがわかる[107]。翌一九四〇年になると、在来棉の作付は海城県では見られなくなっている。海城県において棉作の歴史が古い金家屯の場合は、もともと在来東洋棉が作付られたものの、一九三六年に営口県に採種圃が設置され、その後、海城県の管轄となり一九三八年になるとすべて改良陸地棉となった[108]。

一九四三年出版の『満洲農村に於ける技術浸透実績の研究』には在来棉に関して「海城遼陽県下に於ても今日は既に其影を没し関農一号一色となっている[109]」と記しており、海城県、遼陽県における改良棉の普及奨励が徹底されていたことが窺える。

義県の場合は管内を五区の棉花栽培地域に区分し、二三の街村で栽培されていた[110]。一九三九年の状況をみると、棉作総面積に対する改良棉の割合は三八パーセントを占めており、海城県よりやや少ないものの、主な棉作六ヶ村は、在来棉より多く作付されていた。さらに農事試験場は、県内各村に一ヘクタールずつ改良棉花を作付させて適地を検査し、将来的にすべての在来棉を改良棉に置き換えることを計画していた(111)。

海城県における稍戸営子村黄土坎子屯の事例をみる。一九三五年に棉花協会から改良棉種子の配布を受けて試作した結果、好成績を修めたので、漸次希望者が増加した。そして、海城県の棉花協会、農事合作社を通じ採種圃を設置し、種の増殖に注力した結果、全面積で改良棉を栽培するようになった。長い間棉作農家に栽培されてきた在来黒種は過去の品種となっていった。本屯の一九三九年の状況をみると、農事合作社の改良棉種子配布量二六八ヘクタールに対し、農家の作付希望は三六九ヘクタールとなり、種子配布量が少ない結果、条播を奨励しているにもかかわらず、播種量を節約できる点播によって作付面積を拡大した農家もあったのである(112)。

頭台村万仏堂屯の事例からみる。本屯においては棉作が比較的新しく導入され、しかも改良棉の栽培地域として選定されている。最初は在来黒種を栽培しており、一九三三年から在来陸地棉の栽培が開始される。一九三六年に、棉花協会により改良棉の栽培が奨励され、採種圃が設置される。その結果、在来黒種の作付割合が急速に低くなっていった。改良棉のヘクタール当たり繰棉収穫量は四〇〇から五〇〇キログラムであり、在来棉の二五〇から三〇〇キログラム、在来陸地棉より三〇〇から三五〇キログラム多かった(113)。

本屯では改良種が普及する前の棉花栽培面積（在来黒種）は約二〇ヘクタールであったが、一九三四年前後には在来陸地棉の奨励により合計三三・五ヘクタールとなっていた。その後改良棉が奨励され、わずか二年間で在来棉を圧倒して改良棉の作付面積が五〇ヘクタールとなり、一九三七年からは毎年七〇ヘクタール前後に及んだ。屯内農民の改良棉に対する関心は高く、さらに栽培面積を拡大したいと希望するものが多かったが、周辺には棉作に適した耕地がなくなっていた。そのため棉花作付面積の拡大は、高粱、粟、大豆からの転作によって行われた。頭台村の棉花は、一九三九年の種子配布量によれば、改良棉が六五パーセント、在来棉が三五パーセントという作付割合であった(114)。

四つ目に、改良棉花の普及による満洲国における単位面積当たり生産量と繰棉歩合の変化をみる。まずは、単位面積当たりの生産量の変化についてみると、表4―5から満洲における棉花のヘクタール当たり生産量は、一九三三年と一九四三年の極端な多収・寡収を除いては、一九三七年までは横ばいとなっていたものが、一九三八年に急減し、以後終戦まで大きく変化していない。したがって、満洲における棉花品種改良普及事業は、当初の目的であった単位面積当たり生産量の増加には結びつかなかったのである。

このような結果を招いた要因を考えるとき、興味深い事実が存在する。それは、記録が残っている一九二四年から一九四四年の間で、水稲を除き棉花を含むほとんどの畑作作物の単位面積生産量が低下しているということである(115)。これは満洲全体で地力の減退が起こっていることをはっきりと示しているが、この事実からは、満洲における大豆、棉花にはじまるすべての作物品種改良普及奨励は、単位面積生産量の増加に結び付いていなかったことがわかる。

この地力減退は、当時の満洲における現地農民の家計状況にかかわるものだった。一般的に農業増産のための方法は、土地改良と農事改良の二種類あり、前者は作付面積の拡張と灌漑排水施設の拡充を中心としてもので、後者は品種の改良と普及、肥料の増投、農機具の改良などの各種生産要素を組み合わせるものである。

土地改良をみると満洲国時代には、該当地域における未墾地が一五〇〇万町歩と推測されていたが、そのほとんどは湿地やアルカリ土壌であり、可耕未耕地はなくなっていた。これは、日本人開拓民入植のために、当局が現地中国人農民の既耕地を安く強制収用したことからも窺い知ることができる。そして灌漑排水施設の拡充は、政府により実施されるものであったにもかかわらず、満洲国時代は「殆どみるべき政策が行はれてゐない[116]」のである。

農事改良において肥料の増投、農機具の改良をみると、施肥と農機具の改良の実施ができるか否かに直接関係がある満洲農民の生活状況をみるとき、満洲農民の七〇から八〇パーセントは中農下層以下の貧農、極貧農、小作農、自作農に属しており、彼らの家計状況は衣食住病、冠婚葬祭の出費だけで精一杯であった。したがって、満洲農民の大半にとっては農事に関する「諸改良は殆ど絶望に近い」状況にあったのである[117]。

農機具の改良と普及に関していえば、一九四一年から改良農法として北海道農法が導入されたものの、この農法は現地に適合したものではなく、結局在来農法へ回帰する形で農法の改良に失敗するなど、導入された農法が非合理的である場合もあった[118]。

施肥については、改良品種は多肥作物であり、肥料を多く施用することによって、収穫量をあげることが実証されている。一方、在来種は、長い年月にわたって自然淘汰を受けた結果、自然環境からの影響に対しては雑草のような強靭さを持つために、肥料の多少は収穫量とあまり関係ないといわれていた[119]。

満洲における肥料の重要な供給源が家畜や役畜である。家畜や役畜の所有の多寡は、農家経済の貧富に左右され、農家の七〇から八〇パーセントを占める零細な自作農（貧農、極貧農）、小作農にとっては「自家肥料の増加すら思ふにまかせぬのであり、まして金肥の豊富なる施用の如き全く望みえられない[120]」ものであった。このために大部分の農作は無施肥で行われ、「年歳地力は減耗し生産は減退[121]」していたのである。

したがって、農事試験場の試験からみるとわずかの施肥の増加、農機具の改良で大豆にせよ、棉花にせよ、各作物において改良品種の単位面積当たり収穫量が平均単位面積当たり収穫量より遥かに高い成績を得ていた[122]（前述の大豆と棉花の特性を参照）としても、これらの成績を得るために、大多数の貧しい農民が金肥や改良農具を導入することは困難であった。

以上のように、満洲農民の単位面積当たり生産量を増加させる手段として作物の品種改良と普及策が講じられている一方、生産量増加に直結する土地改良、肥料の増投といった施策は農民の貧しい家計状況から効果を発揮できなかった。このために地力減退が発生し、棉花の品種改良が単位面積当たり生産量の増加に結びつかなかったものと考えられる。

しかし、表4―11に注目すべきことがある。一九三六年から一九三九年までの四年間、棉花の単位あたりの生産量が減少しているなか、改良棉の単位面積当たり生産量も減少している。一方、改良棉の単位面積当たりの生産量が一貫して在来棉より高いことがわかる。このことから、改良棉花の普及は満洲農民の貧困による地力の減退に伴う単位面積当たり収穫量の減少を一定程度抑制したといってもよいだろう。

次に、繰棉歩合の変化をみてみる。

表4―5をみると、平均繰棉歩合は一九三六年に二四・六パーセントであったが、一九四二年に三三パーセントとなっている。このような変化のもたらす要因は、基本的に繰棉歩合が高い改良品種の普及と棉を繰る技術の改良である。しかし、満洲国時代においては、棉を繰る技術の改良を行ったことが史料上に見えない。したがって、この変化は前述の繰棉歩合が高い改良棉（特に関農一号）の大幅な普及と生産がもたらしたと推測したい。

以上本節の内容をまとめると、第一次五ヶ年計画においても、第二次五ヶ年計画においても、改良棉、特に改良陸地棉である関農一号の普及奨励が中心となっており、第二次五ヶ年計画が始まった一九四二年から、改良在来棉である遼陽一号の普及も徐々に図られていた。そして、改良棉の普及は徹底的に行われ、満洲の在来棉の大部分が置き換えられ、さらに、現地棉作の農民政策に対する態度が積極的になっていた。

しかし、棉花の改良と普及奨励は、土地改良、肥料増投などを伴わず行われたことで、単位面積当たり生産量の増加につながらなかったのである。その主な原因は、満洲農民の貧困であった。一方、単位面積当たり収穫量の減少を一定程度抑制し、繰棉歩合を上昇させ、棉花の品質向上は果たされていたと考えられる。

最後に、満洲国時代における棉花改良事業の戦後の継承状況を検討する。

一九四八年一一月に中国東北全域が解放されると、共産党は遼陽棉花試験地を回復させ、棉花改良研究と普及奨励に取り組んだ[123]。一九四九年二月に決定された各農事試験場の任務には、遼陽棉作試験地、錦州農事試験場および遼寧熊岳農事試験場における関農一号の繁殖普及とさらなる早熟比較試験が含まれていた[124]。一九五一年一二月二五日に発表された東北農業部による「東北区農業試験研究工作調査報告」では、それまでの農事改良成績について関農一号を中心に普及されたことが記載されている[125]。同じ東北農業部により出された「对今后农业实验研究工作改进的初步意见」(今後の農業試験研究の改善に対する初歩的意見—筆者訳)では、南満洲を対象に関農一号の普及を実施し、その特性をさらに改良することが強調されていた[126]。一九五三年から関農一号の優良特性が衰退していることに対し、遼寧省棉麻科学研究所が純系分離による品種の若返りを行い、一九五八年にその特性を原種よりも優良な品種改良に成功した[127]。さらに、遼寧省黒山棉花原種場において、関農一号と米国系陸地綿 Stoneville の交雑育成が行われ、その結果、品種特性が関農一号よりも優良である「錦育九号」

の育成に成功している。また、同棉花原種場では、「錦育九号」を原種に純系分離により「錦棉一号」の育成に成功し、一九六四年から「錦棉一号」を原種に純系分離試験を行った。その結果、一九六八年に品種特性がもっと優良である「黒山棉一号」（以下、煩を避けるため「　」は省略する）の育成に成功し、一九七四年には黒山県で五三三ヘクタールが作付けされている(128)。

その後朝陽地域においても試作が行われ、成績が優良であったことから普及が図られた(129)。一九七〇年代後半になると、その優良特性が衰退していることに対し農事技術者たちが若返りを提唱していること(130)、一九八〇年代には早枯れの原因と防止策および雹害対策に関する研究を行っていたこと(131)から黒山棉一号の長期にわたる普及が窺われる。

そのほか、遼寧省熊岳農業科学研究所では、一九五一年から関農一号、埃及棉、遼陽一号による交雑育成が行われ、一九五八年に品種特性が関農一号と「錦棉一号」よりも優良である「熊岳棉五一号」の育成に成功し、さらに増殖が行われた(132)。

黒山棉一号の進化品種について、黒山県棉花原種場が黒山棉一号を原種とした純系分離により「黒山棉六八―三号」の育成に成功し、東北地域の普及のみならず、一九七五年に長江中下流地域の安徽省碭山県もそれを導入して県内で試作を行い、その優良特性を証明した(133)。一九七五年に中国農業科学院が黒山棉一号を原種に純系分離により「中棉所一〇号」の育成に成功し、一九七八年から一九八一年にかけて黄河流域地域の六省一二県で試作と普及を行い、各地域で黒山棉一号より優良であった(134)。山西省棉花研究所は一九七七年から一九七八年にかけて黒山棉一号と「運輻八八号」の交雑により品種特性が原種の「黒山棉一号」より優良である極早熟性の「運黒八号」の育成に成功し、普及を行った(135)。以上のことから、戦前の関農一号の遺伝子が戦後、さらに一九八〇年代においても広い範囲で見えていたといってもよいであろう。また、満洲国時代に普及した噴霧器（たとえば丸山式）も使われていた。[136] このように満洲国時代、あるいはその前の時代において育成され改良品種、あるいは機械などは戦後も認められ、普及・継承、さらに発展されたのである。

おわりに

本章では、満洲国における棉花増殖政策とその要因、それによる棉作全体の変化、そして、棉花改良普及奨励を中心に検討してきた。

満洲国棉花増殖政策の要因としては、日本国内の需給関係と外的要因よる産業的危機感や、世界恐慌による大豆価格の暴落、さらに棉作の比較的高い収益性の三つが挙げられる。

一九三三年に「満洲棉花増殖二十ヶ年計画」が満鉄の提案で満洲国政府により発表された。そしてこの計画は内外の情勢変化に伴って、満洲国崩壊までに二度の改定が行われた。一九三七年に二十ヶ年計画を変更し、第一次棉作五ヶ年計画（一九三七から一九四一年）が樹立され、作付面積は一八万ヘクタール、実棉生産は二億五〇〇〇万斤、繰棉生産は八〇〇〇万斤を目標とし、最も収量豊富な改良陸地棉の栽培に主力を注いだ。一九四一年末に太平洋戦争が勃発するとより厳しい農産物統制時期に入り、翌年には棉作第二次五ヶ年計画（一九四二から一九四六年）が策定され、目標値は作付面積は二〇万四〇〇〇ヘクタール、繰棉生産量は八〇〇〇万斤に変更された。

これら棉花増殖計画にかかわる機関としては、試験研究機関、指導奨励機関、棉花処理機関の三機関があった。特に、指導奨励機関（増殖計画の実施機関）として満洲棉花協会と満洲棉花耕作組合、商品化助成機関として棉花会社が設立され、棉作の奨励、改良種子の配布を中心に、耕作資金の貸付、噴霧器の普及、種子消毒の提唱、薬剤の紹介、灌漑施設の整備、採種圃の経営と委託、災害慰問などの様々な増殖に関する事業が行われた。一九三八年に棉花協会の解散とともに、棉花増殖事業は、興農部と棉花会社により実施されるようになった。

棉花増殖事業の実績について、表4―5のように終戦時点における棉作面積は一九三〇年の約六倍と大幅な増加を見せたが、作付面積、生産実績ともに生産計画目標を達成できなかった。

海城県における棉花増殖事例では、陸地棉の普及奨励を中心に行い、その結果として、在来棉に対する割合は増加を示した。一九四〇年代には棉作総面積が一九三〇年代初頭の約二〇倍となり、総作付面積に対する棉作面積の割合も上昇していった。そして、棉作面積中の陸地棉作付割合も増加し、一九四〇年になると棉作はほとんど陸地棉になった。

明治末期から終戦まで行われた棉花品種改良事業は重点が置かれた事業内容の違いから、次の三期に分けられる。第一期は明治末期から大正期まで、第二期は大正末期から満洲事変まで、第三期は満洲事変から終戦までである。それぞれの特徴として、まず第一期に品種の比較試作が、第二期には改良品種の育成試験と栽培試験が、第三期にはさらなる品種改良と改良品種である関農一号の試験・普及が行われていたことが確認できる。

満洲在来東洋品種は、気候に適し、病虫害に強く、早熟性である一方、単位面積当たりの生産量と繰棉歩合が比較的低いという短所があった。在来陸地棉には、単位面積当たりの生産量と繰棉歩合が比較的高い一方、育成生育期間割合が長いため満洲気候に適さないという特性をもっていた。農事試験場により育成された新たな品種である関農一号（改良陸地）、遼陽一号（改良在来）の特性は、早熟特性をもち、繰棉単位面積当たりの生産量、繰棉歩合などが在来品種より優れ、栽培適地も広がるなど、在来東洋棉と在来陸地棉それぞれの長所を併せ持っていた。このため、改良品種は満洲国の普及奨励品種になったのである。

棉花増殖事業は、その一環として改良棉花の普及奨励が実施されていたが、これには、満洲国が種子の配布、肥料や病虫害防除薬剤などの購入費を棉作農民に低利無担保で貸付をする政策などが取られた。

棉花増殖事業の第一次五ヶ年計画においても、第二次五ヶ年計画においても、改良棉、特に改良陸地棉である関農一号の普及奨励がその中心となっており、第二次五ヶ年計画が始まった一九四二年から、改良在来棉である遼陽一号の普及も徐々に図られていた。改良棉の普及は徹底されており、満洲の在来棉の大部分が置き換えられた。そして、このように改良棉花の普及が進んだ背景には、より多くの収入を得ようとする満洲棉花農民の積極的な姿勢があったことが考えられる。

結論からいえば、満洲国の棉花増殖、改良棉の普及奨励政策は、棉作面積と総生産量の増加につながり、増産という目的を達成することには成功した。また、繰棉歩合の向上によって、棉花の品質向上にも成功している。一方、棉花の改良と普及奨励は、満洲農民の貧困により、土地改良や肥料増投などを伴わずに行われたため、単位面積当たり生産量の増加につながらなかったのである。しかし、改良棉花の普及は満洲農民の貧困による地力の減退に伴う単位面積当たり収穫量の減少を一定程度抑制したといってもよいだろう。

終戦後は、特に一九四八年一一月に東北全域解放が達成された後、棉花改良農事試験機構、改良品種、消毒用の器具などが当局に認められた。ここにはさらに改良を進展させようとする姿勢がみられる。

〔注〕

（1）日本人の農政関係者には後に在来陸地棉と称された。本章においても改良陸地棉と区分するために在来陸地棉と称する。

（2）満洲における棉の主要作付地である遼陽が北緯四一度六分、熊岳城が北緯四〇度一三分であり、もっとも北部は康平県の北緯四三度までである。満鉄地方部農務課編『満洲の棉花　昭和一一年度』（一九三六年）一頁、満洲事情案内所編『満洲在来農業（改良増産法）』（一九四〇年）八八〜八九頁を参照。

（3）衣保中『中国東北農業史』（吉林文史学出版社、一九九三年）四九六頁。原出典は奉天省公署档案第四五二一巻である。日本語に翻訳すると「棉花は民衆の生活に欠かせない衣服布団の原料であり、各農産物において、もっとも価値のあるものである。（中略）各県知事は本訓令をもって、警察に各農家に棉作を奨励させる」となる。

（4）前掲衣保中『中国東北農業史』四九六頁。

（5）同前、四九六、五九四頁。

（6）張健「中国東北地域における農業技術の進歩と農業の発展―一九一〇年―一九五〇年代を中心に―」（岡山大学博甲第五〇〇九号、二〇一四年）。

（7）実棉重量に対する繰棉重量の割合である。増淵次助「陸地綿の繰棉歩合に就いて」（『日本作物学会紀事』第九巻第二号、一九三七年）一六九頁を参照。

（8）満鉄経済調査部『棉花ノ改良増殖計画案（改訂）』（一九三三年）。

（9）東亜産業協会『満洲国棉花の現在及将来』（一九三三年）四頁。原史料には「十億万斤」としているが、おそらく「十億斤」だと考える。

（10）朝鮮半島、台湾を除く日本本島を指す。

（11）栃内吉彦『満州国の棉作に就て』（北海道帝国大学満蒙研究会、年代不明）一頁。

（12）阿部久次「満洲国に於ける棉花並に羊毛に就いて」（『商工経済研究』第九巻第一号、一九三四年）二頁。

（13）同前。

(14) 前掲満鉄経済調査部『棉花ノ改良増殖計画案（改訂）』一頁。
(15) 同前。原史料には「十億万斤」としているが、おそらく「十億斤」だと考える。
(16) 前掲栃内吉彦『満州国の棉作に就て』四頁。
(17) 「英印の出様で印棉不買実現」（『大阪時事新報』一九三三年六月八日付、神戸大学新聞記事文庫）、「満洲の棉花計画十年位に短縮　紡績界の希望」（『大阪朝日新報』一九三三年九月四日付、神戸大学新聞記事文庫）、前掲栃内吉彦『満州国の棉作に就て』四頁。
(18) 前掲満鉄経済調査部『棉花ノ改良増殖計画案（改訂）』一〜二頁。
(19) 「農産救済恒久策に大豆減段案採用　低資貸出の応急策に次いで満洲国政府の方針」（『満洲日報』一九三四年二月一〇日付、神戸大学新聞記事文庫）。一九三二年からの大豆作付け面積の変化について、第三章の表3—13を参照。
(20) 前掲満鉄経済調査部『棉花ノ改良増殖計画案（改訂）』八、一八〜一九頁、前掲阿部久次「満洲国に於ける棉花並に羊毛に就いて」一五頁。
(21) 満田隆一監修『満洲農業研究三十年』（建国印書館、一九四四年）八九頁。
(22) 同前、九〇頁。
(23) 馬場章「満州棉花協会のこと」（前掲満洲回顧集刊行会編『あゝ満洲：国つくり産業開発者の手記』）三五七〜三五八頁、前掲満鉄経済調査部『棉花ノ改良増殖計画案（改訂）』三九頁。
(24) 前掲満鉄経済調査部『棉花ノ改良増殖計画案（改訂）』三九頁。
(25) 前掲満鉄経済調査部『棉花ノ改良増殖計画案（改訂）』四〇〜四一頁、「棉花耕作組合を十五ヶ所に新設　満洲の棉作奨励進む」（『大阪朝日新聞』一九三三年八月二四日付、神戸大学新聞記事文庫）。
(26) 満洲棉花協会は日本政府が一〇〇万円、満鉄が二五万円、日本紡績連合会が一〇〇万円を出資したことにより成立された。東北物資調節委員会『東北経済小叢書・農産（生産編）』（一九四八年）一一七〜一一八頁、前掲満田隆一『満洲農業研究三十年』九〇頁、有力忠男「綿作り村作り」（満洲回顧集刊行会編『あゝ満洲：国つくり産業開発者の手記』一九六五年）三五一頁、岩尾精一「満州棉花株式会社のことども」（前掲満洲回顧集刊行会編『あゝ満洲：国つくり産業開発者の手記』）三六一～三六六頁などを参照。
(27) 興農部大臣官房編『興農部関係重要政策要綱集』（一九四二年）二一四頁。
(28) 前掲満田隆一監修『満洲農業研究三十年』九〇～九一頁。
(29) 岩尾精一「満州棉花株式会社のことども」（前掲満洲回顧集刊行会編『あゝ満洲：国つくり産業開発者の手記』所収）三六一～三六三頁。
(30) 前掲満鉄経済調査部『棉花ノ改良増殖計画案（改訂）』八頁。
(31) 東亜研究所『満洲国産業開発五ヶ年計画の資料的調査研究―農業部門―（昭和十五年度年度報告書）』（一九四一年）一〇頁。
(32) 日本棉花栽培協会編『満州国の棉花』（一九四四年）六頁。
(33) 前掲「棉花耕作組合を十五ヶ所に新設　満洲の棉作奨励進む」。
(34) 前掲「満洲の棉花計画十年位に短縮　紡績界の希望」。
(35) 前掲岩尾精一「満州棉花株式会社のことども」三五九頁、中富貞夫「満洲における棉花の改良と其の将来」（農業の満洲社、『農業の満洲』八巻一一号、一九三六年）七四頁。
(36) 前掲満田隆一『満洲農業研究三十年』九二頁。
(37) 「農産救済恒久策に大豆減段案採用　低資貸出の応急策に次いで満洲国政府の方針」（『満洲日報』一九三四年二月一〇日付、神戸大学新聞記事文庫）。
(38) 当時、日本は紡績原料のほとんどを海外から輸入していた。一九三四年までの十ヶ年間における輸入量は多い年には一二億斤（日本斤）、少ない年においても六～七億斤に達した。主な輸入先はアメリカ、インドなどで、輸入された棉花は加工されて衣料品の国内需要を充て、残りは海外に輸出していた。
また、輸入棉花は布団棉や着物の中入棉などに使われる量も多く、日本内地において一ヶ年に製造される綿糸布の価格は一〇億円～十数億円であった。このうち海外に輸出されるものが二、三億から五、六億円で、日本の総輸出金額の一二～二六パーセントを占めていた。中川壽雄「満洲国の棉花栽培現状と将来の増産計画」（『満洲日報』一九三四年四月二八日～五月三日付、神戸大学新聞記事文庫）、前掲満田隆一『満洲農業研究三十年』九一頁を参照。

(39) 一九三七年に策定された棉花増産五ヶ年計画に関して、前掲満田隆一『満洲農業研究三十年』九二頁には、作付面積一八万ヘクタール、実棉二億五〇〇〇万斤、繰棉四四七〇万斤を目標としたと記している。一方、前掲有力忠男「綿作り村作り」三五三頁には、繰棉生産目標を八〇〇〇万斤とする。繰棉歩合から考えると後者のデータが正しいと考えられる。

(40) 岡田定行「満洲に於ける棉花事情1・2・4」(『満洲日日新聞』一九三八年八月九日～八月一二日付、神戸大学新聞記事文庫)、前掲満田隆一『満洲農業研究三十年』九〇～九一頁。

(41) 前掲岡田定行「満洲に於ける棉花事情1・2・4」。

(42) 前掲有力忠男「綿作り村作り」三五二～三五三頁。

(43) 前掲東北物資調節委員会『東北経済小叢書・農産(生産編)』(一九四八年)一一七～一一八頁では民国二〇年(一九三一年)までと記しているが、満洲棉花協会は一九三三年(民国二二年)の設立であるので、この部分は誤植であろう。また同頁で、一九四〇年(民国二九年)の技術員数を一九三五年(民国二四年)の技術員数と比較している内容からすると、前述のものは一九三一年(民国二〇年)ではなく、一九三五年(民国二四年)であると推測できる。

原種圃は海城、蓋平、黒山、朝陽の四ヶ所、各県における棉花協会支部は、県公署内におかれ、遼陽、海城、蓋平、復県、営口、遼中、新民、北鎮、黒山、錦県、錦西、興城、綏中、義県、朝陽、台安、阜新、建昌、盤山の一九県であり、棉作地域のほとんどを含んでいた。馬場章「満洲棉花協会のこと」(前掲満洲回顧集刊行会編『あゝ満洲:国つくり産業開発者の手記』所収)三五八頁。

(44) 前掲岩尾精一「満洲棉花株式会社のことども」三六二頁。

(45) 前掲日本棉花栽培協会編『満洲国の棉花』一〇～一二頁、前掲興農部大臣官房編『興農部関係重要政策要綱集』二一四～二一五頁。

(46) 前掲満洲回顧集刊行会編『あゝ満洲:国つくり産業開発者の手記』三四九頁。

(47) 興農部大臣官房編『興農部関係重要政策要綱集　追録第一号』(一九四三年)六一～六二頁。

(48) 同前。
(49) 興農部大臣官房編『興農部関係重要政策要綱集　追録第二号』(一九四四年) 一〇八〜一一四頁。改良種子の配布更新、栽培指導などの棉花改良は前年度と変更はなかった。
(50) 大豆作付面積の推移について、前掲東北物資調節委員会『東北経済小叢書・農産 (生産編)』四〇〜四一頁を参照。
(51) 前掲東亜研究所『満洲国産業開発五箇年計画の資料的調査研究—農業部門—(昭和十五年度年度報告書)』一二〜一三頁。
(52) 同前。
(53) 前掲興農部大臣官房編『興農部関係重要政策要綱集　追録第二号』一〇八〜一一四頁。
(54) 前掲日本棉花栽培協会編『満洲国の棉花』四頁。
(55) 満洲棉花協会海城県支部『海城県の棉花』(一九三六年) 九頁。
(56) 前掲満洲棉花協会海城県支部『海城県の棉花』附録一六〜一八頁。
(57) 前掲満洲棉花協会海城県支部『海城県の棉花』一七頁。
(58) 同前、一九〜二二頁。
(59) 同前、一八頁。
(60) 同前、一七〜一八頁。
(61) 同前、二二〜二三頁。
(62) 前掲満洲棉花協会海城県支部『海城県の棉花』附録二三〜二四頁。
(63) 前掲満洲棉花協会海城県支部『海城県の棉花』一七頁〜一八頁。
(64) 同前、一八頁。
(65) 一九三四における主要な農産物の単位面積当たり収穫量の減少について、日満農政研究会新京事務局編『満洲農業要覧』(一九四〇年) 四三八〜四四三頁を参照。
(66) 海城県の棉花単位面積当たり収穫量の変化について、表4—9および満洲国立公主嶺農事試験場『棉作地の

農村及農家経済』（一九四〇年）三四頁を参照。
(67) 一九三五年四月には、劉永叔、姜慶軒、張慶権、李避塵、馬勝雲、張振名ら六名の指導員がいた。前掲満洲棉花協会海城県支部『海城県の棉花』一八～一九頁、附録一九頁を参照。
(68) 前掲満洲棉花協会海城県支部『海城県の棉花』二〇～二三頁。
(69) 同前、二三頁。
(70) 同前。
(71) 前掲満洲国立公主嶺農事試験場『棉作地の農村及農家経済』一七頁。
(72) 同前、三～四頁。
(73) 同前、一六～一七頁。
(74) 同前、五八頁。
(75) 満鉄農事試験場『農事試験場業績・創立二十周年記念・熊岳城分場篇』（一九三五年）二六一～二九一頁。
(76) 前掲満田隆一『満洲農業研究三十年』八一～九二頁。
(77) 満洲国立公主嶺農事試験場編『満洲国立公主嶺農事試験場報告』第四一号（一九三八年）五～六頁。
(78) 前掲中富貞夫「満洲における棉花の改良と其の将来」（『農業の満洲』八巻一一号、農業の満洲社、一九三六年）。
(79) 前掲満田隆一『満洲農業研究三十年』八三～八四頁。
(80) 前掲満鉄農事試験場『農事試験場業績・創立二十周年記念・熊岳城分場篇』二六一頁、前掲満田隆一『満洲農業研究三十年』八四～八五頁。
(81) 前掲満鉄農事試験場『農事試験場業績・創立二十周年記念・熊岳城分場篇』二六一頁。
(82) 「JACAR（アジア歴史資料センター）Ref .B11091174400　農産物関係雑件／種子苗木之部（B-3-5-2-115_6）（外務省外交史料館）」。
(83) 前掲満田隆一『満洲農業研究三十年』八六頁。
(84) 同前、八六～八七頁。

(85) 満鉄農事試験場『農事試験場報告　第三九号　満洲に於ける農林植物品種の解説』（一九三六～一九三七年）五三頁。
(86) 同前。
(87) 東洋経済調査局編『本邦における棉花の需給―附・満洲に於ける棉花―』（一九三二年）一四八頁。
(88) 前掲満鉄農事試験場『農事試験場報告 第三九号 満洲に於ける農林植物品種の解説』五四頁、前掲東洋経済調査局編『本邦における棉花の需給―附・満洲に於ける棉花―』一四八頁。
(89) 前掲阿部久次「満洲国に於る棉花並に羊毛に就いて」一一頁。
(90) 前掲満鉄農事試験場『農事試験場報告 第三九号　満洲に於ける農林植物品種の解説』五四頁、前掲中富貞夫「満洲における棉花の改良と其の将来」七九～八一頁、前掲東亜産業協会『満洲国棉花の現在及将来』七四頁、前掲大連商工会議所編『満洲の棉花問題』九～一三頁、満鉄調査部『満洲経済提要』（一九三八年）三九〇～三九三頁、関東庁内務局『関東州に於ける棉作奨励』（一九三四年）二八～二九頁。
(91) 興農部・農産司『満洲ニ於ケル陸地棉奨励品種「関農一号」ノ栽培法ニ就テ』（一九四〇年）。
(92) 満鉄農事試験場・遼陽棉花試験地『遼陽一号の育成報告』（一九三七年）一～一一頁、前掲満洲国立公主嶺農事試験場編『満洲国立公主嶺農事試験場報告』第四一号、四八～四九頁、前掲満鉄調査部『満洲経済提要』三九〇～三九三頁、前掲日本棉花栽培協会編『満洲国の棉花』（一九四四年）一六～一七頁。
(93) 前掲満洲国立公主嶺農事試験場編『満洲国立公主嶺農事試験場報告　第四一号』四九頁。
(94) 前掲満田隆一『満洲農業研究三十年』九〇頁、前掲満洲回顧集刊行会編『あゝ満洲：国つくり産業開発者の手記』三六二頁。
(95) 前掲岩尾精一「満州棉花株式会社のことども」三五九頁。
(96) 前掲日本棉花栽培協会編『満州国の棉花』八～九頁。
(97) 同前。
(98) 満鉄調査部『満洲農産統計　昭和一五年』（一九四〇年）一六頁。
(99) 前掲日本棉花栽培協会編『満州国の棉花』一四頁。

(100) 江上利雄「棉花増産の思い出」(前掲満洲回顧集刊行会編『あゝ満洲：国つくり産業開発者の手記』所収)三五九頁。
(101) 同前、三六〇頁。
(102) 同前。
(103) 同前。
(104) 同前。
(105) 同前。
(106) 前掲満洲棉花協会海城県支部『海城県の棉花』一〇頁。
(107) 同前、一〇、一七頁および前掲満洲国立公主嶺農事試験場『棉作地の農村及農家経済』三頁。
(108) 前掲満洲国立公主嶺農事試験場『棉作地の農村及農家経済』五頁。
(109) 島内満男『満洲農村に於ける技術浸透実績の研究』(日満農政研究会新京事務局、一九四三年)三頁。
(110) 前掲満洲国立公主嶺農事試験場『棉作地の農村及農家経済』六〇頁。
(111) 同前、六一頁。
(112) 同前、六四頁。
(113) 同前、八七頁。
(114) 同前、八七～八八頁。
(115) 前掲東北物資調節委員会『東北経済小叢書・農産(生産編)』一一三～一一四頁、前掲東亜研究所『満洲国産業開発五ヶ年計画の資料的調査研究―農業部門―(昭和十五年度年度報告書)』六四頁。
(116) 前掲東亜研究所『満洲国産業開発五ヶ年計画の資料的調査研究―農業部門―(昭和十五年度年度報告書)』二頁。
(117) 同前、六〇頁。
(118) 白木沢旭児「満洲開拓における北海道農業の役割」(寺林伸明・劉含発・白木沢旭児編『日中両国から見た「満洲開拓」―体験・記憶・証言―』御茶の水書房、二〇一四年、六五～八八頁)、日満農政研究会新京事務局

『満洲在来農法ニ関スル研究（其ノ四）奉天省海城県王石村腰屯に於ける満農農耕法に関する研究』（一九四三年）六八、一〇八頁、拙稿「農法の改良と普及をめぐって―北海道農法と満洲在来農法―」（本書第二章）。

（119）前掲東亜研究所『満洲国産業開発五ヶ年計画の資料的調査研究―農業部門―（昭和十五年度年度報告書）』三〇～三一頁。

（120）同前、六〇頁。

（121）小森健治『北満の営農』（北海道農会、一九三八年）一〇頁。

（122）同前、四頁。

（123）东北区科学技术发展史资料编纂委員会『东北区科学技术发展史资料　解放战争时期和建国初期３　农业卷』（中国学術出版社、一九八五年）六頁。

（124）同前、五七～七〇頁。

（125）同前、七三頁。

（126）同前、八一頁。

（127）遼寧省棉麻科学研究所「関農一号棉花良種繁育簡結」（『中国棉花』一九五九年第七期）一二～一六頁。

（128）遼寧省黒山県棉花原種場「黒山棉一号」（『中国棉花』一九七五年第二期）二二～二三頁。黒山県示範農場、黒山県棉花原種場「棉花新品種―黒山棉一号―」（『遼寧農業科学』一九七四年三、四期）三四～三五頁。

（129）遼寧省棉麻科学研究所李心寛「朝阳地区应推广黑山棉一号」（『遼寧農業科学』一九七九年第四期）四七～四八頁。

（130）遼寧省錦州市棉花事務室范慶元「搞好黑山棉一号的选留种和提纯复壮」（『農業科技通訊』一九七八年第一二期）八～九頁。

（131）黒山県二道公社農科站朱洪忱「黑山棉一号早枯的起因与防治」（『新農業』一九八二年第七期）一一～一二頁、遼寧省錦州市農業局范慶元「黑山棉１号遭雹灾后怎么办？」（『農業科技通訊』一九八〇年第七期）一三頁。

（132）遼寧省熊岳農業科学研究所「『熊岳棉51号』品種選育総結」（『遼寧農業科学』一九六六年第三期）三〇～三

四頁。

(133) 安徽省碭山県農科所劉紹清「试种特早熟『黑山棉68—3』」(『農業科技通訊』一九七七年第五期)二〇頁。

(134) 中国農業科学院棉花研究所「适宜两熟连作的棉花新品种—中棉所10号—」(『中国棉花』一九八一年第四期)二八~二九頁。

(135) 山西省棉花研究所林昕「夏播早熟棉花新品系『运黑八』简介」(『農業科技通訊』一九八一年第四期)一九頁。

(136) 前掲东北区科学技术发展史资料編纂委員会『东北区科学技术发展史资料　解放战争时期和建国初期3　农业巻』(中国学術出版社、一九八五年)二一〇頁。

第五章　緬羊の品種改良と普及をめぐって

はじめに

満洲国における緬羊飼養は、牧業を専業とする東内モンゴル地域と緬羊飼養を副業とする鉄道沿線地域や日本人開拓団、中満・南満の漢民族地区において行われていた。

満洲における緬羊改良は清末から清朝当局者により始められた。盛京将軍であった趙爾巽は、日本軍参謀長児玉源太郎の意見を受け入れ、一九〇七年に緬羊改良を目的とする農事試験場を奉天に設立するとともに、日本人技師を招き、下総御料牧場よりラムブイエ種とメリノー牡二頭牝三〇頭を輸入して蒙古在来種の改良に着手した。しかしながら、一九一一年、辛亥革命の勃発と同時に、改良事業は廃止された(1)。

日露戦争後、満洲在来緬羊について、「凡そ二五〇万頭と推算さるゝ満蒙在来緬羊は気候風土によく慣れ強健な長所はあるが毛質粗悪且毛量僅小の重大な欠点を有してゐるので採用種としては甚だ不良(2)」であり、また「織美な緬毛が減少する許りでなく粗剛毛が多いので製糸、織布に適しない(3)」と認識されていた。一九一三年に満鉄農事試験場公主嶺本場が設立され、畜産に関する試験研究がスタートし、その翌年から蒙古在来緬羊に関する改良試験も実施される。一九一五年の「南満洲及東部内蒙古に関する条約」により、日本人の満蒙における畜産改良普及が可能となり、その後、満洲国発足までいくつかの緬羊改良機関が設置された（後掲、表5—3を参照）。改良試験が実施されるとともに、満蒙現地民に対して優良原種緬羊、あるいは改良緬羊の配布も行われた。

満洲国発足後、広い土地を必要とする畜産改良増殖事業に対する「満洲為政者の排日辱日により圧迫」とそれによる「土地商租権の不確定」[4]が一変する。これまでおおむね条約に関わる地帯に限定して実施されていた緬羊改良普及事業は、政策として満洲全土で展開されるようになった。緬羊は、他の家畜に先駆けて改良増殖が重視された。国家レベルの緬羊改良増殖計画が策定され、各地に満鉄および国立、省立、県（旗）緬羊改良試験機関が設置されて、改良普及が行われていく。

本章では、満洲における日本人による羊毛品質改良を目的とする緬羊改良試験およびその普及奨励を検討する。かかる課題に関わる先行研究は、管見の限り山本晴彦の『満洲の農業試験研究史』のみである。山本は、満洲の畜産に関する試験研究の概要を紹介しており、具体的には、馬、豚、緬羊を事例に改良の内容を略述している。そこで、本章では、山本が触れていない満洲国における緬羊増殖、改良事業の具体的内容、同事業が実施された要因、同事業の成果、終戦後の影響について明らかにする。

第一節　緬羊品種改良と普及の要因

本節では、満洲における緬羊改良増殖の要因を当時の社会的、経済的、軍事的背景から考察する。

1　羊毛の需給関係

日本国内の羊毛（緬羊毛を指す。以下、同じ）工業の原料は、古くからオーストラリア、欧米諸国からの輸入に依存していたが、第一次世界大戦により各国の羊毛供給不足が顕著になると、戦後、日本では羊毛の自給自足方策が議論される。その中で、羊毛資源を満蒙に求めるべきであるという意見が挙がり、満鉄が満蒙の緬羊改良に着手するようになったのである。(5)

表5―1は、満洲事変前の一九二五年から一九二九年における日本国内の羊毛需給状況を表している。年別・平均値からみても、輸入量に対する国内生産量の割合はわずかであり、日本国内の羊毛の自給率が非常に低いことがわかる。

表5―2は、満洲事変前後における日本国内の羊毛輸入状況を表している。同表から、九五パーセント以上をオーストラリアから輸入しており、当時、日本国内の羊毛工業の原料は、ほとんどオーストラリア産羊毛に依存していたことがわかる。

かかる日本国内の羊毛自給能力の低さ、かつ羊毛の九〇パーセント以上をオーストラリア産羊毛に依存していたことは、第一次世界大戦時にイギリスの植民地であったオーストラリアの保護主義的色彩の関税法、一九三二年のイギリス、カナダ、オーストラリア、ニュージーランド、インドなど英連邦国家間に結ばれた互恵協定（オタワ会議）、さらに、日本商品に対して高関税を課す一九三六年のオーストラリアの関税改正とそれに対する日本側の対豪通商擁護法の発動などにより、さらに問題視された。(6)日本人当局にも「当時の悲境を回顧すれば羊毛の自給自足も亦現時の急務なるを頷かれる(7)」と認識されていた。こうした当時の世界的なブロック経済化の動きは、日本人当局者の危機感を増幅させた。そして、日本の支配力の及ぶ満蒙の羊毛は「一朝有事」

表５－１　1925～1929年における日本国内の羊毛需給状況　（単位：千ポンド）

項目／年次	国内生産	輸入	計	輸出	国内消費
1925	111	186,160	186,270	6,066	179,501
1926	122	136,133	136,255	5,864	130,390
1927	125	170,179	170,304	6,204	164,101
1928	134	164,982	165,116	8,047	157,066
1929	136	141,014	141,150	10,339	130,812
平均	125	159,694	158,819	7,304	152,374

出典：満鉄調査会『綿羊改良案説明』（1932年）より作成。
注：原資料は頁数がない。

表５－２　1930～1932年における日本国内の羊毛輸入状況　（単位：数量　百斤、価格　千円）

年別／国・地域別	1930年				1931年				1932年			
	数量		価格		数量		価格		数量		価格	
ーストラリア	848,309	97.8%	72,336	98.3%	1,372,921	96.0%	83,295	96.7%	1,488,198	96.4%	84,246	96.2%
ルゼンチン	9,616	1.1%	621	0.8%	19,442	1.4%	874	1.0%	8,095	0.52%	481	0.6%
イギリス	3,066	0.4%	340	0.5%	1,688	0.1%	157	0.2%	4,263	0.28%	376	0.4%
中国	642	—	54	—	924	—	67	—	608	—	68	0.1%
関東州	77	—	4	—	118	—	6	—	10	—	1	—
その他	5,451	0.6%	255	0.4%	35,312	2.5%	1,747	2.0%	42,818	2.8%	2,378	2.7%
合計	867,162	100.0%	73,610	100.0%	1,430,405	100.0%	86,146	100.0%	1,543,992	100.0%	87,550	100.0%

典：阿部久次「満洲に於ける棉花並に羊毛に就いて」20～21頁により作成。

の際にオーストラリア産羊毛に代わる絶対必要なものと認識されていたのである。[8]
日本国内における羊毛自給率の低さを解決するには、牧羊に適する風土、気候、広い土地で羊毛を生産しなければならない。これらの条件を満たさない日本国内では羊毛生産増殖に期待できず、また台湾と朝鮮の自然条件も日本国内と似ていたため期待できない。そうした中で、牧羊が可能な条件を有する満蒙に、羊毛生産の期待が高まり、本格的に満蒙での羊毛生産が検討された。

当時、満蒙では、約二五〇万頭の緬羊がいたが、それらはすべて肉皮用を主とする在来蒙古種であった。前述のように毛質が繊維原料としては不良であるため、在来蒙古種は日本ではわずかに毛布その他の下等絨に混用するに過ぎず、「其ノ品質我国ノ需要ニ適セス」[9]、「我国ニ於テ安全ナル羊毛供給資源トシテ満蒙羊毛ヲ利用スル為ニハ其ノ品質改良ヲ必要トス」[10]とされていた。

そこで、当時の日本の羊毛輸入総額の九五パーセント[11]を占め、日本国内羊毛工業に必要とされたメリノー種緬羊の良質羊毛の生産を目指し、満蒙の緬羊産業を肉皮生産から毛織物用生産に転じさせ、日本国内の羊毛需要に十分応じられる産業とすることを目的に、満洲事変前に土地的政治的要因で全面的に実施できなかった緬羊改良事業がここで初めて政策として全面的に着手された。つまり、オーストラリアから羊毛を輸入するよりも、優良緬羊を積極的に輸入して、満蒙在来緬羊の改良が実施された。

2　緬羊品種改良と普及の軍事的な要因

羊毛は棉花と同様、人々の生活必需品原料であるだけでなく、軍需品原料としても必要不可欠な資源である。特に、日本よりもはるかに寒冷な満洲北部に駐留する関東軍にとっては、羊毛は重要な被服原料であった。羊毛は「他繊維の及ばざる軍絨としての特徴を有し[12]」、「国防的見地よりする確保のためにも[13]」改良増殖の必要があると日本人当局に認識されていた。前述の日本国内の羊毛自給能力が低いことと満洲在来羊毛の品質の不良、および羊毛供給のほとんどが他国の植民地あるいは勢力範囲からの輸入に依存しなければならなかったことは、当時の国際情勢から、軍部に危機感を与え、緬羊改良が強く要望されたのである。

一九一八年七月二九日、拓殖調査委員会は、満蒙馬匹改良に関する件とともに満蒙における緬羊改良繁殖に関する提案を議決し、閣議に提出した答申案にも満蒙における緬羊改良普及は「軍事上其他に於いても是非共之が自給自足を図る[14]」と強調した。

満洲国発足後、緬羊改良増殖事業を政策化した「緬羊改良増殖計画」も関東軍統治部の要請によるものであった。同計画は「日満両国国防上必要なる羊毛の自給[15]」を実現させるとされていた。特に、同計画中の「満洲における羊毛の改良増殖計画要綱」は、関東軍が直接作成し、「羊毛の改良増殖を奨励し以て日満両国国防上必要なる羊毛の自給を図り、他面満洲国内に於ける農家の経済を向上せしむるになり[16]」と述べて緬羊改良増殖事業の軍事的な役割を明確に記している。また、一九三三年からスタートする第二次緬羊改良試験、すなわち公主嶺農事試験場におけるコリデール種を原種とした在来蒙古緬羊改良試験は、軍部からの強い要請を受けて行われたものであった[17]。

以上のように、日中全面戦争前夜という時代背景において、大正年間から始まった日本人の満洲における緬羊改良には軍事的な要因があった。

第二節　緬羊品種改良の沿革

1　緬羊品種改良政策の確立

満洲国は日本の傀儡国家であり、その実権を握っていたのは関東軍、満鉄関係の日本人たちであったことはいうまでもない。本項においては、満洲国初期において、緬羊改良増殖事業を確立させるために行われた日本人当局者による諸政策を検討する。

まずは、満洲国発足前の状況をみる。満蒙における畜産改良に日本人が参与できるようになった地域は、当初、日露戦争後の南満鉄支線の附属地であった。それから一九一五年五月の「南満洲及東部内蒙古に関する条約」により東内モンゴル地域でも可能になった。かかる条約により、日本人が東内モンゴルにおいて中国人現地民と農牧業を合弁する場合、家畜の改良に参与する権利を得たのである。

一九一八年に拓植調査委員会は満蒙馬匹改良に関する件とともに満蒙における緬羊の改良繁殖に関して提案を行っている。そして、「緬羊ノ改良蕃殖、製絨工業竝ニ馬匹改良試験ニ関スル件」を内閣に提出し、一九一八年八月七日に内閣において当案件は議決された。史料五―一はそれを表したものである。

〔史料五―一〕(18)

内閣総理大臣伯爵寺内正毅殿

緬羊ノ改良蕃殖、製絨工業並ニ馬匹改良試験ニ関スル件

一、南満洲及東内蒙古ニ於ケル緬羊ノ改良及蕃殖ヲ図ルコト、而シテ南満洲鉄道株式会社ヲシテ之ニ当ラシムルコト

（後略）

写

曩ニ御諮問相成候緬羊ノ改良及蕃殖ヲ図ルノ件竝馬匹ノ改良試験及試験及蕃殖ヲ図ルノ件ニ関シテ七月十八日及同月二十九日拓殖調査委員会ヲ開会シ慎重審議ノ上左ノ通決定致候條及答申候也

大正七年七月二十九日

拓殖調査委員会委員長

内閣総理大臣宛

第一号議案ニ対スル答申

一、南満洲及東部内蒙古ニ於けるケル緬羊ノ改良及蕃殖ヲ図ルヲ可トス而シテ其事業ノ経営ハ主トシテ南満洲鉄道株式会社ヲシテ之ニ当ラシムルヲ適当ト認ム

（後略）

閣甲一六九大正七年八月

内閣総理大臣（花押）内閣書記官長

外務大臣　大蔵大臣（花押）　海軍大臣（花押）　文部大臣（花押）　通信大臣（花押）

内務大臣（花押）　陸軍大臣（花押）　司法大臣　農商大臣（花押）

別紙内閣総理大臣請議緬羊ノ改良蕃殖、製絨工業並ニ馬匹改良試験ニ関スル件ハ適当ノ儀ト被認ニ付請議

ノ通閣議決定其ノ旨指令相成然ルヘシ　大正七年八月七日

拓秘第九七二号

緬羊ノ改良蕃殖、製絨工業並ニ馬匹改良試験ニ関スル件 我国ニ於ケル羊毛自給ノ政策ヲ確立セムカ為ニ南満洲及東部内蒙古ニ於ケル緬羊ノ改良及蕃殖ヲ図リ朝鮮、台湾及樺太ニ於テ緬羊ノ飼育ヲ将励シ併セテ支那ニ於ケル本邦人ノ羊毛取引及製絨工業ノ発達ヲ助成シ又南満洲及東部内蒙古ニ於ケル産業ノ発達ヲ助長スル為馬匹ノ改良試験ヲ行ヒ其成績良好ナルニ於テハ更ニ種馬牧場ヲ設ケ種馬ノ生産蕃殖ヲ図ルハ極メテ適切ナル政策ナリト認メ拓殖調査委員会ニ諮問シタル處同委員会ニ於テ別紙答申書写ノ通議決セリ右拓殖調査委員会ノ意見ハ適当ナリト被認候條本件別紙ノ通決定相成度

右閣議ヲ請フ

大正七年八月七日

内閣総理大臣伯爵寺内正毅

史料五―一によれば、日本の「羊毛自給」を図った満蒙の緬羊の改良増殖政策は、内閣により決定され、当時の日本の勢力範囲であった満蒙における資源開発の将来的な政策として決定されたといってもよいだろう。

一九一九年三月に在赤峰領事(19)北条太洋が外務大臣内田康哉宛の「蒙古緬羊改良試験成績ニ関スル件(20)」において、公主嶺における蒙古在来緬羊改良試験成績を詳細に報告していることからも、満洲における緬羊改良事業

は、国家レベルの事業として大きな関心が寄せられていたといえよう。

次に、満洲国発足後の政策をみる。一九三二年七月に満鉄経済調査部により「満洲畜産改良計画案」が立案され、翌月に内容審議のため満鉄経済調査会委員会が開催されて、研究審議の結果同案が可決された(21)。それには、緬羊、牛、馬、豚、鶏、毛皮獣、騾の改良増殖内訳、目標を明確に示している。そのうち、緬羊改良に関する計画は以下のとおりである。

〔史料五―二〕(22)

在来種にメリノー種を交配し改良種を作成し之を以て現存四百万頭の在来種に置換しさらに七〇〇万頭に（ママ）増殖す

第一期計画

種羊場六箇所を設置し改良用種畜の繁殖育成配付を行ふと共に指導奨励を行ひ三〇〇万頭の雑種及改良種を作成す

第二期計画

第一期計画完了後尚之を続行し満蒙に七〇〇万頭の改良種を増殖す

費用及年限

第一期　一八年間　九、六三七、九〇〇円

第二期　一七年間　九、〇〇〇、〇〇〇円

史料五―二から、満鉄の企図する緬羊改良の目標、所要年間と品種がわかる。満洲国発足直後にトータルで三五年という期間と一八六三万七九〇〇円という資金を投入する計画から国家レベルの要請を背景に満鉄が緬羊改良事業を長期間にわたって綿密に計画して行おうとしていることが窺われる。

もっぱら緬羊改良計画としては、満洲畜産改良計画案より先の一九三一年一一月に関東軍統治部の依頼により満鉄農務科において「緬羊改良計画要綱」が策定される。しかし、この計画は極めて短期間で作成された未熟なものであったため、一九三二年七月に新たに「緬羊改良案」、「緬羊改良案説明書」が策定され、それらは同年八月三日に満鉄経済調査会委員会審議会において可決された(23)。

また、一九三三年一月に「緬羊改良案」の前半的な実施計画として、一〇年を期間とし「満蒙緬羊一〇〇万頭改良案」が作成された。

さらに、同年六月に関東軍特務部において、上述の修正された計画案を基礎として「満洲における羊毛改良増産計画要綱」が作成され、同月二八日の特務部連合研究会の審議会において当要綱は可決された(24)。

関東軍関係の「満洲における羊毛の改良増殖計画要綱」、満鉄経済調査会関係の「綿羊改良案」と「緬羊改良案説明書」、「満蒙緬羊一〇〇万頭改良案」を合わせて「緬羊改良増殖計画」と称し、満洲国初期における緬羊改良増殖事業の指導的要綱となる。以下はそれの抜粋である。

〔史料五―三〕

緬羊改良増殖計画

A　軍関係(25)

特務部発第一三七四号

満洲における羊毛の改良増殖計画要綱案送付の件

昭和八年七月二十五日　関東軍参謀長　小磯国昭

議案Ⅲ第十二号　満洲に於ける羊毛の改良増殖計画要綱案

第一　方針

本計画の目的は満洲に於ける羊毛の改良増殖を奨励し以て日満両国国防上必要なる羊毛の自給を図り、他面満洲国内における農家の経済を向上せしむるにあり

本計画の目標は三十五年後に於て満洲国内に約千五百万頭の改良緬羊を常在せしむること、し、年額約一億万封度（一頭当七封度）の改良羊毛を生産せむとするにあり

第二　要綱

一、羊毛の改良増殖は緬羊の種類の改良、頭数の増加に依るを主眼とし飼養法の改善、畜疫の予防制遏、牧野の改良生産物取引統制等の方法に依り其の促進に努むるものとす

（二、三、四は省略）

五、改良増殖に対する施設は左記に依り之を行ふものとす

(1)指導奨励機関

（イ）差当り実業部（各省を含む）並興安総署（各省を含む）に職員を増置し指導奨励に当らしむるものとす。尚将来適当なる時期に於て指導奨励に関する機関は実業部に統一するを要す

（ロ）各県、各旗に畜産指導員を配置し緬羊の指導奨励に当らしむるものとす

(2)種羊の配付機関

種羊供給の為不取敢左記の他に国立種羊場を設置し緬羊の改良蕃種《ママ》竝配付、技術の伝習等の事業を掌らしむ

満鉄経営の種羊場は逐次満洲国に移管するもとす

記　公種嶺、銭家店、錦州、海拉爾、林西

(3)種羊の購入（省略）　(4)牧場の設置奨励（省略）　(5)組合の設置奨励（省略）

(6)羊毛の処理（省略）　(7)牧地の設定及改良竝牧草栽培の奨励（省略）

(8)技術の伝習（省略）　(9)試験研究（省略）　(10)畜疫の予防（省略）

六、（省略）

七、日満両国政府は軍用被服原料として改良羊毛を採用すると共に在来羊に付ても其の利用に努むるものとす

八、日本国政府は満洲に於ける羊毛増産の重要性に稽へ日本人の行ふ左記事業に対し相当補助するものとす

（イ）満洲国内に於て行ふ緬羊改良事業（種畜購入費及運賃の一部）

（ロ）満洲産羊毛の利用事業

昭和七年七月　第二部畜産班

B　経済調査会関係

緬羊改良案(26)

（前略）(27)

三、改良に当りては最初現在満蒙に分布せる緬羊四〇〇万頭中主要牧羊地三〇〇万頭を改良するものとし一回雑種置換を以て第一期とす。改良所要年限及経費概算左の如し

第一期所要経費概算

最初十箇年　五、三九八、一〇〇円

其の後八年　四、二三九、八〇〇円

四、第一期改良計画終了後引続き第二期計画に移るものとす。第二期に於ては一回雑種を改良種に置換すると共に緬羊の増産を計り七〇〇万頭に到達せしむ

増殖要綱、現在満蒙に分布する山羊一八〇万頭中一〇〇万頭を緬羊に置換し、更に牧野の整理改良及飼養法衛生施設の改善により二〇〇万頭の増殖を計るものとす

第二期改良年限　約十七箇年

所要経費　九、〇〇九、六〇〇円

五、第一期計画経営箇所及経費の負担

（第一案）

緬羊改良により現在満蒙羊毛生産額九〇〇万封度は第一期計画終了時に於て一、四〇〇万封度に達し、在住民の享くる利得の甚大なる点より本事業は満洲国をして当らしむべし、然れども本案実施に当つては満洲国に於ける技術的方面の欠如と巨額の出費を要するが為満洲国単独の事業としてはその進捗を期すべからざるの憾あり。故に事業の進捗を可及的速かならしむると共に将来羊毛商権獲得の見地より技術員の派遣費用竝事業開始に必要なる建物、種羊費を日本側に於て援助する可とす

日本側負担経費　　二、六三八、三〇〇円（種羊費、建物費、人件費）
満洲国側負担経費　六、九九九、六〇〇円（土地、飼料費、労役費、奨励費、雑費）

（第二案）

緬羊改良は日本の羊毛自給政策の見地より可成的速に行ふの必要あるにより本事業は日本側に於て可及的之を援助すべく、若し満洲国財政に於てのみ実現を許さずとすれば第二案として日本側を主とし経費の分担を左の如くすべし

日本側負担経費　九、一七七、九〇〇円
満洲国負担経費　四六〇、〇〇〇
計　　　　　　　九、六三七、九〇〇

（後略）

満蒙緬羊一〇〇万頭改良案(28)　　　　　　昭和八年一月

第二部畜産班

一、改良目標

第一期計画として現在満蒙に分布せる緬羊四〇〇万頭中実施に比較的容易なる満鉄沿線接攘地方及主要牧羊地方の一〇〇万頭を改良するものとす。

二、改良方針

(1)一回雑種を作る為に蒙古在来種に交配すべき牡羊は原則として改良種を供用す。メリノー種は粗放なる飼養管理に対する抵抗力弱く交配能力低下する以て当初は改良種牡羊を供用するものとす

(2)一回雑種牝羊に対する種牡羊はメリノー種牡羊を供用す
(3)改良種牝羊に対してはメリノー種牡羊を供用す
(4)一回雑種置換を以て第一期とし十五年箇年を以て終了するものとす

三、第一期改良の具体的方法
(1)改良区域の制定種羊場の設置
A改良区域及区域内緬羊頭数
(中略)
B公主嶺、銭家店、林東、朝陽、海拉爾に緬羊場五箇所を設置し繁殖育成を行ひ種羊を民間に配付す。
必要の箇所に種牡繋養所を設く
C事業開始第一年度より日本内地より毎年種牡羊一〇〇頭宛輸入し改良に供用するものとす
(2)改良普及奨励
A緬羊組合を設置し指導奨励を行ひ改良普及を計るものとす
B改良緬羊品評会を開催し改良普及を計るものとす
C民間生産種牡羊の購買及種牡羊繋養奨励を行ふ
D改良羊毛出荷奨励を行ふ
E獣疫の予防及制遏を行ふ
(後略)

史料五―二からは、満洲国発足直後における緬羊改良普及奨励の計画の内容を知ることができる。関東軍関係の決定案をみると、緬羊改良の目的は、羊毛改良のための品種改良と頭数増加を主眼としていることがわかる。また、計画の中で指導奨励機関、配布機関、技術員の養成配置なども指摘されている。さらに本計画の最終目標は、三五年後までに一五〇〇万頭の緬羊を改良増殖、年額約一億万ポンドの改良羊毛を生産することとされた。そして、以上の基本計画は作成者からもわかるように、関東軍によって策定されたものであった。

満鉄経済調査会関係の決定案は、改良増殖実施を第一期、第二期に分け、一回雑種から改良種へ改良する過程、そして頭数をさらに具体的に示している。計画によれば、満蒙に分布する四〇〇万頭の緬羊のうち、三〇〇万頭を改良することを目標とした。そして第一期では一〇〇万頭を一回雑種に置き換え、第二期の目標は第一期の一回雑種を改良種に置き換えるともに、さらなる改良増殖を図ることであった。また、日本側と満洲国の負担経費が明確に定められた。

第一期の改良計画の具体的方法は以下のように定められた[29]。

一、公主嶺、林西、開魯、洮南、朝陽、海拉爾に種羊場を設置し、必要の箇所に種牡繁養を設置する。
二、緬羊組合を設置し、指導奨励を行い、改良普及を計る。
三、改良緬羊品評価会を開催し改良普及を図る。
四、民間生産改良種牡羊の購買および種牡羊繁養奨励を行う。
五、改良羊毛出荷奨励を行う。
六、獣疫の予防および制遏を行う。

第一期における各種羊場の改良年限と所要経費が詳細に計画されており、その所要経費の総額は一〇一六万七六〇〇円に達している。[30] その中、改良普及奨励費については、種牡羊繁養所費一八年間に三四万六二二五円、組合奨励費六ヶ所一八年間に一六万二〇〇〇円、種牡羊購買奨励費一〇年間に五万三七五〇円、改良種牡羊繁養奨励費八年間に五二万五〇〇〇円、獣疫予防費一八年間に五万八六五〇円、羊毛取扱奨励費一〇年間に一四万三七〇〇円、品評会開催費五万七〇〇〇円、総額は一三四万六三二五円となっている。[31]

満鉄経済調査会関係の決定案である「満蒙緬羊一〇〇万頭改良案」は、前述の第一期計画の改良普及が比較的容易に行われるだろうと想定された満鉄沿線地域における緬羊改良計画である。具体的な内容は前述の「緬羊改良案」と大同小異であるものの、その第一段階の目標としてまず一〇〇万頭緬羊の改良普及を目標としている。

改良区域については、公主嶺種羊場は満鉄沿線地帯二八県および南郭爾羅斯旗、銭家店種羊場は博王、奈曼、達爾汗、札魯特、土什業図の諸旗県とその他八県、林東種羊場は大小巴林、阿魯科爾沁、克什克勝諸旗と林西、林東、経棚の各県、朝陽種羊場は賓図王、東西土黙特両旗、朝陽および付近一一県、海拉爾種羊場は呼倫貝爾一部をそれぞれ担当することが定められた。[32] 改良普及の内容は、前述の経済調査会関係の「緬羊改良案」と大きな差はないが、所要経費[33]はさらに詳細に記載され、総額は一二三〇万五四〇〇円に達した。

以上をまとめると、満洲緬羊改良増殖について、関東軍関係の計画書は日満両国の国防、日本国内の羊毛「自給自足」の確立を強調する方針や目標を定めたものであり、満鉄経済調査会関係の計画書はその方針や目標の内容を具体化するものである。満鉄経済調査会関係の計画書には、改良増殖の目的、三五年間の目標と改良方法、実施する地域、経費などが具体化されており、満洲における緬羊改良増殖事業が政策的に確立されたことがわかる。このように、満洲における緬羊改良事業を立案・指導していた主体は関東軍であった。

2　畜産業機構

それでは、満洲国の畜産業機構はどのような機関があり、どのような事業を行っていたのであろうか。まず、満洲国の畜産行政をみてみる。

満洲国発足後、畜産行政は馬に関する治安部馬政局、その他家畜に関する実業部や蒙政部と区分されていた。蒙政部は興安四省（蒙古地帯）における畜産行政を担当し、勧農司畜産科が実務を管掌していた。興安四省以外は実業部農鉱司の管掌となり、漁牧科がその事務を行った。一九三四年、実業部農鉱司は農林司と鉱務司とに分かれ、さらに農林司は農務司と林務司とに分かれ、農務司に畜産科が置かれて、畜産行政の機能を果たしていた(34)。

一九三七年には、産業開発五ヶ年年計画の遂行のため、蒙政部が廃止され、実業部も産業部と改称されて、産業部の外局として畜産局が設置される。従来の実業部、治安部馬政局、蒙政部の業務は、畜産局に統合されることとなった。しかし、畜産局は一年半後に解散して産業部畜産司となり、馬政局も再び独立機関となった。一九四〇年七月、農業関連機関のみが産業部から独立し、新たに興農部となり、外局の馬政局と産業部畜産司は、終戦直前まで満洲国の畜産行政を担った。その後、馬政局が合併され、畜産行政機構は興農部畜政司となり、終戦を迎える(35)。

次に改良試験機関をみてみる。表5―3は、満洲国の一九三六年における緬羊改良試験機関と当時の基礎繁殖牡緬羊を表したものである。

改良機関と基礎繁殖牡緬羊（1936年）

王爺廟緬羊改良場	札刺木特緬羊改良場	羊圏子種畜場	赤峰緬羊改良場	朝陽川種畜場	哈爾浜緬羊改良場	白家種畜場
満洲国蒙政部	同左	鉄路総局	満洲国実業部	鉄路総局	満洲国産業部	鉄路総局
興安南省王爺廟	興安北省札刺木特	錦州省錦県	熱河省赤峰	間島省延吉県	浜江省哈爾賓	龍江省通北県
同左	同左	同左	1936年	同左	同左	同左
メリノー種800頭（予定）	（予定）メリノー種700頭、改良種300頭	メリノー種と改良種各300頭	（予定）メリノー種200頭、改良種1000頭	メリノー種と改良種各300頭	不明	メリノー種と改良種各300頭

『羊毛／満洲国ノ緬羊及羊毛ニ関スル調査報告提出ノ件』32～33頁、満洲回顧集刊行会編『あゝ満洲：国毛工業；満洲の緬羊改良増殖に就て』（1932年）26頁より作成。

一九一三年、農事試験場公主嶺本場が設立される。畜産改良普及に関する諸業務を担当していたのは、畜産科（部）であり、緬羊に関する改良普及業務を担当していたのは、畜産科と家畜改良科であった[36]。その後、一九二一年に熱河省林西の東方黒山屯に、一九二四年に公主嶺に、一九二九年に奉天省通遼の西南沙里にそれぞれ種羊場や種畜場が設立され、各場にメリノー種が配布されて改良試験が実施された[37]。

満洲国発足後、実業部農務司と蒙政部のもとに緬羊改良普及機関が設置され、改良試験の実施と品種の普及が行われた。表5—3のごとく満洲国政府は朝陽、王爺廟、札刺木特、赤峰、臥虎屯にそれぞれ緬羊改良機関を設置した。他方、鉄道総局も白城子、羊圏子、白家、朝陽川に種羊場を新設した。最も早く設置され、試験研究の実績を有する満鉄緬羊改良機関は、満洲国政府および鉄道総局各種羊場に対し、基礎繁殖種羊と改良供用種牡羊を提供していた[38]。各旗県にも緬羊改良機関が存在し、一九三七年における興安四省の状況をみてみると、既設の八旗八ヶ所の種畜場のほか、同年五旗五ヶ所に種畜場が設置されており、合計一三ヶ所に改良機関が設置された[39]。

表5-3　満洲国の主な緬羊

改良場／項目	林西種羊場	公主嶺種羊場	臥虎屯畜牧場	沙里種羊場	白城子種畜場	達爾漢種畜場	朝陽緬羊改良場
所管	満鉄	同左	同左	同左	鉄路総局	同左	満洲国実業部
位置	興安西省林西県	吉林省公主嶺	奉天省遼源県	興安西省奈曼旗	龍江省洮南県	興安南省通遼県	錦州省朝陽
開設年次	1921年	1924年	同左	1929年	1933年	1934年	1935年
基礎繁殖（牡）	メリノー種200頭、改良種500頭	メリノー種130頭	メリノー種と改良種可各400頭	不明	メリノー種と改良種各300頭	メリノー200頭、改良種500頭	（予定）メリノー種200頭、改良種1000頭

出典：JACAR：B09041305400、毛皮、羽毛並骨角関係雑件　第三巻（E-4-3-2-2_003）（外務省外交史料館）
つくり産業開発者の手記』（1965年）751頁、大阪工業会満蒙経済視察委員『満洲の綿紡織業；満洲の羊
注：林西種羊場を黒山屯種羊場ともいう。地名は満洲国時代のものである。

満鉄関係農事試験場が満洲国に移管されると、緬羊改良試験機関も国立緬羊試験場として統合され、哈爾浜、王爺廟、札拉木特、林西、三江口の五ヶ所に試験場が設置された。また、省立緬羊改良場官制により、従来の満鉄関係の緬羊改良機関と満洲国発足後に設立された緬羊改良試験機関が林西、赤峰、朝陽、臥虎屯、舎力、薩爾図、千振、浜江、龍鳳などで省立緬羊改良場と改称されて分布し、原種緬羊の飼養、管理、繁殖、および緬羊の改良、増殖に関す指導、奨励、良種の配布と貸付、さらに緬羊生産物の処理、緬羊に関する知識、技術の伝習、緬羊に関する調査などを行っていた(40)。

終戦直前における緬羊改良試験機関をみてみると、満洲国関係は公主嶺農事試験場畜産部をはじめ、哈爾浜、朝陽、札拉木特、三江省千振、赤峰の各緬羊改良場、および各省勧農模範場における畜産部、一部省県旗における種畜場などがあった。満鉄関係として達爾漢牧場、白城小および龍江牧場などがあった。そして、日満緬羊協会経営の龍爪緬羊改良場、開拓研究所の龍鳳緬羊改良場、鐘紡会社直営の札蘭屯牧場などがあった(41)。

以上、満洲における緬羊改良試験機関は、満鉄によって初め

て設立される。一九三二年以後、満洲国政府により国立、省立、旗県立の緬羊改良試験機関が設立され、さらに、一九三八年以後、満洲国における農事試験場が満洲国に移管されるにともない、ほとんどの緬羊改良試験機関が満洲国に移管されることとなる。一方、終戦直前の状況をみると、満洲国、満鉄、東亜緬羊協会、民間会社鐘紡に属する緬羊改良試験機関が存在していたことが確認できる。

三つ目に、指導普及奨励機関をみる。満洲国発足後、最初に設立された指導普及奨励機関は、日満緬羊協会である。羊毛の「自給自足」を目的に、棉花協会の姉妹協会として日満緬羊協会を設立するため、一九三三年八月一日に拓相官邸に民間羊毛工業会代表者が召集されて設立協議会が開催され、日満緬羊協会の設立が決定される(42)。そして、翌一九三四年に当協会が正式に成立した。基本金二〇〇万円のうち、一〇〇万円は日本国政府と満鉄により、七〇万円は羊毛工業者の寄付によって設立される計画であった。その事業趣旨は「軍決定に基づく満洲国に於ける羊毛の改良増産計画を援助」することであり、事業内容は満洲国内の現地農牧民と日本人移民に対する緬羊改良増殖の指導奨励と助成であった(43)。拓務省において満洲国における緬羊改良増殖の重要性が認められ、一九三四年から累年補助金が交付されることが決定し、特に事業拡充にともない一九三七年より毎年一五万円の補助金が交付されることとなった(44)。

日中戦争の勃発、そして傀儡政権蒙疆連合政府の設立などの背景から、一九三八年七月に日満緬羊協会は東亜緬羊協会と改称され、中国占領地を含むさらなる広い範囲において、緬羊の改良増産、普及奨励を統括した(45)。

満洲国政府は、緬羊改良普及の円滑な進行を図るため、一九三五年から各省の緬羊飼養農牧家を組織して緬羊合作社（組合）を設置し、優良原種、改良緬羊の配布、貸付も合作社の組員農牧家に向けて行われた。事務所は省県の公署に設置され、（一）緬羊飼育に関する技術の指導、（二）緬羊伝染病、疾病の予防事業、（三）種緬羊貸与および交配斡旋、（四）生産種緬羊の買上又は販売の斡旋、（五）羊毛羊皮の販売斡旋、（六）飼料作物の栽培奨励（牧草種子の配布）、（七）講演会、講習会、品評会の開催、（八）その他必要な事項などの事業が行われた。

一九三六年の状況をみると、満洲緬羊組合、錦州省緬羊合作社連合会、達爾漢緬羊組合、林西緬羊組合、錦県緬羊合作社、義県緬羊合作社、錦西県緬羊合作社などが設置されており、奉天省緬羊合作社も結成の最中であった[46]。一九三九年には、錦州省内一〇ヶ所の省緬羊組合連合会、奉天省内の開原、奉天の二ヶ所、熱河省内の赤峰、鳥丹二ヶ所の緬羊合作社が存在し、それらの組織が緬羊の改良と普及を担っていた[47]。

3　緬羊品種改良の沿革

それでは、緬羊改良がいかにして行われていたのだろうか。はじめに、緬羊改良試験項目をみてみる。次に掲げる史料は、一九一四年以後の農事試験場畜産科（部）における畜産試験方案より、緬羊改良試験項目を抜粋したものである。

〔史料五―四[48]〕

試験項目	試験実施年限
イ、改良（雑種）試験	自大正二年至昭和五年……第一次
	自昭和八年至昭和一七年……第二次

1毛質、毛量の遺伝に関する試験　メモ雑改良試験実施年限同右
コモ雑固定試験、実施年限同右
2形体及体量　同　自大正三年至同十三年
3蒙古在来種の繁殖　同　同
4蒙古在来種の脂肪尾の　同　同
ロ、適否（品種）試験　自大正四年至同十二年……第一次
自昭和十三年継続（品種試験）……第二次
1気候風土の変化が外国種の毛質及毛量に及ぼす影響　同
2同　形体及体量に及ぼす影響　同
ハ、飼養管理試験　自大正四年同十年……第一次
自昭和十五年継続……第二次
1飼養管理の変化が蒙古在来種の毛質毛量に及ぼす影響
自大正四年至五年……第一次　自昭和十五年至十六年（放牧試験）第二次
2在来種の斷尾が身體に及ぼす影響　自大正四年至八年
3在来種飼養管理が雑種の身體に及ぼす影響　大正七年度一ヶ年
4同　雑種の毛質、毛量、生産量及繁殖に及ぼす影響
自大正八年同十年……第一次　自昭和十四年継続（経済試験）……第二次
ニ、羊毛生産試験　自大正三年至同十三年……第一次

（第二次にては品種試験に含む）

1各種綿羊の産毛量及毛質に関する試験

ホ、羊肉生産試験　　自大正三年至同十三年……第一次

1各種綿羊の肉量及肉質に関する試験

ヘ、仔羊毛皮生産試験　　自大正七年至昭和十二年（以降調査とする）

1カラクール種に依る雑種試験

ト、養殖試験　　自大正三年至昭和十一年（以降は品種試験に入る）

（第二次については品種試験に含める）

史料五―四によれば、満洲における蒙古在来種に対して品種改良試験、適否（品種）試験、飼養管理試験、羊毛生産試験、羊肉生産試験、繁殖試験などの各種試験が行われている。そのうち、品種改良試験による羊毛、毛質、形体の改良が試験の重点となっており、在来蒙古種の毛質粗悪かつ毛量僅小を向上させることが第一の目的となっていることがわかる。

次に、試験成績をみてみる。満洲国発足前の緬羊改良試験は第一次の試験とされ、メリノー種、シュロップシャー種、カラクール種など世界的優良品種を原種とした蒙古在来種の毛質改良試験が行われ、それは一九三三年まで実施された(49)。

蒙古在来種は、肉用種として比較的優秀な形体を有しているものの、粗毛、緬毛および二種の中間に位する粗面毛が混在しており、織用原料として重大な欠点を有していた。また、遺伝的に死毛が多いため、織用原料

として価値が低かった。さらに一頭当たりの生産毛量も極めて少なく、年二回の剪毛で、牡羊が総量三ポンド、牝羊が総量二ポンドに過ぎず、その量はメリノー種羊の約四分の一にすぎなかった。[50]

日本国内羊毛工業が必要とする羊毛の輸入総額の九五パーセントを占めていたメリノー種羊の良質な羊毛は、蒙古在来種のように粗毛や粗緬毛がなく、織細な緬毛のみである。そして、緬毛は平行して並び、規則正しい屈曲を描いており。緬毛の長さは等しく、かつ織維も平行していたことから、毛叢の表面は均整がとれていた。[51]

こうした点から、前述のように、満洲における緬羊改良の目的は、日本国内の羊毛工業が必要としていたメリノー種のような品質の羊毛を獲得することだった。満鉄公主嶺農事試験場が一九一三年からメリノー種をもって蒙古在来緬羊の改良試験に着手する。それはすなわち、改良原種としてメリノー種牡羊を蒙古在来種の牝羊と交配することにより、新たな改良緬羊の獲得を試行するものであった。[52]

表5―4は一九四四年までの公主嶺種羊場の供試緬羊種類別頭数を表したものである。

表5―4から、満鉄公主嶺農事試験場が設立される一九一三年からメリノー種、サウスダウン種、シュロップシャー種、カラクール種などの世界的優良種を使用し、蒙古在来種緬羊の毛質改良、毛量増加試験を行っていたが、時間と頭数からみるとメリノー種による改良が定着されていることがわかる。

改良原種のメリノー種の購入は満鉄関係の公主嶺種羊場のみならず、満洲国関係の緬羊改良機関でも行われていた。特に、実業部によって一九三五年にアメリカから七七五頭のメリノー種が購入され、各緬羊改良機関に配布されて、メリノー種による在来種改良がピークを迎えた。[53]

表5―5と表5―6は満洲国の緬羊飼養の中心地である興安四省（蒙古地帯）への緬羊改良普及を目的とす

表５－４　公主嶺種羊場供試原種緬羊種類別頭数（1913～1944年）　（単位：頭）

品　種	入場年月	牡	牝	計	購　入　先
メリノー	1913年	2	2	4	下総御料牧場
	1914年10月11日	0	4	4	同上
	1915年12月２日	14	8	22	アメリカオハイオ州
	1923年５月	20	6	26	同上ワイオミング州
	1938年４月	246	133	379	
	小計	282	153	435	
シュロップシャー	1913年２月	4	2	6	北海道月寒種畜場
	1911年10月	2	2	4	イギリス
	小計	6	4	10	
サウスダウン	1913年	2	2	4	北海道月寒種畜場
	1915年12月２日	1	1	2	アメリカ
	1921年10月	2	2	4	イギリス
	小計	5	5	1	
カラクール	1918年６月12日	2	1	3	アメリカ
	1924年８月	2	3	5	同上テキサス州
	小計	4	4	8	
コリデール	1933年11月１日	—	10	10	北海道瀧川種羊場
	1935年９月23日	—	3	3	朝鮮、東洋拓殖株式会社
	1935年10月３日	20	0	20	日本、福島県
	1937年６月30日	4	4	8	オーストラリア
	1940年５月	3	2	5	哈爾浜緬羊改良場
	1941年11月１日	25	0	25	同上
	小計	52	19	71	
ロマノフスキー	1923年８月	2	1	3	東支鉄道哈爾賓農事試験場より寄贈
寒　羊	1922年11月	5	3	8	山東省
蒙古在来種	1914年５月９日	138	33	171	公主嶺地域
	1914年８月17日	66	0	66	錦州地域
	1914年10月11日	50	0	50	同上
	1917年３月30日	65	0	65	公主嶺地域
	1918年７月	90	0	90	同上
	1933年10月17日	100	0	100	海拉爾地域
	1933年12月31日	74	0	74	小巴林地域
	1934年４月４日	29	0	29	通遼地域
	1938年９月17日	100	0	100	西科前旗満洲屯
	小計	712	33	745	
	1930年８月	11	1	12	東支鉄道、喇嘛甸子
合計				1,302	

出典：満田隆一監修『満洲農業研究三十年』（建国印書館、1944年）167～169頁、豊田光一「綿羊改良場」（満洲回顧集刊行会編『あゝ満洲：国つくり産業開発者の手記』1965年）752頁より作成。

表5－5　蒙政部所管緬羊改良場の1936年までの緬羊購入状況　（単位：頭、経費のみ円）

品種＼購入先	アメリカ	興安北省	日本国内	満　鉄	朝　鮮	合　計
メリノー種	625	—	900	150	100	1,775
改良種	—	50	—	150	—	200
在来種	—	2,600	—	—	—	2,600
合計	625	2,650	900	300	100	4,575
経費	127,000	22,350	59,200	13,250	7,500	229,300

出典：蒙政部勧業司畜産科編『畜産関係政府施設概要』（1937年）より作成。

表5－6　蒙政部所管緬羊改良場の各旗種畜場種牡緬羊への配布頭数　（単位：頭）

西科前旗	扎魯特旗	索倫旗	東新巴旗	布特哈旗	扎賚特旗
250	250	300	380	10	40
庫倫旗	阿魯科爾沁旗	巴林右翼旗	東額旗	合計	
30	50	30	40	1,410	

出典：蒙政部勧業司畜産科編『畜産関係政府施設概要』（1937年）より作成。

る、王爺廟緬羊改良場と札剌木特緬羊改良場の一九三七年までの緬羊購入頭数、および各旗種畜場への配布状況を表したものである。表をみると、メリノー種による蒙古在来種の改良、およびそれによる改良種も改良用種緬羊として使われていることがわかる。表5―6の蒙政部所管緬羊改良場の各旗種畜場への配布種緬羊については、各旗の種畜場の周辺地域に数多くの蒙古在来種がおり、王爺廟緬羊改良場と札剌木特緬羊改良場から蒙古在来種を配布される必要がないため、普及した合計一四一〇頭の種緬羊はメリノー種や改良種であったと思われる。

メリノー種による蒙古在来種の改良試験、および特性を図解すれは図5―1～4のごとくである。

まずは、メリノー種牡羊を蒙古在来種と交配させ一回雑種を作る。

公主嶺農事試験場は、一九一五年から一九二五年まで四五八頭の一回雑種を生産した。この四五八頭の一回雑種の毛質はすべて粗毛と緬毛が混在する混毛型である。

しかし、かかる一回雑種の毛質は、蒙古在来種に比べて少し良好となり、粗毛の割合が減少したのである。[54]

次に、一回雑種の牝羊にメリノー種牡羊を交配して二回雑種を作る。

農事試験場公主嶺本場は、一九一六年から一九二八年までに四一九頭の二回雑種を生産した。この四一九頭の二回雑種のうち、一八七頭が粗毛も粗緬毛も混在せず、まったくメリノー種羊毛と同様な羊毛をもつ非混毛型であり、それらはメリノー種型二回雑種（二回雑種メリノー種ともいう）と命名される。残りの二三二頭の二回雑種は一回雑種と同様の毛質を有しており、一回雑種型二回雑種（二回雑種混毛型ともいう）と命名される。すなわち、第一回雑種と同じ特性を持つ一回雑種型二回雑種が全体の五五・四パーセントを占め、毛質がメリノー種と全く同様のメリノー種型二回雑種が四四・六パーセントを占めており、そしてその特性が固定化されている。以上をまとめると、メリノー種型二回雑種牡羊を蒙古在来種と交配させれば、その間に生まれる緬羊は、前述の一回雑種と同じ毛質を有するため、メリノー種牡羊と同様に蒙古在来種の改良用種羊として使用することができる。メリノー種型二回雑種毛質を有する牡牝緬羊を相互に交配させて生産した緬羊は、すべてメリノー種型毛質を有し、それらは改良種と命名される。[55]毛量的に蒙古在来種の年間産毛量は一斤から二斤、一回雑種の毛量はその二倍半以内、二回メリノー型雑種、すなわち改良種は蒙古在来種の五から八倍以内、メリノー種は改良種の一から二倍である（図5―2を参照）。

当時の日本国内羊毛工業が必要していたメリノー種羊のような良質の羊毛の「自給自足」を図るという緬羊改良の目的からみると、第一次の改良試験はその目的を達成したといえよう。

第二次の試験は、一九三三年から着手される。試験項目は、若干差異があるものの、おおむねコリデール種による蒙古在来種の改良試験であり、第一次試験に比べると、飼養管理試験が大きく取り扱われるようになっ

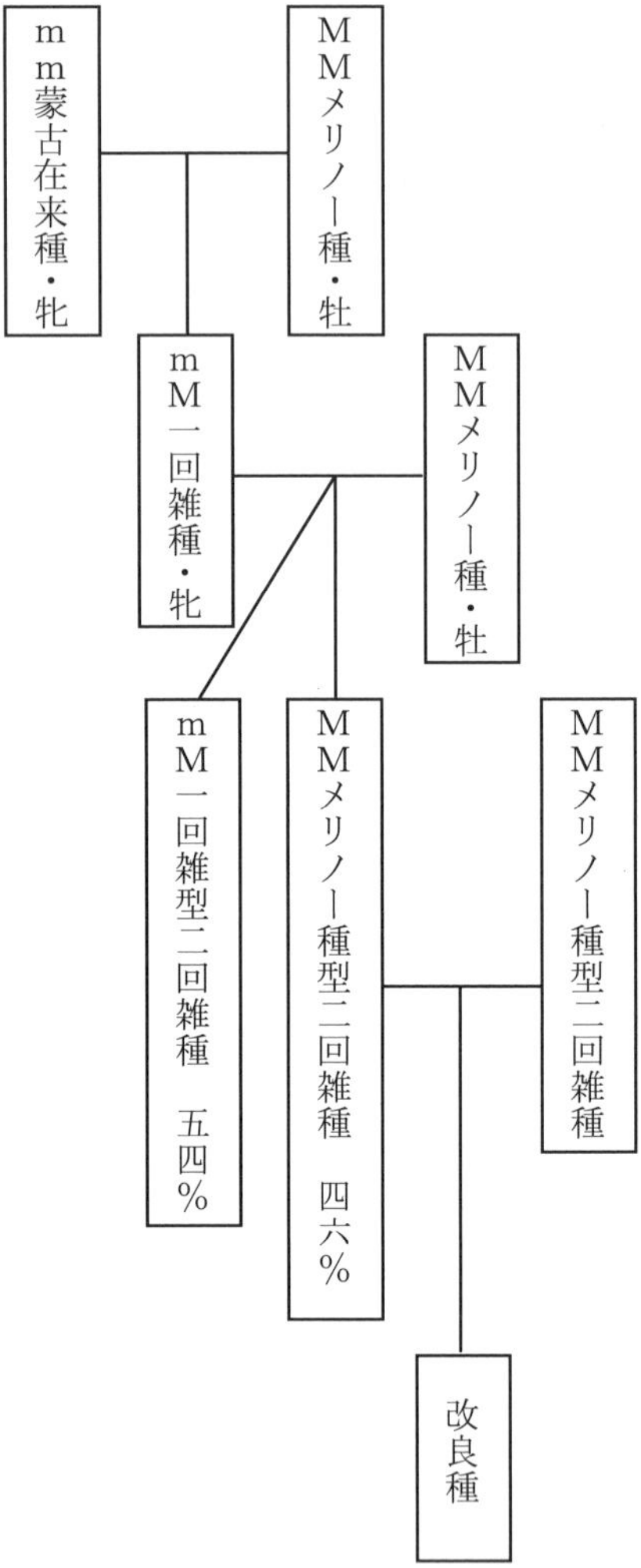

図5-1　緬羊品種改良過程

出典：沢田壮吉「満蒙の家畜及畜産講座」102頁より作成。

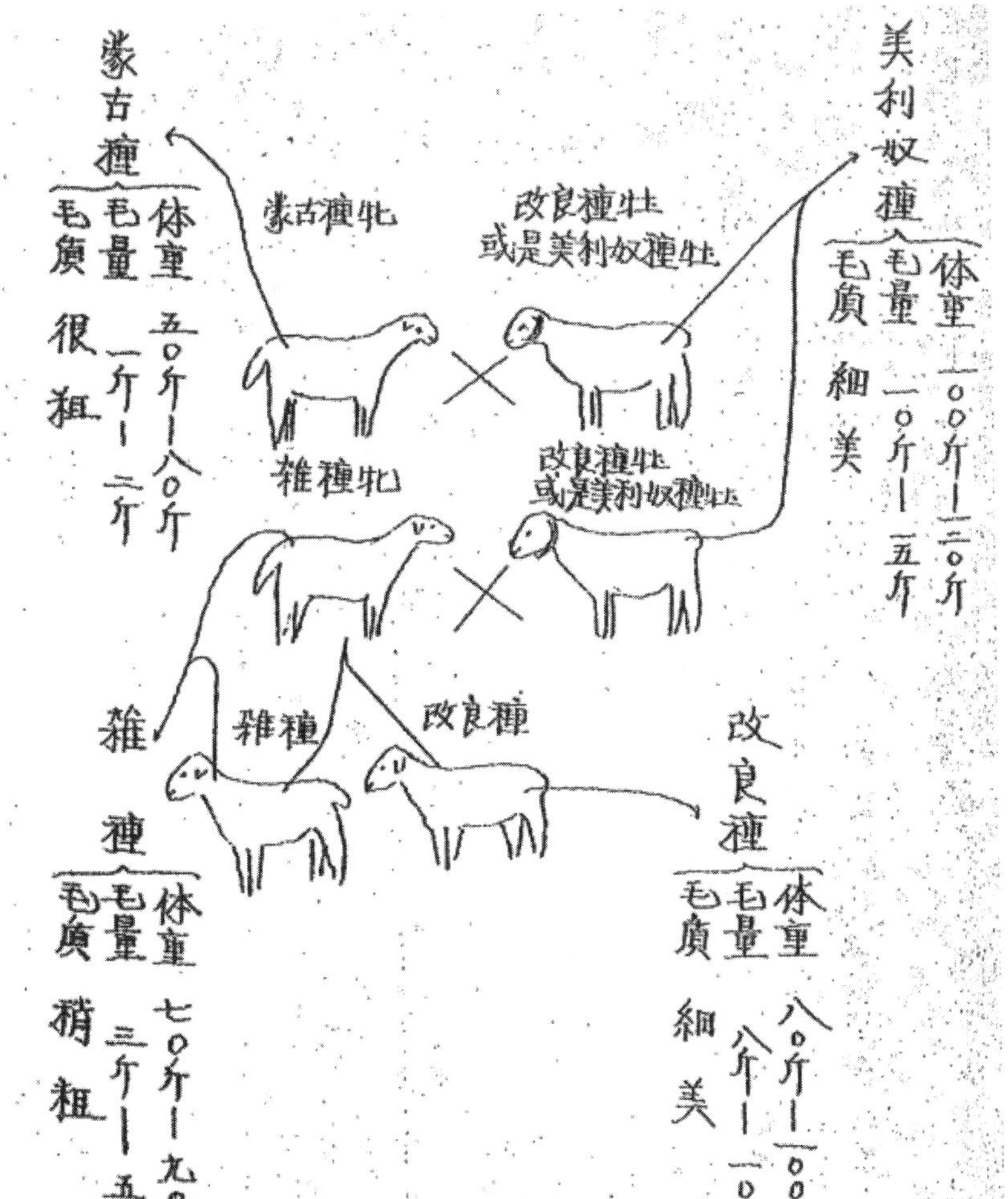

図５－２　緬羊品種改良過程と品種特性

出典：満鉄黒山頭種羊場「改良緬羊の方法」（「JACAR（アジア歴史資料センター）Ref. C13021526600、蒙古開発関係綴（防衛省防衛研究所）」1935年）より転載。

注：美利奴種はメリノー種のことである。

図5-3　メリノー種による在来種の改良

出典：満洲国立農事試験場『綿羊の改良と飼育』（満洲事情案内所、1941年）扉頁より転載。

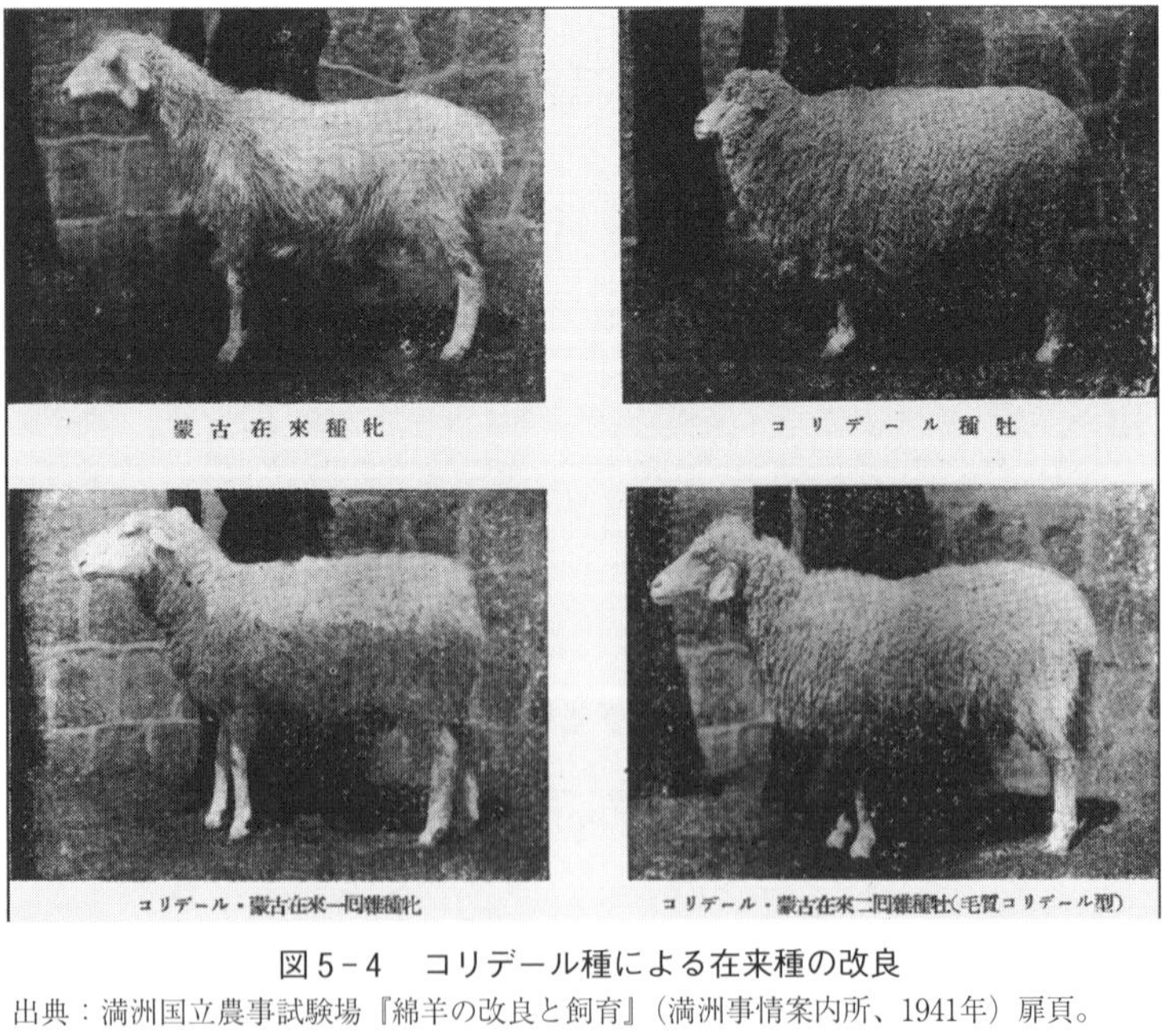

図5-4　コリデール種による在来種の改良

出典：満洲国立農事試験場『綿羊の改良と飼育』（満洲事情案内所、1941年）扉頁。

た。[56]

この時期には、満蒙在来種の改良方針についてさまざまな意見が上がってくる。そのうち、最も注目されたのは、品種改良について第一次の試験で在来蒙古種とメリノー種による改良種の創出に成功したが、日本国内において、好成績を上げている毛肉両用のコリデール種を採用して改良すべきだとする意見であった。[57]その原因は以下のように思われる。一九二〇年代から日本国内の羊毛工業技術が発達し、一九二二年頃には全輸入羊毛の中で雑種羊毛がわずか二パーセント、メリノー種羊毛が九八パーセントを占めていが、一九二七年にはその割合がそれぞれ一〇パーセント、九〇パーセント、一九三一年には三五パーセント、六五パーセント、一九三五年頃には四五パーセント、五五パーセントとなった。[58]こうした中で、陸軍からの要求[59]もあり、毛質はメリノー種にやや劣るものの、毛肉両用かつ日本国内から容易に得られるコリデール種による蒙古在来種の改良が着手されるようになった。

そこで、公主嶺種羊場では、一九三三年からコリデール種による蒙古在来種の改良試験が実施される。表5―4のごとく一九三三年に北海道瀧川種羊場から、一九三五年に朝鮮の東洋拓殖株式会社と福島県から、一九三七年にオーストラリアから、一九四〇年、一九四一年に哈爾浜緬羊改良場からコリデール種を購入し、品種改良を行った。

特に注目すべきは、一九三七年に満洲国政府がオーストラリアニューサウスウェールズ洲からコリデール種七五〇頭を輸入し、全満洲における緬羊品種改良の原種として、各緬羊改良機関に配布したことである。[60]その改良試験経緯は以下の通りであった。

蒙古在来種牝にコリデール種牡を交配して一回雑種を得る。一回雑種の特性はコリデール種、蒙古在来種の中間型であり、粗毛の量は少なく、緬毛の量が増加する。さらに、一回雑種をコリデール種と交配させ、二回雑種を得る。二回雑種は二つに分離し、コリデール種と全く同様の二回雑種コリデール型と、一回雑種と同じ性質のものである。かかる二回雑種コリデール型による蒙古在来種の改良試験は、メリノー種による試験と同様の結果を得たといわれ、毛量面は前述のメリノー種による改良種とおおむね同じであり、毛長は比較的長いものが多いといわれる(61)。

先に述べたように、一九三七年にオーストラリアからコリデール種七五〇頭を購入して以後、日中戦争、太平洋戦争の勃発によって、外国からコリデール種やメリノー種を輸入することが不可能となり、種牡羊は日本から容易に得られるコリデール種一本に絞られた(62)。

第三節　改良緬羊の普及奨励

さて、これまで述べてきた品種改良による優良種緬羊、あるいは改良緬羊はいかに普及奨励され、いかなる成果を収めたのだろうか。本節では、改良緬羊の普及奨励について検討する。

普及奨励の方法は主に、改良試験機関が合作社を通じて優良品種であるメリノー種、コリデール種と、これらの優良種により得た改良種を現地農牧民へ配布すること、また蒙古地帯以外の農耕地帯の場合は蒙古在来種緬羊を配布すること、そして助成金の交付、技術員の養成と彼らによる指導、講習会、品評会の開催などであった。以降、緬羊普及(配布、貸付)の実態をみる。

1　満鉄の普及状況

まず、改良機関の事例として満鉄黒山頭種羊場の一九三五年時点における改良緬羊普及奨励方法からみていく。以下は、当種羊場の改良助成法からの抜粋である。

〔史料五—五〕(63)

1．本場於借変種公羊者貸給與優良種公羊一不圖利息而不取分文
2．貸付先生產之改良種及雜種羊毛敝場以高價收買（按縣行加半杯）
3．如轉染病或是其他之各疾病送心於本場　本場定即迅速派技術員設法治療
4．有変成改良種優良公羊二才上敝場收買一頭二十元上下
5．本場一旦有暇之時定拍技術員対於貸付先指導飼養管理法
6．每年一次開品評會比賽各貸付先生產之優秀改良種緬羊対於等次前列者授多額之獎賞

（後略）

原文は中国語であり、日本語訳は以下のようになる。

1．本種羊場が実施する優良牡羊の貸付と配布は無料である。
2．貸付先で生産された改良種、および雑種羊毛を高価で買収する。（市場価格の一・五倍）
3．伝染病、あるいは他の疾病が発生した時、当種羊場に通知すれば、直ちに技術員を派遣する。
4．当種羊場は、二歳以上となった改良種牡羊を一頭二〇円前後で買収する。
5．当種羊場は時間の余裕があったら、技術員を派遣し、貸付先において飼養と管理を指導する。

種緬羊年次別配布成績　（単位：頭）

1929年	1930年	1931年	1932年	1933年	1934年	1935年	1936年	合計
115	158	96	314	174	252	352	357	2,237
122	160	161	42	14	54	188	312	1,230
—	—	—	—	50	240	250	406	946
237	318	257	356	238	546	790	1,075	4,413

産業紹介資料第七編『農事施設及農事業績』（1938年）95～96頁より作成。

6．毎年一回品評会を開催し、成績優秀貸付先農家に多くの報償を与える。

史料五―五をみると、満鉄黒山頭種羊場が現地農民へ無料で優良牡緬羊の貸付を行うとともに、貸付先で生産された改良種、および雑種羊毛を高価で買収していることがわかる。また、民間で生産された改良緬羊を市場価格より高く買収している。さらに、技術員を貸付先に派遣し、疾病、飼養、管理の指導を行っていることも窺われる。かかる方法により満鉄黒山頭種羊場は当時十数ヶ所の貸付先に五〇〇頭の改良種を貸付しており、治安状況の改善に伴い貸付を希望する農家は増えていくと見込まれていた[64]。すなわち、改良緬羊普及奨励の主な内容は改良種羊の貸付、配布と技術員の指導であり、現地農牧民もそれを希望していたといえよう。

満鉄緬羊改良試験機関による優良、改良種羊の配布は一九二一年から始まり、配布地域は満洲の牧羊業（専業・副業）を行う現地住民に対して行われ、無償配布、有償配布、預託などの方法が取られた。各地の畜産組合、緬羊合作社、あるいは日満緬羊協会により行われることもあるが、前述の黒山頭種羊場と表5―7のように緬羊試験改良機関から直接農民に配布することもあった。第三章、第四章からもわかるように、満洲の農事試験研究機関は、日本国内の農事試験場と違って、技術的な改良試験を行いながら改良品種を直接現地農民に配布することが一般的であった。

表5－7　優良・改良

年次／種羊場	1921年	1922年	1923年	1924年	1925年	1926年	1927年	1928年
公主嶺種羊場					79	98	108	134
林西種羊場					25	33	48	71
達爾漢種畜場					—	—	—	—
合計	4	43	16	17	104	131	156	205

出典：実吉吉郎「満蒙緬羊改良事業概要」（満鉄経済調査部『満洲畜産方策』1935年所収）303頁、満鉄調査部

次に、満鉄緬羊改良機関が中心となっていた一九三七年までの全体的な改良普及状況をみる。

満洲国成立初期、治安の安定に追われて、政府の勧農行政はほとんど名目だけで、主に畜産改良普及を担っていたのは満鉄関係の農事試験場であった[65]。

表5—7は公主嶺種羊場、林西種羊場、達爾漢種羊場の一九二一年から一九三六年における配布実績を示している[66]。一九三七年までは、満鉄関係の緬羊改良機関が満洲国に移管されておらず、かかる三つの機関が満洲における緬羊改良、普及奨励事業のメインであったといって間違いない。優良・改良種緬羊配布頭数は一九二一年のわずか四頭から一九三六年に一〇七五頭まで増加しており、毎年増加していることが窺える。一九三六年までの合計配布頭数は四四一三頭で、主にメリノー種と、それと蒙古在来種による改良種であった[67]。

2　実業部の普及状況

まず、実業部担当の緬羊飼養の中心であった錦州省の事例に目を向けたい。

錦州省は蒙古地帯に並ぶ緬羊飼養中心地である。本省において緬羊合作社に対する助成金の交付、優良・改良種羊の無償貸与が行われ、その貸付割合は在来種二〇頭に対し、一頭の割合であった[68]。一九三五年から一九三七年までの三年間における緬羊合作社に対する種羊の貸与状況、補助金交付状況は表5—8、表5—9のごと

表5－8　錦州省の年次別種緬羊の貸付頭数　(単位：頭)

年度	品種＼県名	錦県	義県	彰武県	錦西県	興城縣	黒山県	朝陽県	阜新県	北鎮県	綏中県	合計
1935年	メリノーメリノー系改良種	83	45	30	35	—	—	—	—	—	—	193
1936年	メリノーメリノー系改良種	17	20	20	16	—	—	—	—	—	—	73
1937年	メリノーメリノー系改良種	54	83	74	37	35	50	39	50	18	20	460
	メリノー系雑種	51	26	38	18	60	39	59	90	110	100	591
合計		205	174	162	106	95	89	98	140	128	120	1,326

出典：満洲輸入組合連合会商業研究部編『満洲に於ける羊毛』(1939年) 60～61頁より作成。

表5－9　錦州省における緬羊合作社への年次別補助金交付状況　(単位：円)

年次	＼県名	錦県	義県	彰武県	錦西県	興城縣	黒山県	朝陽県	阜新県	北鎮県	綏中県	省連合会	合計
1935年	省補助	2,355	396	396	396	—	—	—	—	—	—	1,080	4,623
	県補助	150	300	300	300	—	—	—	—	—	—	—	1,050
	計	2,505	696	696	696	—	—	—	—	—	—	1,080	5,673
1936年	省補助	2,372	507	507	557	—	—	—	—	—	—	4,556	8,499
	県補助	800	900	500	450	910	400	—	—	—	—	—	3,960
	計	3,172	1,407	1,007	1,007	910	400	—	—	—	—	4,556	12,459
1937年	省補助	6,104	5,977	4,296	4,296	4,526	4,526	4,826	3,326	2,500	2,500	13,276	56,153
	県補助	—	2,215	2,328	1,630	2,375	1,930	2,055	1,620	1,107	—	—	15,260
	計	6,104	8,192	6,624	5,926	6,901	6,456	6,881	4,946	3,607	2,500	13,276	71,413
合　計		11,781	10,295	8,327	7,629	7,811	6,856	6,881	4,946	3,607	2,500	18,912	89,545

出典：満洲輸入組合連合会商業研究部編『満洲に於ける羊毛』(1939年) 62頁より作成。

くである。

二つの表からは、一九三五年から一九三七年までの三年間において、政府が緬羊組合を通じて、組員農家に対して配布した優良、改良、雑種種羊の頭数が一三二六頭であり、交付した補助金が八万九五四五円であったことがわかる。補助金のうち、一九三七年度は、交付した県数と金額が大幅に増加して、前年の補助金額の約六倍となっており、第一次産業五ヶ年計画における緬羊改良事業の重要度が窺えよう。

次に、奉天省の状況をみる。

「はじめに」に述べたように、奉天省における緬羊改良事業は満洲における当事業の先駆である。しかし、国民革命により事業が廃止され、農事試験場の優良・雑種緬羊が奉天付近の農家に与えられ、自然繁殖した。満洲国発足以前、緬羊改良普及事業がまだ大規模に実施されていない時期、奉天付近の羊毛が比較的優れていたことはそれに起因するといわれている(69)。

一九三七年までの状況をみると、奉天と開原二ヶ所の緬羊合作社と一五県の農事合作社が存在しており、省公署は政府の方針に従い、これらの組織を通じて組織の緬羊飼養農家へ補助金の交付と改良種の貸付を実施した。省内の改良種緬羊の分布は主に奉天市管内であり、約三〇〇〇頭に達したといわれる。一九三七年四月にこれらの改良種緬羊飼養農家により奉天緬羊組合が組織され、緬羊合作社と同様の機能を果たした。また、一九三七年に満洲国政府と奉天市政府から四〇〇〇円の補助金を交付された(70)。

満洲国実業部の一九三五年度の予算において、緬羊改良費、優良種畜普及費、緬羊合作社補助金等の名目のもとに一七万〇〇〇〇円、一九三六年には一〇万五〇〇〇円を支出し、緬羊飼育の奨励及改良に力が注がれた。一九三五年に朝陽県に種羊場を設立し、アメリカからメリノー種二五〇頭を輸入した外に、日本内地や満

表５-10　鉄道愛護村への緬羊貸付状況　（単位：頭）

品種＼年度	蒙古在来種		メリノー種		改良種	
	牝	牡	牝	牡	牝	牡
1933年	1,500	—	—	25	—	25
1934年	1,500	—	—	45	—	61
1935年	7,000	—	—	302	—	83
合計	10,000	—	—	372	—	169

出典：JACAR：B09041305400、毛皮、羽毛並骨角関係雑件、第三巻（E-4-3-2-2_003）（外務省外交史料館）／羊毛／「満洲国ノ緬羊及羊毛ニ関スル調査報告提出ノ件」34～35頁より作成。

表５-11　線別鉄道愛護村への緬羊貸付状況（1933～1935年）　（単位：頭）

地　域	メリノー種	改良種	蒙古在来種	合計計	主要貸付線路名
斉斉哈爾局管内	137	73	3,903	4,113	平寧、斉北、訥河
奉天局管内	27	32	2,690	2,749	奉吉、奉山、大鄭、錦承
哈爾浜局管内	32	36	2,193	2,261	浜北、拉浜
吉林局管内	31	9	667	707	奉吉、拉浜、京図
計	227	150	9,453	9,830	

出典：JACAR：B09041305400、毛皮、羽毛並骨角関係雑件　第三巻（E-4-3-2-2_003）（外務省外交史料館）／羊毛／満洲国ノ緬羊及羊毛ニ関スル調査報告提出ノ件」35頁より作成。

表５-12　錦県鉄道局管内における鉄道愛護村への年次別緬羊貸付状況　（単位：頭）

種別＼年次	在来種		改良種		メリノー種		計			生産仔羊数	繁殖率
	牝	牡	牝	牡	牝	牡	牝	牡	計		
1934	700	—	—	132	—	27	700	159	859	158	22.57%
1935	1,990	—	—	30	—	62	1,990	92	2,082	558	21.86%
1936	2,801	—	—	80	—	62	2,801	142	2,943	不明	不明
計･平均	5,492	—	—	142	—	151	5,491	393	5,884	不明	不明

出典：満洲輸入組合連合会商業研究部編『満洲に於ける羊毛』（1939年）74頁より作成。
注：繁殖率は年度始貸付牝緬羊頭数と年度内貸付牝緬羊頭数の合計に対する生産仔羊頭数の割合である。年度始貸付牝緬羊頭数は1934年になし、1935年に562頭、1936年に1895頭である。在来種（牝）頭数（5492）と合計頭数（5491）の不一致は原文のママである。

鉄種羊場からも種羊を供給された。一九三五年度中の実業部の購入頭数は、メリノー種牡二一〇頭、牝二〇〇頭、改良種五五頭、蒙古在来種七〇〇頭で合計一一六五頭であった(71)。

3　鉄道総局の普及状況

満洲国国有鉄道の委任経営を行っている鉄道総局は、鉄道の両側の区域に、第一に国防治安確保地帯を形成し、第二に国鉄輸送資源を開発し、第三に文化啓蒙運動の足場とする目的をもって、鉄道愛護村を設置した。そして、満洲国の中国人の鉄道沿線定住を奨励するとともに、日本人移民による各種の産業開発を展開する。その大きな計画分野を占めるものに緬羊飼育事業があり、鉄道沿線の白城子、羊圏子に種羊場、白家に種畜場をそれぞれ設け（表5—3を参照）、緬羊合作社を通じて農家へ在来種牝緬羊とメリノー種あるいは改良種牡緬羊の配布と指導奨励を行った。また、およそ年に一回家畜と農産物の品評会を開催し、成績良好となるものを表彰した。表5—10と表5—11は一九三三年から一九三五年までにおける奉天、吉林、哈爾賓、斉斉哈爾四局管内における鉄道愛護村への緬羊配貸付況を示している。

表5—10と表5—11をみると、かかる四局管内における鉄道愛護村への緬羊貸付頭数は一九三三年から一九三五年までに毎年増加しており、特に一九三五年は大幅に増加していることがわかる。貸付されたメリノー種と改良種はすべて牡羊であり、蒙古在来種はすべて牝羊であることから、当村内における緬羊改良の意図が明白である。

鉄道沿線地域別にみると、斉斉哈爾局管内である北満の沿線地域における鉄道愛護村への緬羊貸付頭数が最も多く、その次に奉天局管内である興安西省、熱河省、錦州の鉄道沿線における鉄道愛護村、哈爾賓局管内で

表5-13　1935年阿魯科爾沁、扎魯特両旗における改良緬羊(牡)の普及状況　（単位：頭）

旗	努図克	嘎査	村名	姓名	頭数
阿魯科爾沁	第一	第四	王子廟	—	3
阿魯科爾沁	第一	第四	王子廟	—	4
阿魯科爾沁	第二	第三	合布木	—	20
阿魯科爾沁	第三	第四	査平敖包	孟可敖起	21
阿魯科爾沁	第四	第一	阿力敖爾	—	3
阿魯科爾沁	第一	第四	王子廟	種羊場	9
扎魯特	—	—	—	種羊場	20
合計	—	—	—	—	80

出典：興安西省公署勧業科 櫻井栄次『扎魯特旗阿魯科爾沁旗畜産組合設立報告書』JACAR（アジア歴史資料センター）Ref.C13021526900、蒙古開発関係綴（防衛省防衛研究所、1935年）18～29頁より作成。

注：姓名不明箇所は原資料一部の姓名が黒塗りになっているからである。

ある北満の浜北、拉浜線と中満の吉林局管内の奉吉、拉浜、京図線における鉄道愛護村が位置している。

一九三六年の鉄道総局愛護村における緬羊頭数は六万九二四三頭であり、そのうち錦県鉄道局管内の緬羊頭数は最も多く、全体の四七パーセントを占めていた[72]。改良緬羊の普及奨励に対しても配布、補助などの実施に力を入れており、その一九三四年から一九三六年までの実績は表5—12のとおりである。

表5—12をみると、表5—10のように在来種はすべて牝緬羊、メリノー種と改良種はすべて牡緬羊であり、その数も毎年増加している。また、一九三四年、一九三五年における繁殖率は二〇パーセントを超えていることもわかる。

4　蒙政部の普及状況

満洲国蒙政部では一九三三年に満鉄から原種緬羊約八〇頭を海拉爾に仮収容し、手始めに雑種生産に着手した。一九三五年に白杜線王爺廟および浜州線札剌木特の二ヶ所の種羊場を設置し、翌年更に五〇〇頭のメリノー種羊をアメリカから輸入して、緬羊改良に着手した。このため蒙政部の一九三五年度の緬羊改良場関係、産業振興費の予算は、合計一万〇三〇〇〇円、一九三六年度は一一万六〇〇〇〇円であった[73]。緬羊飼養の中心である扎魯特、阿魯科爾沁両旗の貸付事例をみる。

扎魯特旗、阿魯科爾沁旗の一九三五年の畜産組合設立報告書によれば、両旗の畜産組合が蒙政部の庇護で、阿魯科爾沁旗の昆都、扎魯特旗の魯北に種羊収容所を設置している。当年に察哈爾省阿巴嘎旗から蒙古在来緬羊牝二五〇〇頭を購入し、そのうえ満鉄黒山頭種羊場からも八〇頭の改良種緬羊の援助があった。そして、それらの緬羊を当地域の窮民に配布し、窮民救済とともに蒙古在来種の改良、疾病予防などを行った[74]。改良種緬羊の貸付は、「興安省管内窮民救済家畜貸付弁法」に、おおむね牧民が畜産組合長に申請し、組合長が許可する手続きを踏んでいた。貸付緬羊の償還方法は、貸付を受けてから二年間据え置きにし、三年目から生産した二歳牝羊をもって組合に償還し、一〇年目をもって終了することであった[75]。表5―13はその貸付状況を表したものである。

表5―13をみると、満鉄黒山頭種羊場からの八〇頭の改良緬羊を両旗の貧困牧民（畜産組合員に限る）および種羊場（扎魯特旗の場合）に貸付し、改良緬羊の普及に用いたことがわかる。表5―13は貸付地域的が両旗に限られ、そしてあくまでも貧困牧民向けの家畜配布、貸付された改良緬羊に関する内容であり[76]、蒙古地帯に対するその他の改良緬羊の普及に関する史料は管見の限りみあたらない。

5　日満緬羊協会（後の東亜緬羊協会）の普及状況

当時の新聞によれば、一九三六年一〇月時点まで、日満緬羊協会は「大した仕事は出来ていず、もっぱら基礎的な緬羊飼育、スカーディング、ホームスパン製織法、毛の染色方の講習会を各地に開催大いに緬羊飼育の啓蒙運動を喚起している程度[77]」に過ぎず、当年から実際の活動に力を注ぐ予定といわれていた。

緬羊改良増殖政策の実施対象は現地中国人のみならず、日本人移民も含まれていた。この改良事業を担ったのが日満緬羊協会であり、蒙古地帯の在来種と海外、朝鮮、日本国内および緬羊改良試験機関の優良・改良種緬羊を日本人移民に配布し、副業として飼養させる方策を取った。

日本人移民への配布は、大量移民がまだスタートされる前の試験移民時代から始められている。第一次移民団の一九三四年時点での緬羊飼養状況（日満緬羊協会の普及による）と当年度の緬羊配布状況をみると、在来種緬羊で飼養されていたのは牝一七頭、当年度に配布されたのは牝二五七頭、コリデール種で配布されたのは牡一八頭、メリノー種で飼養されていたのは牡一頭、雑種で飼養されていたのは牝一六頭であった。翌一九三五年五月になるとその一六頭の雑種から一五頭の改良種が生産され、繁殖率は九四パーセントであった。一九三四年の第二次移民団の状況をみると、もともと普及され飼養していたのは、在来種牝二〇頭、メリノー種牡二頭、雑種牝一二頭であった。当年度に配布されたのは、在来種牝二五七頭、コリデール種牡二〇頭、メリノー種牡二頭であった[78]。以上の日本人開拓団の状況をみると、一九三四年度から在来種牝が大幅に配布され、優良種も在来種牡の頭数に対して改良用の頭数が配布されており、品種改良が図られていることが明らかである。

前述のように、一九三七年以後、外国からのコリデール種やメリノー種の輸入が不可能となり、種牡羊は日本国内から容易に得られるコリデール種一本に絞られた。さらに一九三八年に東亜緬羊協会が設立され、この時期から緬羊増改良殖事業で最も重視されたのが、満洲における日本人開拓団を中心とする緬羊の増殖改良であり、一九三七年にはそれを目的に東安省林口県龍爪に東亜緬羊協会直営の牧場が設置された。同年、ニュージーランドからコリデール種牡九四頭、牝二八六一頭が輸入され、それによりコリデール種の純系繁殖を図り、もって改良用種牡の供給を確保すると同時に当牧場を中心に日本人開拓団緬羊飼育の指導奨励を行って、二五年後に日本人開拓団だけで二〇〇万頭、すなわち一四〇〇万ポンドの羊毛を供給できる計画が打ち立てられた。一九三四年から一九四〇年まで、日本人開拓団に配布された緬羊総頭数はコリデール種牡羊九八〇頭、蒙古在来種一万一四四一頭で、合計一万二四二一頭であった。緬羊頭数が増加するとともに、コリデール種による蒙古在来種の改良についても指導奨励に努め、良好な実績を得た(79)。

かかる計画の第一期となる一九三七年から一九四二年までの実績をみると、この六年間に蒙古在来牝羊一万三八七五頭、朝鮮産コリデール種牝羊五〇頭、日本内地産と龍爪牧場産コリデール種牡緬羊一三〇八頭、合計一万五二三三頭を日本人移民農家に貸付し、緬羊の改良増殖を図った。また、その補助措置として、各開拓団に指導技術員を配置し、農家の緬羊飼育指導に当たらせた。さらに、開拓地において、緬羊講習会、座談会を開催して緬羊の飼育管理、生産物加工技術などの伝習を行った(80)。

一九三四年、そして一九三四年から一九四〇年まで、そして一九三七年から一九四二年までの開拓団への緬羊貸付頭数から、一九四一年から一九四二年までの二年間における貸付頭数も少なくないことが推測できよう。

一九四三年に東亜緬羊協会により、開拓団に対する緬羊改良増殖第二期事業計画が策定される。同計画は、一九四五年までの三年間、従来の龍爪牧場以外に三ヶ所の雑種改良牧場を設置し、開拓団に対してコリデール種、雑種緬羊、および蒙古在来種の配布を目的としている。その開拓団に対する貸付計画頭数は表5―14のごとくである。

表5―14をみると、開拓団に対する緬羊の貸付計画総頭数は毎年増加しており、日本人当局が開拓団の緬羊

表5-14　開拓団に対する東亜緬羊協会の緬羊貸付計画　（単位：頭）

区別／年次	牧場生産					購入			返還雑種牝羊	合計		
	種牝羊			種牡羊		種牝羊	種牡羊					
	龍爪牧場生産コリデール種	雑種改良牧場産雑種	計	龍爪牧場生産コリデール種	計	満洲産蒙古在来種	日本産コリデール種	計		種牝羊	種牡羊	計
1943年	—	—	—	56	56	2,000	100	2,100	1,110	3,110	156	3,266
1944年	62	—	62	60	122	1,938	100	2,036	1,217	3,217	160	3,377
1945年	304	179	483	73	556	1,517	100	1,617	1,460	3,460	173	3,633
1946年	319	358	677	96	773	1,322	100	1,423	1,926	3,926	196	4,122
1947年	319	537	856	102	956	1,144	100	1,244	2,409	4,409	202	4,611
1948年	319	537	856	178	1,034	1,144	100	1,244	2,696	4,696	278	4,974

出典：JACAR、Ref.B06050488500、畜産関係雑件／羊ノ部／東亜緬羊協会関係（E245）（外務省外交史料館）、東亜緬羊協会『満洲国に於ケル東亜緬羊協会昭和18年以降三ヶ年間事業計画』（1943年）51頁より作成。
注：返還羊は開拓団から返却された緬羊を貸付に使うものである。

全体の増殖と改良種の普及増加を図っていることがわかる。

6　満洲国全体の普及状況

実施計画からみると、前述の満洲国初期における緬羊改良増殖計画が政策的に確立される一九三五年の三五年後に一五〇〇万頭の緬羊を改良増殖し、年額約一億ポンドの改良羊毛を生産するという関東軍の計画は、指標の計画値が最も多いものである。しかしながら、当局は緬羊飼養中心地の蒙古地帯における指導困難、改良緬羊の適性などの自然的、人為的、政治的条件に左右され、現実と計画との差を感じ、計画を数回にわたり変更する。それを表にすれば表5―15のごとくである。

一九三七年よりの第一次産業開発五ヶ年計画の実施と同時に、その一環である緬羊改良増殖も計画された[81]。日中戦争の勃発により、その計画は一九三八年に修正され、増加率がより高い新たな羊毛増産八ヶ年計

表5-15　満洲国の緬羊改良増殖計画の変遷　（単位：千頭、千ポンド）

緬羊改良増殖計画	1933年――――→1968年 （合頭15,000、合毛100,000）
第1次産業開発五ヶ年計画	1937年――――→1941年 （在3,009改11）（合4,200修3,950）
羊毛増産八ヶ年計画	1939年――――→1946年 （在3,599改5,243） （在毛7,936改毛33,238）
第2次産業開発五ヶ年計画	1942――――→1946年 （在3,665改106）（在3,897改960） （在毛8063改毛645）（在毛8,573改毛5,064）
羊毛増産十ヶ年計画	1942――――→1951年 （在3,665改106）（合6,000） （在毛8063改毛645）

出典：毛織物中央配給統制株式会社調査課『大東亜共栄圏繊維資源概観　第一部羊毛資源 第二輯滿洲國之部』（1943年）3～5頁、20～21頁、東北物資調節委員会『東北経済小叢書・畜産』（1948年）34～35頁、120～121頁より作成。

注：矢印の左は開始年度と現在数、矢印の右は目標数である。目標数の修は修正後の頭数、改は優良原種、改良、雑種緬羊など非在来種頭数、改毛はその羊毛生産量、在は在来緬羊の頭数、在毛はその羊毛生産量、合は合計頭数である。1933年時点における現在頭数について、資料5－3に400万頭と記されているが、1937年の現在頭数301万頭からみれば、本章注2の約250万頭であろう。1937年の現在頭数は1936年度末の頭数である。改良種頭数は錦州省管内の3920、奉天市管内の3000、開原地域の550、公主嶺地域の776、その他鉄道沿線2900の合計であり、大略の数字である。942年の現在頭数は1941年度末の現在頭数である。羊毛増産八ヶ年計画が開始される1939年の現在頭数は不明である。

画が立案され、翌年から実施された。計画が終了する一九四六年の目標頭数は改良種五二四万三〇〇〇頭、在来種三五九万九〇〇〇頭であった。しかし、日本人当局者によってかかる目標の実現は不可能だと判断され、一九四二年から一九五一年までに緬羊頭数を六〇〇万頭にする羊毛増産十ヶ年計画が樹立された。ただし、当計画の実施中に終戦を迎える（表5―15を参照）。

羊毛増産十ヶ年計画の前半である第二次産業開発五ヶ年計画の毎年の目標は表5―16のごとくである。表をみると、毎年の目標の緬羊総頭数が増加するとともに、優良原種のメリノー種とコリデール種および非蒙古在来種（改良種と雑種）の頭数と割合も毎年増えていることが窺える。かかる計画から、満洲国政府が緬羊全体の増殖を図りながら、緬羊改良事業を重視していることとがわかる。しかし、計画の目標が終戦までどの程度達成できたのかについては、史料上の制約により確認できない。一九四八年の国民政府による東北物資調節委員会編『東北経済小叢書・畜産』には「偽満政府斟酌當時各地實際情形，曾特對各省分別擬定綿羊改良增殖目標，以期易於達成，惟此項資料，因大部散失，無由詳知其結果如何；然僅就當時各省，競相請求配給蒙古種羊，及偽滿政府對此種綿羊之準備煞費籌措苦心等視之，亦可知其達到相當進度。[82]」と史料が散逸したためその結果については確認できないものの、当時各省が争って改良増殖の基礎頭数となる蒙古在来緬羊の配布を求めていたことと、満洲国政府はこれに対して非常に苦心をしていたことから、計画が相当に進んでいたのではないかと推測する。

全体の実績については確認できないが、関連史料から個別年度の実績が確認できる。

第一次産業開発五ヶ年計画の第二年度（一九三八年）の実績をみると、羊毛総生産量は三二三万九七二九キログラムであった。そのうち在来緬羊の羊毛生産量は三一三万四〇〇〇キログラムであった。優良種緬羊の羊毛生産量は四万九三〇九キログラム、改良・雑種の羊毛生産量は五万六四二一キログラム、このように非在来種緬羊毛生産量は合計一〇万五七三〇キログラムであり、羊毛総生産量の約三・二六パーセントであった。[83]

第一次産業開発五ヶ年計画終了の一九四一年度末の実績をみると、一九三六年の緬羊頭数指標を一〇〇とすれば当年の指標は一二五となり、緬羊総頭数は三七七万一〇〇〇頭となったといわれる。[84]改良種と雑種の合計頭数は一九三六年の一万〇九一八頭の七・三三倍となり、約八万頭（そのうち改良緬羊頭数は四万五〇〇〇頭）、原種優良緬羊は二万七〇〇〇頭、非蒙古在来種の頭数は一〇万〇六〇〇頭で、全体の二・八パーセントを占めたと考えられる。[85]

一九四四年の『帝国議会答弁資料』から一九四二年の状況が確認できる。[86]当年の緬羊頭数は約三八五万頭となり、前年の三七七万頭より増加しているものの、一九三六年から一九四一年までの平均増加率より明らかに少なくなったことが窺える。緬羊頭数は表5―16における一九四二年の目標の三九二万二〇〇〇頭よりはやや少ないものの、目標には近づいている。また、雑種、優良種、改良種を含む非蒙古在来種が前年の一万〇六〇〇頭から一三万頭となり、全体の約三・五パーセントを占めていた。増加率も前述の一九三六年から一九四一年まではより低いことが窺える。[87] 一方、表5―16の非蒙古在来種の計画目標割合は五・一パーセントとなっていることから目標に達していない。羊毛総生産量三九〇三トンに対し優良、改良羊毛が一七八トンで、約四・六パーセントを占めており、表5―16の計画目標割合一三パーセントよりはるかに少なく、目標に達していないことが明らかである。

一九四二年以後の普及状況については確認できなかった。一九四三年四月、興農部により「羊毛類蒐貨増進ニ関スル件」が出され、「国防上不可欠ナル資源タル羊毛[88]」が太平洋戦争の勃発により外国からの輸入が途絶状態にあることから、「自給自足」がさらに強調された。また、「羊毛ノ綿羊ノ増殖ヲ阻害スル如キコト無キ様留意スルト共ニ増殖改良ニ奨励スル方途[89]」と他の農産物、農法と同様に改良を強調しながら、太平洋戦争中に一般的であった増産至上の傾向が現れ、改良普及は計画通り進んでいなかったと推測できる。

7　緬羊改良・普及の目標達成状況

前述のように、日本人当局者の満洲における緬羊改良増殖の目的は、当地域で生産する羊毛の品質を向上させ、日本国内の羊毛「自給自足」を確立させるというものであった。表5―17をみると日本国内消費量に対する満洲国の生産量、日本国内への輸出量の割合は非常に少なく、かかる緬羊改良増殖の目的を達成していない

計画における緬羊改良増殖目標

（単位：千頭、t）

1944年				1945年				1946年			
頭数		羊毛		頭数		羊毛		頭数		羊毛	
62	1.4%	271	5.4%	74	1.6%	321	5.8%	85	1.8%	371	6.0%
418	9.7%	899	18.0%	616	13.6%	1,340	24.3%	875	18.0%	1,931	31.2%
3,819	88.9%	3,819	76.6%	3,857	84.8%	3,857	69.9%	3,897	80.2%	3,897	62.9%
4,299	100.0%	4,989	100.0%	4,547	100.0%	5,518	100.0%	4,857	100.0%	6,199	100.0%

生産量、輸出量

（単位：kg）

1936	1937	1938	1939	1942
67,676,741	133,088,401	30,849,091	48,489,787	不明
不明	不明	3,239,729 105,730（改）	3,477,000	3,903,000 178,000（改）
2,687,371	2,384,774	1,441,230	不明	不明
243,212	247,337	1,172,088	不明	不明
0.036%	0.019%	3.800%	不明	不明

織物中央配給統制株式会社調査課『大東亜共栄圏繊維資源概観』21と14頁、1938年の生産量は官房文書課『帝国議会答弁資料―第八六回満洲事務局―』（1944年）320頁、満洲国の輸出量と支社調査室『満洲ニ於ケル重要物資ノ需給調査―（羊毛）―』（1940年）7頁より作成。

表５-16　第二次産業開発五ヶ年

品種＼項目＼年度		1941年				1942年				1943年			
		頭数		羊毛		頭数		羊毛		頭数		羊毛	
非蒙古種	優良原種	27	0.7%	121	3.1%	38	1.0%	167	3.9%	50	1.2%	222	4.9%
	改良・雑種	79	2.1%	172	4.3%	159	4.1%	341	8.1%	269	6.6%	547	12.0%
蒙古在来種		3,665	97.2%	3,665	92.6%	3,725	94.9%	3,725	88.0%	3,776	92.2%	3,776	83.1%
合計		3,771	100.0%	3,958	100.0%	3,922	100.0%	4,233	100.0%	4,095	100.0%	4,545	100.0%

出典：東北物資調節委員会『東北経済小叢書』（1948年）120～121頁より作成。
注：原種はメリノー種とコリデール種を指す。
1941年の数字は増殖目標ではなく、実績である。本文注53を参照。

表５-17　緬羊毛の消費量、

項目＼年度	1932	1933	1934	1935
日本国内の消費量	90,589,536	98,885,832	64,142,629	91,582,114
満洲国の生産量	不明	不明	不明	不明
満洲国の総輸出量	378,700	1,709,144	1,319,356	2,552,140
日本国内へ輸出量	14,250	35,766	23,589	12,916
日本国内へ輸出量/日本国内の消費量	0.015%	0.036%	0.037%	0.014%

出典：日本国内消費量は農林省畜産局編『本邦ノ緬羊』第６輯（1942年）68～69頁、満洲国1939年の生産量は毛
満鉄新京支社調査室『満洲ニ於ケル重要物資ノ需給調査：羊毛』（1940年）１頁、1942年の生産量は大臣
日本国内へ輸出量は満洲輸入組合連合会商業研究部編『満洲に於ける羊毛』（1939年）91～92頁と満鉄新京
注：日本国内の消費量は生産量と輸入量の合計から輸出量、移出量を控除した数量である。

といってもよい。その割合は一九三七年までが極端に低く、最高でも〇・〇三七パーセントに過ぎなかった。一九三八年、日中戦争の勃発により割合急増したものの三・八パーセントに留まり、それも当年の満洲緬羊毛総輸出量の八〇パーセント以上を占めていた。また、満洲緬羊毛は前述のように品質上制約があり、利用範囲は限定されていたため、ほとんど日本国内の羊毛工業に利益をもたらさなかったといってよいだろう。改良緬羊毛の生産量は、その頭数が極めて少ないため、全体としては問題にならず、そのわずかな改良緬羊毛量は、すべて軍需に充当されていたのである。(90)

8　満洲国現地農民の対応と戦後国民党の評価

史料五―六は、一九四八年に中国東北地域の国民党東北物資調節委員会により調査、出版された『東北経済小叢書』の記述である。

〔史料五―六〕(91)

偽滿對綿羊之改良增產，異常重視，但以計劃目標過於龐大，底層之技術指導缺欠周密，所定羊毛及毛皮之收買價格過低，加以東北農民對高血種綿羊，無飼養經驗，畜疫又常常發生，以致每年有分配之種牡羊，與當年即喪失大半。然一方面則因羊毛織品及一般纖維之缺乏，羊毛與羊皮之黑市價格極端昂騰，而農家又苦於自給肥料不足，故農民多希望能由蒙古地區向農耕地帶，移植綿羊；並未因種牡羊之犧牲，低減其飼養慾望，且其希望數目，超過於偽滿政府計劃所定，由此可見由犧牲而獲得之經驗，已有珍貴之代價，並為今後東北之綿羊改良事業，立下堅固之基礎，將來正可努力利用。

右の史料を日本語に訳せば、大意は左のごとくである。

「満洲国」は緬羊改良増殖を特に重視していたが、計画目標が大きすぎる上、基礎組織の技術指導が不足状態であった。また、政府所定の羊毛、毛皮の買収価格が低すぎる。さらに、東北の農民が優良、改良種緬羊の飼養経験がなく、常に畜疫が発生するため、配布される種牡緬羊は当時その大半が失われていた。一方、羊毛織品および一般繊維の不足により、羊毛と羊皮の闇市場における価格が非常に高く、その上農民たちも自給肥料の不足に困っていたため、蒙古地帯から彼らの農耕地帯への緬羊移植を強く希望していた。配布された緬羊の喪失によっても彼らの飼養意欲は減退しておらず、逆に彼らの飼養希望頭数は、「満洲国」政府所定の配布計画頭数を越えていた。かかることからわかるのは、犠牲により獲得した経験は非常に貴重であり、今後、東北における緬羊改良事業の堅固な基礎である。

日本人の満洲国における畜産改良増殖政策について、略奪的かつ軍事的という視点が『東北経済小叢書』では貫抜かれている。一方、右の史料には、緬羊改良事業の技術員の不足、羊毛の統制買収価格の低さ、現地農民の飼養経験不足、獣疫などによる損失を指摘しながら、闇市場における高い価格、農民の肥料の自給などのメリットを主張している。さらにかかるメリットにより、現地農民たちが蒙古地帯からの在来緬羊の移植と政府による優良、改良緬羊の配布を強く希望しているという当時の中国人農民の積極的な対応も窺える。そして、日本人による満洲国の緬羊改良増殖事業が、これから（一九四八年）の東北における緬羊改良事業の貴重な経験、基礎となると評価している。

東北物資調節委員会は一九四八年に中国東北地域における緬羊改良増殖を三期に分けて計画した。その計画は従来の日本人当局者と同様に、当地域における羊毛生産の不足を認識しながら、品種改良による羊毛の商品価値の向上を強調している。[92] 以下は、計画における満洲国時代に行われた緬羊改良に関する内容である。

〔史料五―七[93]〕

（前略）

貮・品種之選擇

東北之綿羊，究宜選用何種，乃極重要問題，根據過去経験，応以美利諾及哥里代耳種，較為適宜。良以該二品種過去之改良結果甚為良好，且種蓄場於獲得，加之偽満会反復実験，已奠定改良品種之基礎。至於該二品種之孰優孰劣，尚難遽加論定，哥里代耳種，雖在東北易染癬疥，其産毛量並不弱於美利諾種，古須画分地区，対二者兼采並用。

（中略）

一・第一期改良施行地区

本地区為遼寧省，遼北省及熱河省之一部。因該地区今日尚保持若干偽満之改良遺規，如不立即着手，倘種畜分散消失，即難免退步。且本地区内，可充種畜之改良品種，頗属優秀，亟宜控制，以資利用。

二・第二期改良施行地区

本地区為吉林省，嫩江省及興安省之一部。本地区内供作改良之本地種羊，飼養較多，且偽満時有改良綿羊之設施，一般農民対此相当理解，故亟応恢復該地区之各種綿羊設施，移植蒙古，熱河，錦州等本地種綿羊，従事改良。

（中略）

四・蒙古本地種之増産地区

本地区為興安省之西部與北都，如亦使従事改良，実有種種問題；不若専事増産蒙古種羊，再将所産之羊，移送其他各改良地区飼養。

右の資料を日本語に訳せば、その概意は左のごとくである。

（前略）

二、品種の選択

東北の緬羊改良にどの品種を用いるべきかは最も重要な問題である。過去の経験によればメリノー種とコリデール種が適切である。かかる二つの品種は過去の改良結果が非常に良好であり、満洲国の重なる試験により改良品種の基礎が安定しており、その上種畜場も獲得した。この両品種の優劣については、まだ定まっていない。

（中略）

1　第一期改良施行地域

本地域は遼寧省、遼北省および熱河省の一部である。当地域は現在において満洲国時代の改良実績が残っており、即刻着手しないと、その改良種が分散退歩する。本地域における改良種は相当優良であり、利用する価値が高い。

2　第二期改良施行地域

本地域は吉林省、嫩江省および興安省の一部である。本地域においては、在来種から改良された種羊が数多く飼養されている。満洲国時代の緬羊改良施設もあり、一般農民も緬羊改良に対して相当理解がある。そのため、本地域における緬羊改良施設の運営を回復させ、蒙地、熱河、錦州などから在来種を移入し改良事業に従事すべき。

（中略）

4　蒙古在来種の増産地域

本地域は興安省の西部と北部である。改良を行うには様々な問題がある。蒙古在来種の増殖のみに専念し、増殖した緬羊を改良事業を行っている他地域に移入させるほうがよい。

史料五―七からは一九四八年時点の国民党の東北における緬羊改良増殖計画と従来日本人により実施された緬羊改良増殖事業に対する評価がわかる。

その中で、注目すべきは、日本人が行ったメリノー種とコリデール種による蒙古在来種改良を肯定している点である。そして、その方法と施設を生かし、改良品種の特性がまだ薄くなっていないうちに即刻その改良種を用い、地域ごとの状況に合わせて緬羊改良を行うという計画を立てていたことがわかる。このように、満洲国時代の緬羊改良事業を生かして、戦後、国民党が緬羊改良を継続しようとしていることから、日本人による緬羊改良事業は所定の目標に達していなかったものの、中国東北地域におけるその後の畜産開発の視点からみれば、一定の意義を持つ事業であったと筆者は考える。前述のように、一九四二年に優良種、改良種、雑種の非蒙古在来種の頭数割合が三・五パーセントに達し、目標の五・一パーセントに達していないとはいえ、満洲国発足後、政策として実施されてから一〇年間で母数が大きい総緬羊頭数に対してかかる割合まで達したことは、当時の条件においては相当な成績を上げたといえるだろう。

9　緬羊改良・普及技術員（指導員）の養成と改良緬羊品評会

満洲国において、畜政の重点は防疫と改良基盤ならびに技術員の養成である。

畜産技術員の養成は、一般的に奉天獣医養成所（後の中央農事訓練所奉天分所）、中央農事訓練所および国立農事試験場、種畜機関、家畜防疫所、省立家畜改良機関、勧農模範場などの試験研究機関、または新京畜産獣医大学、奉天農業大学畜産科、満洲開拓義勇隊訓練所別科国民高度学校などの畜産教育機関が担当した。(94) これらの畜産技術者たちが開拓団および緬羊改良増殖に当たる現地農村に配置される。たとえば、一九三七年四月に興安北省畜産技術員養成所が開所され、現地モンゴル人二五名を集めて、技術員の養成を行い、緬羊改良増殖、家畜防疫などに従事させた。(95) 開拓団の事例からみると、一九四〇年に龍爪に東安省立林口畜産学校を設立し、技術員を養成している。そして、地区に駐在させるか、あるいは巡回指導に当たらせていた。(96)

さらに、日本から技術員が赴任してきたり、技術学習のために満洲国から日本へ技術員を派遣したりするパターンもあった。たとえば、一九二八年に渡満した簗比地五三郎一行四人は黒山頭種羊場へ赴任している。(97) また、次の史料五―八のように満洲国から日本の種羊場へ技術員養成のために派遣されることもあった。

〔史料五―八(98)〕

関参満発第八五六号

綿羊実務練習生日本派遣ニ関スル件

昭和十三年四月二十七日　関東軍参謀長　東條英機

陸軍次官　梅津　美治郎　殿

満人中優秀職員ヲ綿羊飼育ノ実務ニ従事セシムル為別紙要領ニ依リ自昭和十三年五月一日至同十四年四月三十日一箇年間日本農林省種羊場（北海道月寒種羊場）ニ左記ノ者一名ヲ派遣シ綿羊飼育技術ヲ実習セシメ度ニ付交渉方配慮相煩度

左記

満洲国畜産局雇員（綿羊科勤務）　姜成璉

満人中優秀職員ヲ綿羊飼育ノ実務に従事セシムル為左記ニ依リ日本農林省種羊場（北海道月寒種羊場）ニ派遣シ綿羊飼育技術ヲ実習セシム

記

一、人員　一名　（畜産局雇員　姜成璉）綿羊科勤務

二、資格

身体強健、志操堅固、成績優秀ナル現職員ニシテ満三十歳以下満人トシ高級中学校又ハ農業學校ヲ卒業シ獣医技術ヲ修得且学習上支障ナキ程度ノ日語ヲ解スル者

三、派遣期間一箇年（自康徳五年（一九三八年―筆者注）五月一日至〃六年四月三十日）

四、派遣中ノ待遇給輿

現職ノ派遣ヲ命シ俸給全額支給シ別ニ手当トシテ月額十円ヲ支給ス

五、其他

派遣期間中ハ日本綿羊伝習生ト同一ニ寄宿舎ニ収容ヲ依頼シ種羊場長ノ監督ニ服セシム

次官ヨリ農林次官宛照会

首題ノ件ニ関シ別紙写ノ通リ関東軍参謀課長ヨリ申越候ニ付御配慮相煩度此段御依頼得貴意候也

陸軍密第一八一　昭和十三年五月四日　菅田

農密甲第二四七号

昭和十三円五月十二日

農林次官　井野　碩

陸軍次官　梅津　美治郎　殿

五月四日付陸満密一八一号ヲ以テ御紹介ニ係ル満洲国綿羊実務練習生ヲ日本へ派遣ノ件ニ付テハ差支無之候條此段及回答候也

史料五—八をみると、満洲国における緬羊改良普及のための技術習得を目的として、関東軍の要求で北海道にある農林省の種羊場へ満洲現地人を派遣していることがわかる。

前述の『東北経済小叢書』でも指摘されているように、満洲国の緬羊改良事業の重要な問題の一つは技術員の不足である。(99) 日本人当局も、第一次産業開発五ヶ年計画において、緬羊改良増殖計画の問題は技術員の不足で、緬羊改良政策、改良技術を徹底的に各村まで浸透させることができなったことを認識しており、一九四二年から始まる第二次産業開発五ヶ年計画では、各畜産行政機関における緬羊改良増殖関係の技術員を補充し、各村の緬羊合作社に技術員一名を配置させることにし、技術員約三〇〇〇人を充てる計画を立てていた(100)。同年、興農部により「畜産技術員整備要綱」が出され、それにも村単位合作社に畜産技術員一名（約三〇〇〇名を目標）を配置することが強調された(101)。

改良緬羊品評会は、一九三五年から満鉄の助成資金と農事試験場の技術的援助を得て、満洲緬羊組合により実施された。その第一回品評会は、会場は公主嶺農事試験場において一九三五年一一月一九日から二一日まで開催された。参加者は三〇〇人で、出席者に実業部、満鉄、鉄道総局、興安省、農事試験場の関係者たちが数多くいた。品評会にエントリーされた緬羊はメリノー種二五頭、改良種三〇頭、雑種四頭であった。審査委員会の審査の結果、成績優秀であった四平街の櫻澤熊七、平頂堡の川崎丈作、公主嶺の孫鵬万の三人の飼養者が表彰された(102)。

10　蒙古地帯の緬羊改良増殖

蒙古地帯(103)において、緬羊頭数は満洲国全体の七〇パーセント以上を占め、特に興安北省全体、興安西省の大部分、興安南省の北部、興安東省の一部のような純放牧により粗放的な経営が行われていた地域の緬羊飼養はさらに発展していた。その中で、興安北省だけで一一四万頭を越えており、その頭数は興安四省全頭数の八四パーセント、満洲国全体の六〇パーセントに達し、産毛量においても満洲国総生産量の五〇パーセント以上を占めていた(104)。このような多くの頭数を有していた蒙古地帯の純放地帯は「自ら動いて養分を採取して成生する動物たる緬羊の外に適性を有し発展する産業は見出せない[105]」といわれ、日本人当局者たちも「蒙政部ニ於キマシテハ緬羊改良事業ニ対シテハ最モ力ヲ注イテオリマス之ト共ニ頭数ノ如キモ一千万頭ヲ目標トシテ増殖計画ヲ樹テ将来国内ニ於ケル羊毛ノ供給ハ興安省ノミテモ充分間ニ合フ程度ニ致シタイト考ヘテキル次第テアリマス。[106]」と蒙古地帯での改良増殖に大きな期待を寄せていたのである。

かかる興安四省の緬羊飼養の中心地域は、改良増殖の中心地に当たるはずであるが、実際には当地域における普及奨励が史料上あまりみられず、満鉄沿線地区、中南満漢民族地区、北満日本開拓地区ほどの成果は上がらなかったと推察される。史料五―七からもわかるように、蒙古地帯における緬羊改良については、戦後国民党当局にも「如亦使從事改良，實有種種問題；不若專事增產蒙古種羊，再將所產之羊，移送其他各改良地區飼養」と蒙古地帯における緬羊改良を行うには様々な問題があり、蒙古在来種のみの増殖に専念し、増殖した緬羊を、改良事業を行っている他地域に移入させるほうがよいと指摘していることからその困難さを推測できよう。

前掲の表5―13の扎魯特と阿魯科爾沁両旗の状況をみると、あくまでも貧困牧民向けの家畜配布であり、そして優良緬羊、改良緬羊の配布頭数も他地域に比べて極めて少なく、両旗における蒙古在来緬羊頭数に比べれば、無視してもよいほど少なく、改良するほどの数ではなかった。また、一九三七年に満洲国において優良、改良緬羊頭数は一万〇九一八頭であり、その内訳は錦州省管内に三六九二頭、奉天市管内に三〇〇〇頭、開原地域に五六〇頭、公主嶺地域に二九〇〇頭が存在していたが、蒙古地帯には存在していなかったことからも当地域における改良緬羊普及奨励があまり進んでないことがわかる。[107]

当局は蒙古地帯における緬羊改良の困難さをモンゴル人の「遊惰」、「向上心ニ乏シク」、「理解力鈍ク」、「経済観念欠如」などの要因に帰着させている。[108] しかし、根本的な要因はそうではない。以下、その原因を蒙古地帯におけるモンゴル人の生活様式、特に純放牧生活様式から考察する。

蒙古地帯の緬羊を最も多く飼養している純放牧あるいは牧主農従地域において、畜産による自給自足の生活様式が一般的であった。モンゴル人放牧地域において、緬羊飼養目的はまず肉用である。蒙古在来緬羊は長尾種中脂肪種に属し、肉用として優秀な品種であり、蒙古地帯の住民はそれを日常の食料品として、牛乳や乳製品とともに食する。一方、当時の改良種は毛用で、肉質は在来種に比べて劣っており「一般蒙古人に不味であるとされてい[109]」た。一九三六年の甘珠爾廟会において興安北省公署畜産関係者がメリノー種による改良緬羊の羊肉を蒙古人とともに試食したところ、在来種緬羊肉と遜色を認めないと報告した。これをもって「改良種羊肉の肉味肉質を判断し得ないとしても決して蒙古人が在来種改良を欲しない程度に不味なものでないことが立証されたわけである」とはいえ、これは畜産行政関係者による評価であって、一般モンゴル人牧民からの評価ではない。

加えてもう一つの緬羊の飼養目的は、防寒用被服としての毛皮用である。改良緬羊の皮は、柔毛のみによるものであるから、長く着用するとその柔毛が自然に団子状になり、捲縮して、衣服として伝統的に使われてきた在来緬羊皮に劣っている。[110] 在来緬羊の毛質は、粗毛、緬毛および二種の中間に位置する粗面毛が混在し、織用原料としては重大な欠点であるものの、モンゴル人の住むゲルを覆ったり、敷いたりする毡子の原料としては最適で、彼らの遊牧生活に欠かせないものである。一方、優良種のメリノー種と改良種は、蒙古在来種のような粗毛や粗緬毛を混ぜずに織細な緬毛のみで、ゲル用の原料には明らかに適さない。すなわち衣食住のほとんどを緬羊等に仰いている状態であり、これが満洲緬羊改良を阻害する一原因となっている。

さらに、蒙古地帯での純放牧による粗放的な飼養方法と寒冷な気候も、改良緬羊に適当ではないことも一つの要因である。蒙古地帯の粗放的な飼養方法と冬季の牧草欠乏は、羊毛に多くの夾雑物と毛質の損傷をもたらしていた。一方、これまで満洲における改良種の多くは、種羊場あるいは農耕地帯の飼養管理や設備が整備されているところで、集約的に飼養されていた。改良種の気候適性についても、蒙古在来種は分娩時に被毛を有し寒気に対して抵抗力をもっていたが、メリノー改良種は分娩時に約一か月の間保護が必要であった。また、第一章で述べた興安南省のような農主牧従地域においてさえ、土地の所有権が発生しておらず、土地関係が明確ではない。そのため興安北省のような純牧地域においては、まだ伝統的な遊牧時代の土地関係が残っており、定着生活は形成されていなかった。つまり、寒冷な遊牧蒙古地帯（特に興安北省）において、優良原種と改良種は相当の保護管理を要するものの、定着生活していないモンゴル人にそのような飼養緬羊を保護管理する条件は揃っていなかったのである。

つまり、蒙古地帯のように寒冷かつ粗放的な飼養の場合、毛質が低下してしまうのである[111]。このように、定着生活と農業に適さない草原、烈風、砂塵、寒さなどの自然条件において、当地域で緬羊改良を徹底的に行うことは決して容易ではなかった。つまり、改良緬羊の飼養は、満洲国の緬羊飼養の中心地である蒙古地帯、特に純放牧（遊牧）と牧主農従地帯の生活様式や自然環境に対する合理性を欠いていたのである。当事者たちはこれらの状況を改善するために、防風林の設置、冬季の飼料となる牧草の改良栽培、飲水を得るための井戸の建設などが必要であると認識していた[112]。もちろん、遊牧生活を行ってきたモンゴル人には、利益という経済意識が比較的薄かったことも、緬羊改良に無関心であった一つの要因ではないかとも考えられる。

このように、緬羊、ないし畜産中心地である蒙古地帯における緬羊改良とその普及は品種、自然、人的合理性の欠点により困難となり、満洲国全体における緬羊改良普及に影響を与えたのである。

おわりに

以上、本章において、満洲国における日本人の緬羊改良増殖（改良を中心）について、前史、要因、改良過程、品種特性などの各観点から検討した。また、普及奨励措置、実績、戦後の評価や影響などを、満鉄緬羊改良試験機関、満洲国実業部（一般農耕地帯）、蒙政部（蒙古地帯）、鉄道総局、日満緬羊協会（日本人開拓団）、満洲国全体の事例から分析した。

旧満洲地域における緬羊改良は、清国当局者により初めて施行されたが、辛亥革命により廃止となる。日露戦争後、軍事的要因、また日本国内の羊毛工業の需給関係の要因から日本人（満鉄関係緬羊改良試験機関）により着手され、メリノー種と蒙古在来種による改良は成功し、日本国内羊毛工業原料として最も需要があったメリノー種緬羊毛の品質と同様の羊毛を得た。

満鉄によって、その改良種緬羊を中心に、満鉄沿線地区鉄道愛護村、中南満漢民族地区、東満朝鮮民族地区、北満日本開拓地区、興安モンゴル人地区（西満）で普及奨励が実施された。満洲国発足後さらに、緬羊総頭数の増加と優良種、改良種、雑種緬羊（主に改良種）の普及増殖は、日本軍の強い関与により政策的に実施されるとともに、一連の緬羊改良試験機関と普及奨励組織が設置されて、改良事業が展開された。また、同時にコリデール種と蒙古在来種の改良にも成功した。

普及奨励の方法は、主に改良試験機関が合作社を通じて、優良品種であるメリノー種、コリデール種と、これらの優良種と在来蒙古種により得た改良種を現地農牧民へ配布し、蒙古地帯以外の農耕地帯へは蒙古在来種緬羊を配布した。さらに助成金の交付、技術員の養成と技術員による指導、講習会、品評会の開催などであった。

改良増殖実績をみると、計画していた数字は大きすぎて目標に達しないために、改良増殖計画は数回にわたり改定され、目標数字は低くなりつつあり（日中全面戦争後の一九三九年の「羊毛増産八ヶ年計画」を除く）、結果、日本国内の羊毛自給率の低さを解消、そして軍事上必要な羊毛の「自給自足」という目的を達していない。その大きな一つの要因は、緬羊飼養の中心地である蒙古地帯における自然条件やモンゴル人の生活様式を重視せずに改良普及を行ったことで、その効果はかんばしくなく失敗に終わった。

しかし、計画目標に達していないとはいえ、一九三八年に非在来種緬羊毛生産量の羊毛総生産量に対する割合は約三・三パーセント、一九四一年度末の総頭数は一九三六年の一・二五倍となり、このうち非在来種頭数の割合が全体の二・八パーセント、一九四二年に総頭数は三八五万頭、非在来種緬羊頭数と羊毛生産量の割合はそれぞれ三・五パーセントと四・六パーセントとなり、母数が大きい総緬羊頭数からみると満洲地域の緬羊改良増殖事業を発展させたと考えられる。

かかる日本人当局者の改良試験によって作り出された改良種緬羊とその普及実績は、戦後の国民党に肯定的に評価されており、貴重な経験、基礎として生かされる。その後の当該地域の緬羊改良事業は満洲国時代からの施設と経験をもとに継続され、その後の畜産業の発展に歴史的な意義をもったといってもよいだろう。

〔注〕

（1）毛織物中央配給統制株式会社調査課『大東亜共栄圏繊維資源概観　第一部羊毛資源第二輯満洲国之部』（一九四三年）二頁、満洲輸入組合連合会商業研究部編『満洲に於ける羊毛』（一九三九年）六三頁。
（2）満鉄調査部産業紹介資料第七編『農事施設及農事業績』（一九三八年）九四頁。
（3）同前。
（4）沢田壮吉「満蒙の家畜及畜産講座」（満蒙学校出版部『満蒙全集　第四巻』一九三四年）一〇五頁。
（5）満洲輸入組合連合会商業研究部編『満洲に於ける羊毛』（一九三九年）五〇頁。
（6）秋谷紀男「豪州保護関税と日豪貿易（1）―1936年豪州貿易転換をめぐって―」（『政経論叢』第七七巻第一・二号、二〇〇八年）三五～七一頁、満鉄鉄道総局『呼倫貝爾畜産事情』（一九三七年）一九一頁。
（7）阿部久次「満洲に於ける棉花並に羊毛に就いて」（『商工経済研究』第九巻第一号、一九三四年）一一一頁。
（8）満鉄農事試験場『創立二十周年記念　農事試験場業績　公主嶺本場篇』（一九三三年）五三一頁。
（9）満鉄調査会『綿羊改良案説明』（一九三二年）一頁。
（10）同前。
（11）前掲満鉄農事試験場『創立二十周年記念　農事試験場業績　公主嶺本場篇』五三一頁。
（12）前掲毛織物中央配給統制株式会社調査課『大東亜共栄圏繊維資源概観　第一部羊毛資源 第二輯満洲国之部』二三頁。
（13）同前。
（14）真継義太郎『現代蒙古之真相』（大陸出版社、一九二〇年）四一〇～四一一頁。
（15）満鉄経済調査部『満洲畜産方策』（一九三五年、立案調査書類第一〇篇第一巻一号）一三五頁。
（16）同前、二三七頁。
（17）前掲満鉄調査部産業紹介資料第七編『農事施設及農事業績』九四頁。
（18）JACAR（アジア歴史資料センター）Ref. A13100328900、類01294100（国立公文書館）「緬羊ノ改良蕃殖製絨工業並ニ馬匹改良試験ニ関スル件ヲ決定ス」。

(19) 満洲国発足前から満洲における畜産改良試験機関の設立、および改良状況の報告、さらに地域全体の経営について、赤峰領事から外務大臣への報告が多く、満洲国発足前においては赤峰領事館が畜産改良、さらに東モンゴル地域の地域経営の指導的な立場にあったといえよう。前掲 JACAR：A13100328900、JACAR：B04011158600、蒙古農牧事業関係雑件　第二巻（1-7-7-7_002）（外務省外交史料館）、JACAR：B04011158600、蒙古農牧事業関係雑件　第二巻（1-7-7-7_002）（外務省外交史料館）、JACAR：B04011158800、蒙古農牧事業関係雑件 第二巻（1-7-7-7_002）（外務省外交史料館）などを参照。

(20) JACAR：B11091052800、牧畜関係雑件　第五巻（B-3-5-2-68_005）（外務省外交史料館）、「蒙古緬羊改良試験成績ニ関スル件」一九一九年。

(21) 前掲満鉄経済調査会『満洲畜産方策』一〇九頁。

(22) 同前、一一二頁。

(23) 前掲満鉄経済調査会『満洲畜産方策』二三五頁。

(24) 同前、二三六頁。

(25) 同前、二三七〜二四〇頁。

(26) 同前、二四一〜二五三頁。

(27) 緬羊改良の頭数と羊毛に関する目標であり、前述の軍関係と同じである。

(28) 前掲満鉄経済調査部『満洲畜産方策』二六〇〜二七九頁。

(29) 同前、二四四頁。

(30) 同前、二六〇〜二四五〜二四六頁。

(31) 同前、二六〇〜二五二頁。

(32) 同前、二六一頁。

(33) 同前、二六二〜二六八頁。

(34) 坪井清「満洲国初期の畜産行政」（満洲回顧集刊行会編『あゝ満洲：国つくり産業開発者の手記』一九六五年所収）四九五頁。

（35）同前。
（36）満田隆一監修『満洲農業研究三十年』（建国印書館、一九四四年）一六五～一六六頁。
（37）前掲沢田壮吉「満蒙の家畜及畜産講座」一〇五頁。
（38）JACAR：B09041305400、毛皮、羽毛並骨角関係雑件　第三巻（E-4-3-2-2_003）（外務省外交史料館）／羊毛／「満洲国ノ緬羊及羊毛ニ関スル調査報告提出ノ件」三一～三二頁。
（39）蒙政部勧業司畜産科『畜産関係政府施設概要』（一九三七年）。
（40）東北物資調節委員会『東北経済小叢書・畜産』（一九四八年）一二二頁、五十子巻三『満洲帝国経済全集10（農政篇前篇）』（満洲国通信社、一九三九年）一八～一九頁、日野岩太郎『西北満雁信』（育英書院、一九四三年）二四一～二五〇頁。
（41）築比地五三郎「綿羊改良の拠点」（前掲満洲回顧集刊行会編『あゝ満洲：国つくり産業開発者の手記』所収）七五一頁。
（42）「緬羊協会の結成方針決る」（『神戸又新日報』一九三三年八月二日付、神戸大学新聞記事文庫）。
（43）前掲、満鉄経済調査部『満洲畜産方策』三一五～三一七頁。
（44）拓務大臣官房文書課編『拓務要覧・昭和一五年版』（日本拓殖協会、一九四一年）六八一頁。
（45）同前。
（46）前掲JACAR：B09041305400、三六～三九頁、「奉天の緬羊三千頭改良に乗出す　速かに合作社の結成に着手　実業部案既に成る」（『満洲日日新聞』一九三六八月二〇日付、神戸大学新聞記事文庫）。
（47）前掲満洲輸入組合連合会商業研究部編『満洲に於ける羊毛』五八～五九頁。
（48）前掲満田隆一監修『満洲農業研究三十年』一六九～一七〇頁。
（49）同前、一六九頁。
（50）前掲JACAR：B09041305400、七～一〇頁、前掲、満鉄農事試験場『創立二十周年記念　農事試験場業績　公主嶺本場篇』五三二～五三三頁。
（51）前掲満鉄農事試験場『創立二十周年記念　農事試験場業績　公主嶺本場篇』五三二～五三三頁。

(52) 同前、五三一～五三七頁。
(53) 豊田光一「綿羊改良場」（前掲満洲回顧集刊行会編『あゝ満洲：国つくり産業開発者の手記』所収）七五二頁。
(54) 前掲満鉄農事試験場『創立二十周年記念　農事試験場業績　公主嶺本場篇』五三三頁。
(55) 前掲満鉄農事試験場『創立二十周年記念　農事試験場業績　公主嶺本場篇』五三四～五三五頁、前掲沢田壮吉「満蒙の家畜及畜産講座」一〇〇～一〇二頁においては、二回メリノー種牡牝緬羊を相互に交配させて生産した個体を改良種と称している。一方、前掲、満鉄調査部産業紹介資料第七編『農事施設及農事業績』九四頁、JACAR：C13021526600、蒙古開発関係綴（防衛省防衛研究所）」満鉄黒山頭種羊場「改良緬羊の方法」（一九三五年）、前掲東北物資調節委員会『東北経済小叢書・畜産』一一七頁においては、二回メリノー型雑種を直接改良種と称している。
(56) 前掲満田隆一監修『満洲農業研究三十年』一六六、一六九頁。
(57) 前掲沢田壮吉「満蒙の家畜及畜産講座」一〇八頁。
(58) 満鉄地方部農務科「コリエデーリ種に依る蒙古羊改良試験」（満鉄経済調査会『満洲畜産方策』一九三五年）三〇五頁。
(59) 同前。
(60) 前掲築比地五三郎「綿羊改良の拠点」七五一頁。
(61) 前掲満洲国立農事試験場編纂『綿羊の改良と飼育』二、九頁。
(62) 特にオーストラリア政府はメリノー種を禁輸にした。「羊毛自給望み難し　所要緬羊三千万頭　メリノ種は原産地で禁輸」（『神戸新聞』一九三八年九月五日付）（神戸大学新聞記事文庫）、前掲豊田光一「綿羊改良場」七五二頁、前掲東北物資調節委員会『東北経済小叢書・畜産』一二一頁を参照。
(63) 前掲JACAR：C13021526600。
(64) 同前。原文は「由於本場員之堅忍不抜之信念和努力困苦之操作現在一致有十餘家貸付先（借変種羊者）及変換成者也達到五百余隻　現在已恢复治安将来貸付希望者比年増多有此傾向」である。

（65）柳田桃太郎、田浦至「蓄政の歩みと畜産の統制」（前掲満洲回顧集刊行会編『あゝ満洲：国つくり産業開発者の手記』所収）四九八頁。
（66）前掲満鉄調査部産業紹介資料第七編『農事施設及農事業績』九五頁に「配布用種羊の繁殖、育成、配布は公主嶺、林西の両種羊場及達爾漢種畜場に於て行われている」と記されている。これはおそらく満洲国に移管される前、満鉄関係の斯かる三ヶ所の緬羊改良試験機関が中心となっていた時期のデータであり、おおむね全体の状況を表していると思われる。
（67）実吉吉郎「満蒙緬羊改良事業概要」（前掲、満鉄経済調査部『満洲畜産方策』所収）三〇三頁。
（68）前掲満洲輸入組合連合会商業研究部編『満洲に於ける羊毛』五九頁。
（69）前掲毛織物中央配給統制株式会社調査課『大東亜共栄圏繊維資源概観　第一部羊毛資源第二輯満洲国之部』二頁、前掲、満洲輸入組合連合会商業研究部編『満洲に於ける羊毛』六三頁。
（70）前掲満洲輸入組合連合会商業研究部編『満洲に於ける羊毛』六三～六四頁。
（71）「羊毛自給策の進路」（『時事新報』一九三六年一〇月一二日付）（神戸大学新聞記事文庫）。
（72）鉄道愛護村六万四三六〇頭、自動車愛護村四八八三頭であった。前掲満洲輸入組合連合会商業研究部編『満洲に於ける羊毛』七四頁。
（73）前掲「羊毛自給策の進路」。
（74）JACAR：C13021526900、蒙古開発関係綴（防衛省防衛研究所、一九三五年）興安西省公署勧業科 櫻井栄次『扎魯特旗阿魯科爾沁旗　畜産組合設立報告書』一二頁。
（75）同前、三～一一頁。
（76）同前、原史料には緬羊のみならず、牛、馬も含まれている。
（77）前掲「羊毛自給策の進路」。
（78）日満緬羊協会『昭和九年度配布緬羊飼育状況報告』（一九三五年）。
（79）前掲拓務大臣官房文書課編『拓務要覧・昭和一五年版』六八一頁。
（80）JACAR：B06050488500、畜産関係雑件／羊ノ部／東亜緬羊協会関係（E245）（外務省外交史料館）、財団法人東亜緬羊協会『満洲国ニ於ケル東亜緬羊協会昭和一八年以降三ヶ年間事業計画』（一九四三年）一～三頁。

（81）日中全面戦争の勃発後、占領地の拡大により一九三八年九月に企画院より日満支の羊毛生産拡充および緬羊改良を図る「羊毛生産力拡充大綱計画（案）」が策定された。その具体的実施状況については確認できないものの、計画データからみると満洲国の部分は、「羊毛増産八ヶ年計画」へとつながっていったと考えられる。JACAR：B05016226700、雑集第五巻（外務省外交史料館）「羊毛生産力拡充大綱計画」（一九三八年）および毛織物中央配給統制株式会社調査課『大東亜協栄圏繊維資源概観　第一部羊毛資源　第二輯満洲国之部』（一九四三年）三四頁、二〇二一頁を参照。

（82）前掲東北物資調節委員会『東北経済小叢書・畜産』一二一頁。

日本語に翻訳すると「当時、『満洲国』政府が各地の実際の状況により、省別に緬羊改良増殖目標を策定し、円滑な達成を図った。かかる目標について、大部分の資料が散逸したため、その結果は確認できないものの、当時の各省が争って蒙古種緬羊の配布を求めていたこと、および偽満洲国政府のこれに対する苦心惨憺などから相当の程度に至ったことがわかる」となる。ここにおける「蒙古種羊」は改良増殖基礎頭数の在来種緬羊をさしていると考えられる。

（83）満鉄新京支社調査室『満洲ニ於ケル重要物資ノ需給調査：羊毛』（一九四〇年）一頁。

（84）前掲毛織物中央配給統制株式会社調査課『大東亜共栄圏繊維資源概観　第一部羊毛資源　第二輯満洲国之部』三～四頁、前掲、東北物資調節委員会『東北経済小叢書・畜産』三四頁。

（85）前掲毛織物中央配給統制株式会社調査課『大東亜共栄圏繊維資源概観　第一部羊毛資源　第二輯満洲国之部』二〇～二一頁、前掲、東北物資調節委員会『東北経済小叢書・畜産』三四頁。

『大東亜共栄圏繊維資源概観　第一部羊毛資源第二輯満洲国之部』には、一九四一年度末改良緬羊の実績は一九三六年の一万〇九一八頭の七・三三倍となり、つまり七万頭以上となったと記されている。しかし、この数字に対して、毛織物中央配給統制株式会社調査課調査員の本田茂行が「現在の満洲国に於ける改良種頭数としては、稍々多きに過ぎる様で、おおむね四万五千頭と見当してよい」と指摘している。

『東北経済小叢書』三四頁には、一九四一年度末の実績について、在来緬羊頭数は三六六万五〇〇〇頭、改良緬羊頭数が一〇万六〇〇〇頭、合計三七七万一〇〇〇頭となったと記している。一方、一二〇から一二一頁の緬羊改良増殖計画には、表5―16のごとく一九四一年の計画目標は原種緬羊頭数二万七〇〇〇頭、改良種、雑種頭数七万九〇〇〇頭、合計一〇万六〇〇〇頭であると記されている。このように、表5―16の一九四一年の計画頭数と第一次産業開発五ヶ年計画終了の一九四一年度末の実績（『東北経済小叢書』三四頁）とは同数になっている。表5―16は『東北経済小叢書』における満洲国の緬羊改良増殖計画であるものの、実際には一九四一年からスタートした計画ではない。第二次産業五ヶ年計画における緬羊改良増殖計画と羊毛増産十ヶ年計画は、ともに一九四二年からスタートされている。

以上の分析から、表5―16六の一九四一年の数字は、第一次産業五ヶ年計画が終了したその年の実績であり、一九四二年から一九四六年の数字は第二次産業五ヶ年計画における緬羊改良増殖計画の数字である（『東北経済小叢書』三四～三五頁を参照）。これはおそらく、東北物資調節委員会が『東北経済小叢書・畜産』を作成した時のミスではないかと思われる。このことから『東北経済小叢書』三四頁の一九四一年度までの実績である改良種一〇万六〇〇〇頭は、単純な改良種ではなく、原種優良種、改良種、雑種の合計であろうと推定する。

『大東亜共栄圏繊維資源概観　第一部羊毛資源第二輯満洲国之部』における一九四一年度末改良緬羊の実績は一九三六年の一万〇九一八頭の約七・三三倍となった記録からみれば、その頭数は約八万頭となり、表5―16における一九四一年度末の改良種、雑種の実績である七万九〇〇〇頭とおおむね合致している。したがって、一九四一年の「一九三六年の七・三三倍であり、つまり七万頭以上となった」というのは、おそらく改良種と雑種の合計頭数を指しており、本田茂行が指摘する「概ね四万五千頭」は、おそらくその中の改良種頭数を指していると筆者は推測する。

以上をまとめると、第一次産業五ヶ年計画が終了した一九四一年度末の実績は、緬羊総頭数は三七七万一〇〇〇頭、在来緬羊頭数は三六六万五〇〇〇頭、改良種と雑種の合計頭数は七万九〇〇〇頭（そのうち改良緬羊頭数は四万五〇〇〇頭）、原種優良緬羊は二万七〇〇〇頭であったと考えられる。

(86)　大臣官房文書課『帝国議会答弁資料―第八六回満洲事務局―』（一九四四年）三三一〇頁。

(87) 雑種、改良緬羊頭数は一九三六年の一万〇九一八頭から約八万頭まで増加しており、年平均増加率は約四九パーセントである。雑種、改良緬羊および優良原種緬羊を含む非蒙古在来種の頭数は一九四一年の一〇万〇六〇〇頭から一九四二年に一三万頭まで増加しており、増加率は約二九パーセントである。
(88) 興農部大臣官房編『興農部関係重要政策要綱集（追録第二号）』（一九四四年）二〇八頁。
(89) 同前、二〇九頁。
(90) 前掲毛織物中央配給統制株式会社調査課『大東亜共栄圏繊維資源概観　第一部羊毛資源 第二輯満洲国之部』一五頁。
(91) 前掲東北物資調節委員会『東北経済小叢書・畜産』四五頁。
(92) 前掲東北物資調節委員会『東北経済小叢書・畜産』一二五頁。
(93) 同前、一二六～一二七頁。
(94) 前掲興農部大臣官房編『興農部関係重要政策要綱集（追録第二号）』一五九～一六〇頁。
(95) 蒙政部勧業司畜産科編『畜産関係政府施設概要』（一九三七年）。
(96) JACAR：B06050487800、畜産関係雑件／羊ノ部／東亜緬羊協会関係（E245）（外務省外交史料館）「昭和18年度東亜緬羊協会助成ニ関スル経費及其他予算」。
(97) 築比地五三郎「綿羊改良の拠点」（前掲、満洲回顧集刊行会編『あゝ満洲：国つくり産業開発者の手記』所収）七五一～七五二頁。
(98) JACAR：C01003344500、昭和13年」（防衛省防衛研究所）、「満洲国綿羊実務練習生を日本へ派遣の件」。
(99) 前掲東北物資調節委員会『東北経済小叢書・畜産』一二三頁。
(100) 同前、一二二～一二三頁。
(101) 前掲興農部大臣官房編『興農部関係重要政策要綱集（追録第二号）』一五九頁。
(102) 谷山隆男「満洲緬羊組合の現況」（『農業の満洲』第七巻第一号、一九三五年）三八頁。
(103) 興安四省、熱河省および錦州省のモンゴル人地域を指す。
(104) 産業部畜産局の統計によれば、一九三七年八月末における満洲国緬羊頭数は一九四万四九三一頭であり、興安四省の頭数は一三五万二七九一頭で、全体の約七〇パーセントを占めている。中でも、興安北省の頭数は最も多く、興安四省総緬羊頭数の八四パーセントを占め、興安西省は一一パーセント、興安南省五パーセント、興安東省は〇・九パーセントを占めていた。熱河省、錦州省はそれぞれ総緬羊頭数の一二パーセントと一〇パーセント、北満の三江、龍江、浜江、黒河四省合計で五パーセント、東満の吉林、間島、通化、牡丹江四省合計で一パーセント、南満の奉天、安東両省と新京特別市合計で二パーセントを占めている。前掲毛織物中央配給統制株式会社調査課『大東亜共栄圏繊維資源概観　第一部羊毛資源 第二輯満洲国之部』五〜六頁および前掲満鉄鉄道総局『呼倫貝爾畜産事情』一九二頁を参照。

(105) 前掲毛織物中央配給統制株式会社調査課『大東亜共栄圏繊維資源概観　第一部羊毛資源 第二輯満洲国之部』二四頁。

(106) 蒙政部兼業司畜産科編『蒙政部管内各旗別家畜飼養戸数並頭数』(一九三六年)八頁。

(107) 前掲毛織物中央配給統制株式会社調査課『大東亜共栄圏繊維資源概観　第一部羊毛資源 第二輯満洲国之部』二一頁。

(108) 前掲 JACAR：B09041305400、七一頁。

(109) 前掲満鉄鉄道総局『呼倫貝爾畜産事情』一九九頁。

(110) 同前、七一頁。

(111) 前掲 JACAR：B09041305400、七三頁。

(112) 同前、七三〜七四頁。

終章　総括と今後の課題

第一節　まとめ

各章の結論を改めて確認しておきたい。

第一章では、満洲国蒙古地域の農耕化の歴史的背景を確認しながら、特に満洲国時代の日本人当局者による実態調査を利用し、科爾沁左翼中旗第六区の郎布窩堡村の事例から満洲国興安南省の非開放蒙地における農村社会の歴史的特徴を明らかにした。その土地関係と労働関係の特徴をあげると、本旗人は旗地に対して農耕資力があれば自由に開墾耕作できたが、この権利は単に使用して収益を得るための占有権にすぎず、私的な開放・売買などの土地を処分する権利はなかった。外旗人に至っては、本旗人のように土地を自由に開墾する権利もなかった。漢人による非開放蒙地での開墾・耕作は確認されず、彼らは本地域内において民族的に差別され、土地に対する一切の権利がなかった。つまり土地に関する権利は、農耕資力のみならず、民族・出身地的な身分にも大きく制約されていたのである。また、収穫物の分配方法や、農業経営の内実に撈青主が関与している点では、日本や中国内地の地主小作関係とも異なる独自のあり方がみてとることができよう。現在のところ、郎布窩堡村のこの労働関係は地主小作人関係ではなく、地主と一種の年工や単純な農業雇用労働者との関係であったと考えている。

第二章では、北海道農法の満洲導入の要因と成果を、北満の気候と風土における両農法の合理性という観点から考察した。日本人農業移民の雇用労力への依存度の高さと地主化、日中戦争勃発による労力確保の困難化、労賃高騰などによる営農悪化問題について、在来農法がそれらの元凶であるとされ政策的に北海道農法の満洲導入が図られた。しかしながら、北海道農法が導入された要因には、それ以外にも在来農法に対する日中農民の技術力の差異、村落や家族形態、現地での人的ネットワークなどに関する条件、ないし根底にある日本人の優越的意識なども関係していることが浮き彫りとなった。また、満洲に導入された北海道農法は、農具、役畜および補助金などが十分備わっているという限りにおいて、熟練の北海道農家やモデル的開拓団のように成功した事例もみられた。しかし、開拓団全体からすれば雇用労力依存度の高さと地主化という営農問題は解決されておらず、所期の目標を果たせなかったといってよいであろう。その要因は農具、役畜、開拓移民の新農法に対する適応能力などの問題以上に、そもそも北海道農法が満洲地域の自然、風土に対してはその合理性を発揮できなかったことにあったのではないか。さらに、当初北海道農法の現地農民への普及と浸透という意図も有していたものの、現地農民はほとんど受容されなかったといえる。

第三章では、満洲における大豆の品種改良、その普及状況と実績および戦後への影響などを分析した。あわせて、その前提となる満洲における農事行政機構と農事試験研究機構の変遷について検討した。農事行政機構の変遷は、満洲国初期から細分化、専業化される特徴がみられる。農事試験研究機構は日露戦争後の日本の満洲経営と共に設立され、満洲における農事試験や改良普及を担ったのである。さらには終戦後も共産党に施設から研究蓄積まで継承されていくのである。

大豆の品種改良普及は、一九一三年の公主嶺農事試験場の設立により開始され、一九二三年の黄宝珠の育種成功によって広く展開された。改良大豆種子の配布は、一九二四年に開始された当時は無償であったが、一九三二年には世界恐慌の影響を受けて一時的に減少へ転じた。しかし翌年以降は復調して、一九三五年には数字上のピークを示した。一九三九年においては、新京以北の地域、さらに北満南部においても改良大豆の普及がみられ、この時期には長春地域のみではなく、普及が北部でも進んでいた。

満洲における大豆の改良普及奨励事業は、必ずしも当初の目的である単位面積当り生産量の増加に結びつくことはなかったが、その原因は改良大豆の特性や普及政策そのものにはなく地力の減退にあった。しかし、改良品種は戦後共産党当局にその特性が認められ、積極的に普及が図られていった。すなわち、満洲における日本人が主導した大豆改良事業は、その後の歴史的展開のなかで一定以上の成果を挙げていったのである。

第四章では、満洲国における棉花増殖・改良政策とその要因、それによる棉作状況の変化を中心に検討した。満洲国における棉花増殖政策推進の要因としては、①日本国内の需要関係・繊維産業界の危機感、②世界恐慌による大豆価格の暴落、③棉作の比較的高い収益性の三つが挙げられる。

一九三三年に満鉄の提案で「満洲棉花増殖二十箇年計画」が満洲国政府により発表された。そしてこの計画は内外の情勢変化に伴って、満洲国崩壊までに二回の改定が加えられた。棉花改良増殖計画に関わる機関としては、試験研究機関、指導奨励機関、棉花処理機関の三種類があった。棉花増殖事業の実績について、表4―5のように終戦時点における棉作面積は一九三〇年の約六倍という大幅な増加を見せた一方、作付面積、生産実績とともに計画目標を達成できなかった。

棉花品種改良事業は、事業内容の特徴から、第一期明治末期から大正末期まで、第二期大正末期から満洲事変まで、第三期満洲国発足から終戦までの三期に分けられる。それぞれの特徴としては、まず第一期に品種の比較試作が、第二期には改良品種の育成試験と栽培試験が、第三期にはさらなる品種改良と改良品種である関農一号の試験・普及が行われていた点が挙げられる。農事試験場により育成された新たな品種である関農一号と遼陽一号の特性は、在来品種より成熟期が早く、単位当たり生産量が多く、繰棉歩合が高く、栽培適地も広いなど、在来品種と導入品種それぞれの長所を併せ持っていた。このため、改良品種は満洲国の普及奨励品種になったのである。棉花増殖事業の一環として改良棉花の普及奨励が、種子の配布、助成金の貸付、作付知識の伝習などによって進められた。これを受けて改良棉花の普及が進展した背景には、より多くの収入を得ようとする満洲棉花農民の積極的な姿勢もあった。

結論からいえば、満洲国の棉花増殖、改良棉の普及奨励政策は、一九四五年までには棉作面積と棉花総生産量の増加につながり、増産という目的を達成することに成功した。また、繰棉歩合の向上によって、棉の品質向上にも成功している。一方、棉花の改良と普及奨励は、土地改良、肥料増投などの前提条件を欠いていたため、単位面積当たりの生産量増加にはつながらなかったのである。その主要因は、満洲農民の貧困であった。

終戦後、特に一九四八年一一月に東北全域が解放されると、棉花改良農事試験機構、改良品種、消毒用の品具などの価値が共産党当局に認められ、普及奨励が強く推進された。

第五章では、満洲国における日本人による緬羊品種改良増殖（改良を中心）の前史、要因、改良過程、品種特性を検討した。また、普及奨励措置、実績、戦後の評価・影響などを、満鉄緬羊改良試験機関、満洲国実業部（一般農耕地帯）、蒙政部（蒙古地帯）、鉄道総局、日満緬羊協会（日本人開拓団）、満洲国全体の事例から分析した。

在来緬羊毛の品質は、羊毛工業原料には適さなかったため、日露戦争後に、軍事的要因や日本国内の羊毛工業の需要上の要因から日本人によって緬羊改良が着手され、メリノー種と蒙古在来種による改良緬羊の産出に成功した。

満洲国発足後、軍のさらに強い関与によって、緬羊総頭数の増加と優良原種緬羊、改良種緬羊の普及増殖が政策的に確立されるとともに、一連の緬羊改良試験機関、普及奨励組織が設置され推進されていった。普及奨励の方法は、改良試験機関が優良品種であるメリノー種、コリデール種、あるいはこれらの優良種から得られた改良種を合作社を通して現地農牧民へ配布、蒙古地帯以外の農耕地帯の場合は蒙古在来種緬羊の配布や助成金の交付、技術員の養成と彼らによる指導、講習会、品評会の開催などであった。

改良増殖実績をみると、計画数が大きすぎて目標頭数に達しなかったため、改良増殖計画も数次にわたって下方修正され、目標頭数は低くなっていった。結論からいうと、日本国内における羊毛「自給」率の低さを解決する、あるいは軍事上必要な羊毛を「自給」するという当初の目的を達成することはできなかった。それは、一面で期間が短すぎたということもあったが、飼養の中心地である蒙古地帯の自然的・社会的な条件を軽視した改良普及であったため、目標とする効果が得られなかったといえよう。

計画目標に達していないとはいえ、一九三八年に非在来種緬羊毛生産量の全体に対する割合は約三・二六パーセント、一九四一年度末の実績は緬羊総頭数が一九三六年の一・二五倍となり、そのうち、非蒙古在来種頭数の割合が全体の二・八パーセント、一九四二年に総頭数は三八五万頭、非在来種緬羊頭数と羊毛生産量の割合はそれぞれ三・五パーセントと四・六パーセントとなり、割合は高くないものの、満洲地域において緬羊改良増殖事業は一定程度発展したとみることもできる。

日本人当局者のかかる改良試験によって作り出された改良種緬羊とその普及実績は、戦後国民党当局者に肯定的に評価されており、貴重な経験、基礎として生かされ、その後の当該地域の緬羊改良増殖に歴史的な意義があったといっても過言ではない。

第二節　農事改良の歴史的な意義

本書で述べてきた満洲における農事改良は、当時の歴史背景における国防資源の現地開発や「帝国」圏の自給自足=不足資源の供給などを目的とする農業政策の一つである。序章でも述べたように、農事改良は、産業開発という目的を達成するための農法・土地・品種改良などによる単位面積当たりの生産量の増加であり、それによる生産量全体の増加である。しかし結論からいうと、農事改良は単位面積当たりの生産量の増加につながっていなかった。その要因は育成された品種そのものの特性ではなく、当時の満洲農民の貧困さゆえの土地改良・肥料増投の困難さが、改良品種の機能発揮を阻んだことにあった。

農法改良について、北海道農法の満洲導入が失敗したもっとも大きな要因は、当農法が満洲地域の自然条件に適さないという合理性の問題であると指摘した。ただもし仮に戦局の悪化・敗戦がなかったならば、欧米の農学知識を取り入れて形成された改良農法が北海道で定着したように、満洲においても同農法が定着した可能性もゼロではなかったかもしれない。

また、中華人民共和国に継承された鉄道、工業のように、農産・畜産の品種改良も継承されたことが明らかとなった。さらに改良品種のみならず、施設、農事改良の意識・経験・試験のノウハウなどが終戦後の国民党、共産党に評価・継承されたことは、もっと注目されてよいと思われる。中華人民共和国成立後、旧満洲地域が食糧生産の最も重要な地域となり現在までその機能を果たしていることは、少なからず本書で明らかにしてきたことと深い関係があるといえるのではないだろうか。

第三節　今後の課題

本書では、主に満洲における農事改良（品種改良、農法改良）の要因、過程、実績を分析し、現地農民の対応や中華人民共和国への継承を一定程度明らかにした。ただ、分析はなお十分ではない。

現地中国人農民の農事改良への対応は、日本の史料を用いて検討したものの、現地中国人農民の視点に立った農事改良の検討はできなかった。農事改良に対する現地中国人農民の対応を明らかにするには、現地中国人によって記された史料、あるいは先述のような民間のノンフィクション、さらに生存している中国人当事者への聞き取り調査で得られた資料などから分析・考察していく必要がある。

また、満洲国の日本人農業当局者による改良品種の影響については、中華人民共和国初期のみならず現在に至るまで、農学的視点からも系統的に検討することが必要であり、中国近現代農業史に関する史料の収集と整理が前提となる。

史料のさらなる収集と、農学分野の研究とのコラボレーションを図ることで、さらなる農事改良研究の深化が望めるだろう。これらの点は今後の研究課題としたい。

〔参考文献一覧〕

【日本語文献・資料】

秋谷紀男「豪州保護関税と日豪貿易（１）―１９３６年豪州貿易転換をめぐって―」（『政経論叢』第七七巻第一・二号、二〇〇八年）

浅田喬二「満州農業移民と農業・土地問題」（大江志乃夫ほか編『岩波講座・近代日本と植民地３　植民地化と産業化』岩波書店、一九九三年）

阿部久次「満洲国に於ける棉花並に羊毛に就いて」（『商工経済研究』第九巻第一号、一九三四年）

今井良一「「満洲」における地域資源の収奪と農業技術の導入―北海道農法と「満洲」農業開拓民―」（野田公夫編『日本帝国圏の農林資源開発―「資源化」と総力戦体制の東アジア―』京都大学学術出版会、二〇一三年）

五十子巻三『満洲帝国経済全集10　農政篇前篇』（満洲国通信社出版部、一九三九年）

江頭恒治「満洲大豆の発展」（京都帝国大学経済学会『経済論叢』第五一巻三号、一九四〇年）

江夏由樹「満洲国の地籍整理事業について―「蒙地」と「皇産」の問題からみる―」（『一橋大学研究年報・経済学研究』第三七号、一九九六年）

大江志乃夫ほか編『岩波講座・近代日本と植民地３　植民地化と産業化』（岩波書店、一九九三年）

大阪工業会満蒙経済視察委員『満洲の綿紡織業：満洲の羊毛工業：満洲の緬羊改良増殖に就て』（一九三二年）

岡部牧夫編『南満洲鉄道会社の研究』（日本経済評論社、二〇〇八年）

岡野公次・別府巌「大豆油滓の成分研究（第二報）：遊離アミノ酸類―アルギニン、アスパラギン酸、グルタミン酸、及オキシグルタミン酸、其他―の分離」（『日本農芸化学会誌』第一四巻三号、一九三八年）

解学詩監修『満洲国機密経済資料　第九巻　産業五ヶ年計画（下）』（復刻版・本の友社、二〇〇〇年）

関東観測所『満洲気象累年報告附図』（一九三〇年）

間島省公署編『農村振興実施計画』（一九三五年）
関東庁内務局『関東州に於ける棉作奨励』（一九三四年）
喜多一雄『満洲開拓論』（明文堂、一九四四年）
毛織物中央配給統制株式会社調査課『大東亜共栄圏繊維資源概観　第一部羊毛資源　第二輯満洲国之部』（一九四三年）
興安局編『興安南省科爾沁左翼中旗実態調査報告書』（一九三九年）
興安南省公署編『興安南省概覧』（一九三五年）
興農部大臣官房編『興農部関係重要政策要綱集』（一九四二年）
興農部大臣官房編『興農部関係重要政策要綱集　追録第一号』（一九四三年）
興農部大臣官房編『興農部関係重要政策要綱集　追録第二号』（一九四四年）
興農部・農産司『満洲ニ於ケル陸地棉奨励品種「関農一号」ノ栽培法ニ就テ』（一九四〇年）
克山農事試験場編『満洲国立克山農事試験場概要』（一九三六年）
国務院実業部臨時産業調査局編『県技士見習生農村実態調査報告書・康徳三年度・吉林省徳恵県』（一九三八年）
小森健治『北満の営農』（北海道農会、一九三八年）
小森健治「満洲在来農法と日本改良農法の比較」（北海道農会『満洲農業に関する資料』第四〇編、一九四一年）
佐藤義胤「満洲大豆の生産に関する将来の対策」（『工業化学雑誌』第三七巻一〇号、一九三四年）
沢田壮吉「満蒙の家畜及畜産講座」（満蒙学校出版部『満蒙全集　第四巻』一九三四年）
実業部臨時産業調査局編『農村実態調査報告書』第二（一九三七年）
島内満男『満洲農村に於ける技術浸透実績の研究』（日満農政研究会新京事務局、一九四三年）
島木健作『満洲紀行』（創元社、一九四〇年）
朱宇・笪志剛「中日共同研究における日本開拓移民問題に関する思考について」（寺林伸明・劉含発・白木沢旭児編『日中両国から見た「満洲開拓」―体験・記憶・証言―』御茶の水書房、二〇一四年）
白木沢旭児「満洲開拓における北海道農業の役割」（寺林伸明・劉含発・白木沢旭児編『日中両国から見た「満洲開拓」―体験・記憶・証言―』御茶の水書房、二〇一四年）

大臣官房文書課『帝国議会答弁資料―第八六回満洲事務局―』（一九四四年）
大連商工会議所編『満洲の棉花問題』（一九三五年）
高嶋弘志「満州移民と北海道」（『釧路公立大学地域研究』第一二号、二〇〇三年）
拓務省拓務局東亜課編『北満ニ於ケル移民ノ農業経営標準案』（一九三六年）
拓務大臣官房文書課編『拓務要覧・昭和一五年版』（日本拓殖協会、一九四一年）
竹村茂昭「蒙古民族の農牧生活の実態」（東亜研究所第五調査委員会編、東亜食料問題叢刊三『食糧経済』第七巻一〇号別冊、一九四一年）
谷山隆男「満洲緬羊組合の現況」（『農業の満洲』第七巻第一号、一九三五年）
玉真之介「満州開拓と北海道農法」（『北海道大学農経論叢』第四一集、一九八五年）
張　建「中国東北地域における農業技術の進歩と農業の発展―一九一〇年―一九五〇年代を中心に―」（岡山大学博甲第五〇〇九号、二〇一四年）
柘植利久「大豆の生育収量に及す「ホルモン」及び「ビタミン」の影響」（『日本土壌肥料学雑誌』第一八巻二号・三号、一九四四年）
常松　栄『北方農業機具解説・附録「満洲開拓と北海道農具」』（北方文化出版社、一九四三年）
寺林伸明・劉含発・白木沢旭児編『日中両国から見た「満洲開拓」―体験・記憶・証言―』（御茶の水書房、二〇一四年）
東亜経済調査局編『本邦における棉花の需給―附・満洲に於ける棉花―』（一九三一年）
東亜研究所『満洲国産業開発五箇年計画の資料的調査研究―農業部門―（昭和十五年度年度報告）』（一九四一年）
東亜産業協会『満洲国棉花の現在及将来』（一九三一年）
東洋協会調査部編『満洲国林業の現勢』（一九三六年）
栃内吉彦『満州国の棉作に就て』（北海道帝国大学満蒙研究会、年代不明）
鳥居龍蔵『蒙古及満洲』（冨山房、一九一五年）
中富貞夫「満洲における棉花の改良と其の将来」（『農業の満洲』第八巻一一号、一九三六年）

中本保二「満洲改良大豆」(『農業の満洲』第八巻九号、一九三六年)
日満農政研究会『日満農政研究会第二回総会速記録』(一九四〇年)
日満農政研究会新京事務局編『満洲農業要覧』(一九四〇年)
日満農政研究会新京事務局『満洲在来農法ニ関スル研究(其ノ四)奉天省海城県王石村腰屯に於ける満農農耕法に関する研究』(一九四三年)
日満農政研究会新京事務局『満洲在来農法ニ関スル研究(其ノ五)北満南部農耕地帯に於ける満農農耕法に関する研究』(一九四三年)
日満農政研究会東京事務所『満洲農業の性格―日満合同専門委員座談会記録―』(一九四一年)
日本棉花栽培協会編『満州国の棉花』(日本棉花栽培協会彙報第三号・大東亜共栄圏の棉花第五輯)(一九四四年)
農林省畜産局編『本邦ノ緬羊』第六輯(一九四二年)
野田公夫編『日本帝国圏の農林資源開発―「資源化」と総力戦体制の東アジア―』(京都大学学術出版会、二〇一三年)
日野岩太郎『西北満雁信』(育英書院、一九四三年)
広川佐保「モンゴル人の「満州国」参加と地域社会の変容―興安省の創設と土地制度改革を中心に―」(『アジア経済』第四一巻七号、二〇〇〇年)
広川佐保『蒙地奉上―「満州国」の土地政策―』(汲古書院、二〇〇五年)
ボルジギン・ブレンサイン『近現代におけるモンゴル人農耕村落社会の形成』(風間書房、二〇〇三年)
北海道農会『満洲農業に関する資料』第四〇編(一九四一年)
北海道立総合経済研究所『北海道農業発達史 二』(中央公論事業出版、一九六三年)
北海道林業試験場編『北海道森林気象略報』(一九三七年)
増淵次助「陸地棉の繰綿歩合に就いて」(『日本作物学会紀事』第九巻第二号、一九三七年)
真継義太郎『現代蒙古之真相』(大陸出版社、一九二〇年)
松下光男編『弥栄村史:満洲第一次開拓団の記録』(弥栄村史刊行委員会、一九八六年)
松野 伝『満洲開拓と北海道農業』(生活社、一九四一年)

松野　伝『満洲と北海道農法』（北海道農会、一九四三年）
満史会編『満州開発四十周年史　上巻』（満州開発四十年史刊行会、一九六一年）
満洲移民史研究会編『日本帝国主義下の満洲移民』（龍渓書舎、一九七六年）
満洲回顧集刊行会編『あゝ満洲：国つくり産業開発者の手記』（一九六五年）
満洲開拓史復刊委員会編『満洲開拓史』（復刻版・全国拓友協議会、一九八〇年）
満洲国通信社編『満洲開拓年鑑』（満洲国通信社、一九四一年）
満洲国立開拓研究所編『北満開拓地農機具調査報告』（一九四〇年）
満洲国立開拓研究所編『開拓村に於ける雇傭労働事情調査』（一九四一年）
満洲国立公主嶺農事試験場編『農事試験場報告　第四一号　満洲に於ける繊維作物』（一九三八年）
満洲国立公主嶺農事試験場編『農事試験場報告　第四二号　棉作地の農村及農家経済』（一九四〇年）
満洲国立農事試験場『綿羊の改良と飼育』（満洲事情案内所、一九四一年）
満洲国立農事試験場編『農事試験場報告　第四三号　大豆新品種育成報告―大豆・満倉金・元宝金及満地金に就て―』
（一九四二年）
満洲事情案内所編『満洲事情（上）農・畜産篇』（一九三五年）
満洲事情案内所編『満洲在来農業（改良増産法）』（一九四〇年）
満洲興業銀行調査課『満洲に於ける農業統制』（一九四一年）
満洲棉花協会海城県支部『海城県の棉花』（一九三六年）
満洲輸入組合連合会商業研究部編『満洲に於ける羊毛』（一九三九年）
満田隆一監修『満洲農業研究三十年』（建国印書館、一九四四年）
満鉄経済調査会『満洲に於ける一農村の金融―吉林省永吉県農村調査中間報告―』（一九三五年）
満鉄経済調査部『棉花ノ改良増殖計画案（改訂）』（一九三二年）
満鉄経済調査部『改良大豆の普及奨励事業』（一九三三年）
満鉄経済調査部『満洲畜産方策』（一九三五年）

満鉄経済調査部『満洲農作物改良増殖方策（大豆）』（一九三五年）
満鉄広報課編『満洲農業図誌』（非凡閣、一九四一年）
満鉄産業部編『科爾沁左翼中旗第六区調査報告書』（一九三七年）
満鉄産業部『満人農家経済調査報告―昭和十年度北満の部―』（南満鉄株式会社、一九三九年）
満鉄新京支社調査室『満洲ニ於ケル重要物資ノ需給調査：羊毛』（一九四〇年）
満鉄地方部農務科編『農業施設概要』（一九三一年）
満鉄地方部農務課編『満洲の棉花　昭和一一年度』（一九三六年）
満鉄調査会『綿羊改良案説明』（一九三一年）
満鉄調査部編『満洲経済年報（一九三五年版）』（改造社、一九三五年）
満鉄調査部編『満洲経済提要』（一九三八年）
満鉄調査部産業紹介資料第七編『農事施設及農事業績』（一九三八年）
満鉄調査部『改良大豆ノ普及実績ニ就テ』（一九三九年）
満鉄調査部『満洲農産統計　昭和一三、一四年』（一九四〇年）
満鉄調査部『満洲農産統計　昭和一五年』（一九四一年）
満鉄鉄道総局『呼倫貝爾畜産事情』（一九三七年）
満鉄農事試験場『農事試験場業績　創立二十周年記念　公主嶺本場篇』（一九三三年）
満鉄農事試験場『農事試験場業績　創立二十周年記念　熊岳城分場篇』（一九三五年）
満鉄農事試験場『農事試験場報告第三九号・満洲に於ける農林植物品種の解説』（満洲鉄道農事試験場、一九三六～一九三七年）
満鉄農事試験場・遼陽棉花試験地『遼陽一号の育成報告』（一九三七年）
満鉄北満経済調査所編『北満と北海道農法―開拓農業研究会報告―』（南満洲鉄道株式会社調査部、一九四一年）
満鉄北満経済調査所編『改良農法の実績報告―第二回開拓農法研究会記録―』（一九四二年）
満蒙学校出版部『満蒙全集　第四巻』（一九三四年）

村越信夫『満洲農業の自然環境』（中央公論社、一九四二年）
蒙政部勧業司畜産科編『蒙政部管内各旗別家畜飼養戸数並頭数』（一九三六年）
蒙政部勧業司畜産科編『畜産関係政府施設概要』（一九三七年）
安倉一郎「蒙地に於ける用語集解」（『蒙古研究』第三巻三号、一九四一年）
安冨　歩『「満州国」の金融』（創文社、一九九七年）
山本晴彦『満洲の農業試験研究史』（農林統計出版、二〇一三年）
横山敏男『満洲国農業政策』（東海堂、一九四二年）
吉田建一郎「二〇世紀中葉の中国東北地域における豚の品種改良について」（村上衛編『近現代中国における社会経済制度の再編』京都大学人文科学研究所附属現代中国研究センター、二〇一六年）
吉田順一「興安四省実態調査について―非開放蒙地の調査を中心に―」（『早稲田大学大学院文学研究科紀要』第四分冊、一九九七年）
陸軍省軍事調査部『陸軍パンフレット』（一九三四年）

【中国語文献・資料】

安徽省碭山県農科所劉紹清「试种特早熟『黑山棉68―3』」（『農業科技通訊』一九七七年第五期）
包　玉山『内蒙古草原畜牧业的历史与未来』（内蒙古教育出版社、二〇〇三年）
东北区科学技术发展史资料编纂委员会『东北区科学技术发展史资料　解放战争时期和建国初期3　农业卷』（中国学術出版社、一九八五年）
東北物資調節委員会『東北経済小叢書・農産（生産編）』（一九四八年）
科爾沁左翼中旗志編纂委員会編『科爾沁左翼中旗志』（内蒙古文化出版社、二〇〇三年）
遼寧省黒山県二道公社農科站朱洪忱「黑山棉一号早枯的起因与防治」（『新農業』一九八二年第七期）
遼寧省黒山県棉花原種場「黑山棉一号」（『中国棉花』一九七五年第二期）
遼寧省黒山県示範農場、黒山県棉花原種場「棉花新品種―黑山棉一号―」（『遼寧農業科学』一九七四年三、四期）

遼寧省錦州市棉花事務室范慶元「搞好黒山棉一号的选留种和提纯复壮」（『農業科技通訊』一九七八年第一二期）
遼寧省錦州市農業局范慶元「黒山棉1号遭雹灾后怎么办？」（『農業科技通訊』一九八〇年第七期）
遼寧省棉麻科学研究所「関農一号棉花良種繁育簡結」（『中国棉花』一九五九年第七期）
遼寧省棉麻科学研究所李心寛「朝阳地区应推广黒山棉一号」（『遼寧農業科学』一九七九年第四期）
遼寧省熊岳農業科学研究所「『熊岳棉51号』品種選育総結」（『遼寧農業科学』一九六六年第三期）
穆　崟臣「清朝治理东蒙古的政策和措施」（『内蒙古社会科学』第二六巻三期、二〇〇五年）
山西省棉花研究所林昕「夏播早熟棉花新品系『运黒八』简介」（『農業科技通訊』一九八一年第四期）
王　建革『農牧生態与伝統蒙古社会』（山東人民出版社、二〇〇六年）
袁　永熙『中国人口・総論』（北京人民出版社、一九八六年）
中国農業科学院棉花研究所「适宜两熟连作的棉花新品种—中棉所10号—」（『中国棉花』一九八一年第四期）

【史料（アジア歴史資料センター）】

JACAR（アジア歴史資料センター）Ref.A13100328900、類01294100（国立公文書館）「緬羊ノ改良蕃殖製絨工業並ニ馬匹改良試験ニ関スル件ヲ決定ス」
JACAR：B04011158600、蒙古農牧事業関係雑件　第二巻（1-7-7-7_002）（外務省外交史料館）
JACAR：B05016226700、雑集第五巻（外務省外交史料館）「羊毛生産力拡充大綱計画」（一九三八年）
JACAR：B06050487800、畜産関係雑件／羊ノ部／東亜緬羊協会関係（E245）（外務省外交史料館）「昭和18年度東亜緬羊協会助成ニ関スル経費及其他予算」
JACAR：B06050488500、畜産関係雑件／羊ノ部／東亜緬羊協会関係（E245）（外務省外交史料館）東亜緬羊協会「満洲国に於ケル東亜緬羊協会昭和十八年以降三ヶ年間事業計画」（一九四三年）
JACAR：B09041305400、毛皮、羽毛並骨角関係雑件　第三巻（E-4-3-2_003）（外務省外交史料館）／羊毛／「満洲国ノ緬羊及羊毛ニ関スル調査報告提出ノ件」

JACAR：B11091052800、牧畜関係雑件　第五巻（B-3-5-2-68_005）（外務省外交史料館）、「蒙古緬羊改良試験成績ニ関スル件」一九一九年
JACAR：B11091174400、農産物関係雑件／種子苗木之部（B-3-5-2-115_6）（外務省外交史料館）
JACAR：C01003344500、昭和13年「満受大日記（密）」（防衛省防衛研究所）、「満洲国綿羊実務練習生を日本へ派遣の件」
JACAR：C13021526600、蒙古開発関係綴（防衛省防衛研究所）満鉄黒山頭種羊場「改良緬羊の方法」（一九三五年）
JACAR：C13021526900、蒙古開発関係綴（防衛省防衛研究所）興安西省公署勧業科　櫻井栄次『扎魯特旗阿魯科爾沁旗　畜産組合設立報告書』（一九三五年）

【新聞記事】

「満洲棉花設立」（『大阪時事新報』一九三三年三月二〇日付、神戸大学新聞記事文庫）
「英印の出様で印棉不買実現」（『大阪時事新報』一九三三年六月八日付、神戸大学新聞記事文庫）
「緬羊協会の結成方針決る」（『神戸又新日報』一九三三年八月二日付、神戸大学新聞記事文庫）
「棉花耕作組合を十五ヶ所に新設　満洲の棉作奨励進む」（『大阪朝日新聞』一九三三年八月二四日付、神戸大学新聞記事文庫）
「満洲の棉花計画十年位に短縮　紡績界の希望」（『大阪朝日新聞』一九三三年九月四日付、神戸大学新聞記事文庫）
「満洲棉増産計画」（『大阪朝日新聞』一九三三年九月五日付、神戸大学新聞記事文庫）
「農産救済恒久策に大豆減段案採用　低資貸出の応急策に次いで満洲国政府の方針」（『満洲日報』一九三四年二月一〇日付、神戸大学新聞記事文庫）
中川壽雄「満洲国の棉花栽培現状と将来の増産計画」（『満洲日報』一九三四年四月二八日～五月三日付、神戸大学新聞記事文庫）
「棉花満洲を目指し遼陽試験地開場式」（『満洲日報』一九三四年一一月二八日付、神戸大学新聞記事文庫）
「奉天の緬羊三千頭改良に乗出す　速かに合作社の結成に着手　実業部案既に成る」（『満洲日日新聞』一九三六年八月

二〇日付、神戸大学新聞記事文庫）
「南北経済線を行く」（『時事新報』一九三六年九月三〇日〜一〇月三日付、神戸大学新聞記事文庫）
「羊毛自給策の進路」（『時事新報』一九三六年一〇月一二日付、神戸大学新聞記事文庫）
「錦州の棉花増産」（『満洲日日新聞』一九三八年八月五日付、神戸大学新聞記事文庫）
岡田定行「満洲に於ける棉花事情1・2・4」（『満洲日日新聞』一九三八年八月九日〜一二日付、神戸大学新聞記事文庫）
「羊毛自給望み難し　所要緬羊三千万頭　メリノ種は原産地で禁輸」（『神戸新聞』一九三八年九月五日付、神戸大学新聞記事文庫）
横瀬花兄七「満洲棉花の現状」（『満洲日日新聞』一九三九年六月二〇日〜二一日付、神戸大学新聞記事文庫）

【ＨＰ】

黒龍江省農業科学院克山分院ＨＰ（http://www.keshansuo.com/　閲覧日二〇一六年一〇月一六日）

あとがき

政治的な観点を中心としてきた「満洲国」についてのこれまでの研究には、技術史的な観点が欠けている思い、最も民衆的な「農事改良」をテーマとして選んだ。日本が中国東北地方を支配していた時代における日本当局主導の農事改良の実態、そして、当時と戦後の影響を明らかにすることが本書の狙いであったが、農事改良には、農民、農地、農法、農営、農産物、流通などがからんでおり、その全体像を明らかにすることは非常に難しい。本書も筆者の能力と史料的制約のために、農法、農産物の中のいくつかを取り上げるにとどまらざるをえなかった。また、筆者のふるさとである東蒙古における土地関係、労働関係を取り上げたのは、課題を選ぶにあたり、少なからず感情的な部分があったことは否定できず、読者の皆さんにお許しをいただきたい部分である。実際、第一章と他の章との関連性も少し弱くなってしまっている。このような未熟な研究が出版されるということは筆者にとっては非常に恐れ多いことであり、その不十分な部分を今後の研究人生において一所懸命補足することに努めたい。

本書は平成二八年一一月末に広島大学文学研究科に提出した筆者の博士学位請求論文をもとに修正した内容である。ここで、指導教員の勝部眞人先生に心より感謝申し上げたい。先生の丁寧なご指導のおかげで、学位論文を三年間で完成させ、学位を取得することができた。先生の該博な知識と魅力的な人柄から受けた影響は、これからの人生の貴重な財産である。また、島根大学修士時代の指導教員である伊藤康宏先生にも心より感謝を申し上げたい。先生のおかげで農業技術史に対する意識が形成された。また、貴重な意見をくださった博士論文の審査委員会の中山富廣先生、本多博之先生、金子肇先生および北海道大学白木沢旭児先生の各先生方と日本語の修正をしてくださった棚橋久美子先生と先輩の吉田芳江さんや後輩の皆さんに心よりお礼申し上げる。

また、博士期間に経済的に支援してくださった公益財団法人ロータリ米山記念奨学会、東広島市西条ロータリークラブ、公益財団法人八幡記念育英奨学会、公益財団法人ひろしま国際センター、富士ゼロックス小林基金、出版にあたり助力をいただいた清文堂出版の前田正道氏にも感謝を申しあげたい。

来日九年目となり、研究生、修士課程、会社員、博士課程、研究員という様々な経歴を経て、母校出身学部である内モンゴル師範大学歴史文化学院に講師として赴任することになった。最後になったが、本書の出版経費を援助してくださった母校出身学部と内モンゴル自治区人文社科中国北疆史重点研究基地にお礼を申し上げたい。

二〇一七年九月

海　阿虎

第五章　緬羊の品種改良と普及をめぐって

第四章　棉花の増殖・品種改良と普及をめぐって

〔図表一覧〕

第一章　「満洲国」興安南省のモンゴル人農村社会

第二章　農法の改良と普及をめぐって

第三章　大豆の品種改良と普及をめぐって

【ヤ　行】

【ラ　行】

【マ　行】

【ナ　行】

【ハ　行】

【タ　行】

【サ　行】

索　引

【ア　行】

【カ　行】

海　阿虎（ハイ　アフウ）

〔略　　歴〕
2007年　内モンゴル師範大学歴史文化学院卒業
2012年　島根大学生物資源科学研究科博士課程前期修了
2017年　広島大学大学院文学研究科博士課程後期修了　文学博士
現　在　内モンゴル師範大学歴史文化学院
　　　　内モンゴル自治区人文社科中国北疆史重点研究基地　講師

〔主要著作〕
「一九三〇年代の『満洲国』非開放蒙地におけるモンゴル人農村社会」
（『史学研究』290号、2015年12月）
「満洲における在来農法と北海道農法」（『史学研究』292号、2016年６月）
「『芸備日々新聞』厳島関連記事(8)」
（『内海文化研究紀要』45号、2017年３月・勝部眞人と共著）
など

「満洲国」農事改良史研究

2018年６月20日　初版発行

著　者　海　阿虎
発行者　前田博雄
発行所　清文堂出版株式会社
〒542-0082　大阪市中央区島之内2-8-5
電話06-6211-6265　FAX06-6211-6492
http://www.seibundo-pb.co.jp
印刷：亜細亜印刷株式会社　製本：株式会社渋谷文泉閣
ISBN978-4-7924-1081-0　C3021